罗布泊密码

侠客飞鹰 著

ZHEJIANG UNIVERSITY PRESS
浙江大学出版社

路小果

冒险指数 ★★★★★

幸运指数 ★★★★

爱心指数 ★★★★★

特殊技能 会说兽语

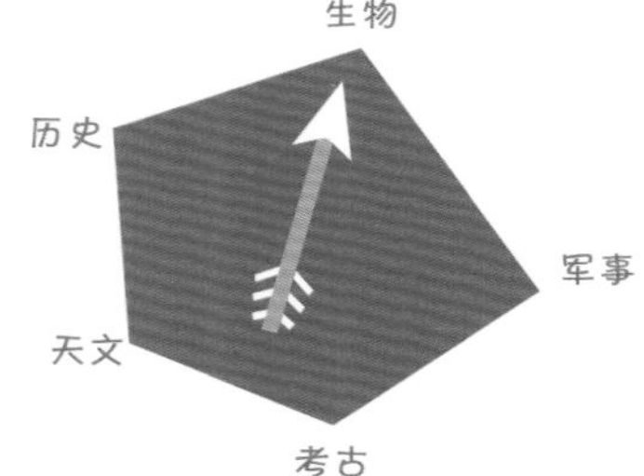

罗小闪

冒险指数 ★★★★★

幸运指数 ★★★★

爱心指数 ★★★★

特殊技能 认识各种武器

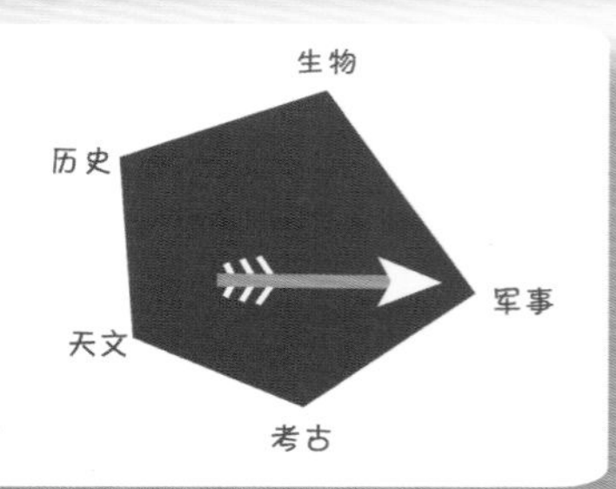

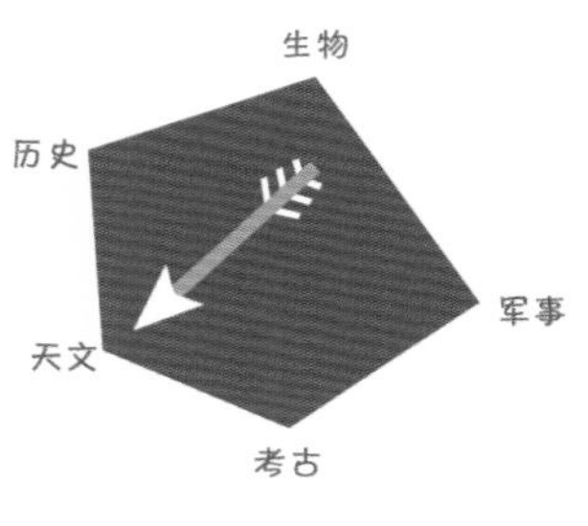

明俏俏

冒险指数 ★★★

幸运指数 ★★★★★

爱心指数 ★★★★★

特殊技能 熟悉天文和星相学知识

罗 峰

冒险指数 ★★★★

幸运指数 ★★★

爱心指数 ★★★

身　　份 曾是特种兵，现任消防队员

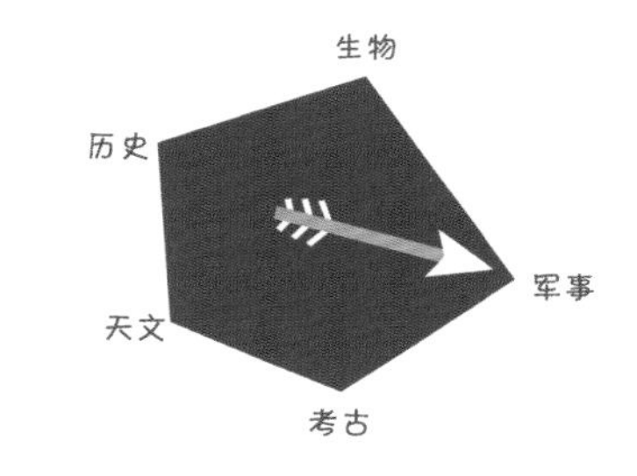

王教授

冒险指数 ★★★

幸运指数 ★★★★

爱心指数 ★★★★★

身　　份 资深考古队员

谨以此书献给向往冒险的小读者们

序

早在认识作者之前，一个相熟的编辑就向我强烈推荐过《我带爸爸去探险》这套书，他是这么说的："十九老师，这是一部漫画感很浓的小说！我觉得你有必要看看。"

我本不明白他说的意思，直到看了书里的故事……

这简直就是一部很棒的漫画剧本啊，画面感超强！我顿时脑补了主人公路小果、罗小闪和明俏俏的漫画造型，以及他们神勇的特种兵爸爸罗峰和可靠的科学家爸爸陆浩天，心想，如果这些探险故事被画成漫画或拍成电影，应该会像《丁丁历险记》或像《波西·杰克逊》系列那样成功，并且是真正属于我们中国孩子自己的经典故事吧！

后来，在一次笔会上，我和作者侠客飞鹰老师见面，他告诉我，他正在筹划一部新的作品，我听了赶紧向他建言：千万不要！请把路小果他们的冒险故事继续下去！中国乃至世界上还有那么多好玩而神秘的地方，请让孩子们和他们的爸爸去往更多的地方探险吧！"我带爸爸去探险"已有成为经典的雏形，就要坚持写下去，要让路小果他们成为陪伴中国儿童成长的小伙伴，就像日本的哆啦A

梦，就像我们小时候看的皮皮鲁和鲁西西。

不知是否是因为我的游说，侠客飞鹰老师决心把这个系列无限期地坚持下去。我仿佛看到了一个画面：若干年后，我的小孩拿着一本《我带爸爸去探险》对我说："爸爸，这本书好棒，我也想跟你一起去冒险……"

中国的孩子不缺冒险精神，也不缺幻想空间，只是太缺乏一次与成长相伴的非凡旅行了。应当说，是中国的家长们，包括我自己太缺冒险精神，太缺想象力了，太缺乏去看看这个世界的勇气了。

窝在家里玩游戏、看电视，才不是孩子们应该有的童年。等到某一天，中国的孩子们挥舞着《我带爸爸去探险》系列图书，强烈要求跟爸爸们一起去旅行、去冒险的时候，这个世界，才会变得更有趣。

感谢侠客飞鹰老师，给我们展开了一幅幅神秘的冒险地图。

漫画家　十九番

于2015年5月28日

目录

第六季　死亡之海

第七季　古墓惊魂

引子

在中国新疆塔里木盆地，有一个恐怖而又神秘的地方，被世人称为中国的“死亡之海”，这就是罗布泊。

罗布泊，又被誉为“消逝的仙湖”。历史上，它曾是一个烟波浩渺的湖泊，物产丰富，景色秀美，是众多文明的发源地，包括楼兰、米兰、小河文明等，是丝绸之路的要冲，古代中西方文化交流、多民族交融的重要区域。然而，现在的罗布泊已经彻底干涸，只剩下广袤无边的湖盆，剧烈起伏的盐壳层、风成沉积物和沙漠，没有任何生命迹象——她，成了一个让无数探险者魂牵梦绕却又望而却步的地方。

西汉时期是罗布泊地区最兴旺发达的时代，罗布泊周围的楼兰国、米兰国都是中国西部丝绸之路的重要中转地。西汉之后，不知何故它们却神秘地消失了。公元1900年，瑞典探险家斯文·赫定在罗布泊周围探险时很偶然地发现了这个消失了一千多年的神秘的楼兰古国，在当时轰动了世界，使欧洲各国的探险家纷至沓来。同时由于当时政府的腐败，使得大量的珍贵文物流失海外，大英博物馆的几百件西汉文物都是那个时期由英国的探险家斯坦因在楼兰盗掘之后带回国的。

到了20世纪70年代，由于中国最大的内陆河塔里木河的支流孔雀河改道，罗布泊逐渐干涸。1980年，中国科学院著名的科学家彭加木在罗布泊进行科学考察时神秘失踪，当时，当地军民万余人从敦煌、米兰、库尔勒三个方向进行搜寻，结果全都无功而返，只好在他的失踪处立了一块碑。1996年，中国现代最著名的探险家余纯顺在徒步穿越罗布泊时，在楼兰附近由于迷失了方向，渴死在了自己的睡袋中。这些也给现代的罗布泊罩上了一层更加神秘的光环。

正是因为它的神秘，才吸引了无数爱好探险的人前去探索寻秘，这其中就包括12岁的路小果和她的好朋友明俏俏、罗小闪，还有他们的“保镖”——罗小闪的爸爸罗峰先生。

在还没有放暑假之前，路小果就已经把到罗布泊探险列为这个暑假计划中要做的最重要的一件事。现在，她和她的小伙伴们正前进在去往罗布泊的路上——她的愿望终于实现了！这是一件多么让人兴奋的事啊！

可路小果并不知道，在她要去的地方，有无数恐怖、神秘、危险的东西在等着他们。

路小果的兴奋劲能持续多久呢？

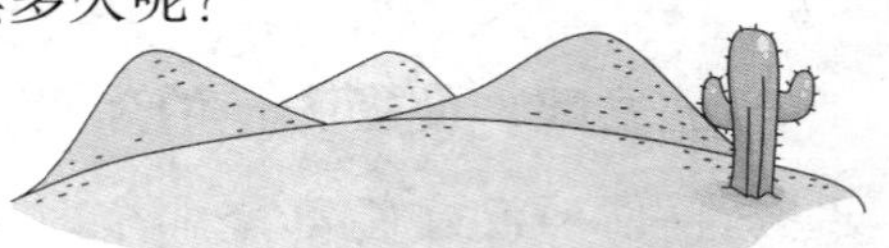

路小果背后的眼睛

Lu xiao guo bei hou de yan jing

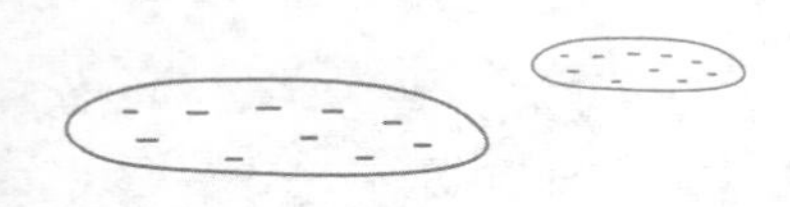

第一章 暗处的眼睛

路小果站在戈壁滩上，忽然有一种如芒刺在背的感觉。

这是一种很奇怪的感觉，有人说它是第六感，也有人说它是潜意识。反正对于路小果来说，这是一种很不祥的感觉。两年前，在雅鲁藏布的大森林里（请参阅《我带爸爸去探险》之一《迷失在雅鲁藏布的21天》），她也有过这种感觉——就是那种后背被一双眼睛死死盯着的感觉。那一次，他们遇到的是狼人，幸亏有巨猿“金刚”相助，他们才有惊无险。

很明显，这次她的背后也绝对不是人类的眼睛。路小果敢打赌，在这方圆几十千米的戈壁滩上，除了他们四个人，绝对不会有其他人类存在。确实如此，在这骄阳如火的七月，除了他们几个，谁还会不要命，往这种鬼都不愿意来的大沙漠里跑？

他们四个人中，罗小闪的爸爸罗峰正躺在汽车底下修

车，罗小闪和明俏俏正在一旁争论关于戈壁滩有没有兔子的问题，而路小果自己一直在警惕着周围的环境。按说也没有什么可警惕的，环顾四周，全是茫茫无边的戈壁滩，就算是一只老鼠爬过，也会毫无遮挡地暴露在他们的面前，也就是说，在他们四周没有任何遮挡物，连个土堆都没有。明明没有任何东西，为什么路小果会有一种被一双眼睛盯着的感觉，连她自己也糊涂了，难道是自己的精神过于紧张，感觉出现了偏差？还是这炙热的戈壁滩让她出现了幻觉？

“罗叔叔，车怎么样了？能修好吗？”路小果看着即将西下的夕阳，蹲下身子皱着眉头问躺在车底修车的罗峰。

眼前的汽车抛锚，是路小果四人在这次罗布泊探险之旅的第一难。他们三天前从乌鲁木齐出发，前天到的吐鲁番，接着到哈密，今早从哈密出发，按原计划，他们准备在天黑之前赶到玉门关的雅丹魔鬼城，结果没想到车刚过敦煌不久就抛锚了。

路小果很怕在这荒凉的戈壁滩过夜，这里给人的感觉实在太荒凉，太能给人以想象的空间了，而这世上一切的恐惧往往来自于丰富的想象。一个没有想象力或者说根本没有工夫去想象的人是不会害怕的。比如罗峰，此刻为了修车已经累得满头大汗，就更没有工夫去胡思乱想了。

听了路小果的话，罗峰从车底探出半截身子，侧身看

看即将落山的太阳，摇摇头说："难说，估计要在这里过夜了，你们要有个心理准备。"

罗峰说罢又把身子移进车底，继续修车。路小果无可奈何地站了起来，走到罗小闪和明俏俏身边。罗小闪和明俏俏两个因为"戈壁滩有没有兔子"的问题争论得不可开交，正要找路小果定夺谁的论据可靠有理呢。

他们三个站在一排，罗小闪明显高一些，12岁的罗小闪已经长到近一米七的个头，身体健壮结实，俨然一个大小伙子了，只不过那一身灰白色的直筒长袍掩盖了他结实的肌肉。路小果和明俏俏年纪虽然也和罗小闪一样大，个子却稍矮一点。为了抵挡风沙和日晒，她们全都穿着白色直筒长袍，头戴着圆顶遮阳帽，脚上一律穿着高帮军用胶鞋。

罗小闪和明俏俏的争论来源于明俏俏的一句话。刚进入戈壁滩时，明俏俏望着车窗外灰褐色的砾石和沙土堆，半天见不到一个动物或一棵绿色植物，视觉疲劳不已，感慨地说："这里真是不毛之地，没有植物也就罢了，连小动物也没有，就是突然蹦出来一只野兔什么的也好啊！"

罗小闪不以为然地接过明俏俏的话说："你别这么无知好不好，戈壁滩怎么可能有野兔生存？"

"你才无知！"明俏俏还击道，"为什么不可能？你怎么就知道没有野兔？"

"那好，"罗小闪摆出一副最佳辩手的神态说，"我

请问明俏俏同学，如果有野兔的话，它们吃什么呢？吃石头吗，还是吃沙子？”

“你没有看见植物，并不代表戈壁滩寸草不生，也许有很多植物生长在戈壁滩深处，只是我们没有发现而已。”

“我说没有就没有！”

“有！”

“没有！”

……

两个人就这么一路争论着，直到汽车抛锚。这时，看到路小果走过来，罗小闪先下手为强，想首先拉拢路小果站在自己一边，支持自己的观点：“路小果，你说，这戈壁滩到底有没有野兔？”

“就是，小果，你说我们谁说的有道理。”明俏俏也不甘示弱，心里也希望路小果能支持自己的观点。

路小果说：“你们说的都有道理，但是都缺乏有力的证据。明俏俏，除非你能证明有人在戈壁滩见过野兔；罗小闪，你也必须拿出在戈壁滩从来没有人发现野兔的证据，否则，谁都无法说服我。”

可是，此时路小果的心思却没有放在他们的争论上，她一直在关注着汽车能不能修好，留意着那双随时可能会出现在背后的眼睛。

随着夜幕的降临，路小果的那种感觉越来越明显，一

丝恐惧慢慢向她的心底袭来，就像这无边空洞的黑夜，慢慢地将他们包围……

特种兵出生又当过消防员的罗峰，对汽车的结构和原理可谓烂熟于胸，可是此刻他遇到的似乎是疑难杂症，在车底折腾了一个小时，也没有找到一点头绪，把他急得满头大汗，浑身湿透。

眼看夜幕降临，他只好罢手，从车底钻出来，摊开满是油污的两只大手，带着歉意笑道："十分抱歉，孩子们，车没能修好，做好在戈壁滩过夜的准备吧。"

在野外露营，对他们四人来说并非什么难事，当年在雅鲁藏布大峡谷里，环境比现在恶劣多了，他们也挺过来了。再说，有了前车之鉴，他们这次出门做了相当充分的准备。即便是在这戈壁滩耽搁十天八天，他们带的水和粮食也够用，何况他们还没有走到绝境呢！

所以，他们都没有对露营戈壁滩感到不安和紧张，包括罗峰。只有路小果还在心事重重地注视着周围。

因为，她一直相信自己的直觉！

她在等待着那双眼睛真真切切地出现在自己面前，否则，她今天晚上连觉都睡不好。

四人随便吃了点东西，便准备休息。幸亏这次的车是明俏俏老爸提供的一辆宝马越野车，车内宽敞舒适，座椅全部可以放倒至135度，睡着正舒服。路小果和明俏俏睡后排，罗峰父子睡前排。

戈壁滩的夜是静谧的，静谧得让人害怕。罗峰大概是因为开了一天的车，又加上修了一个多小时的车，实在是太累了，倒在座椅上不到两分钟，便发出了重重的鼾声。罗小闪和明俏俏在继续你一言我一语地争论着白天的论题，可是不到一刻钟，他们也进入了梦乡。

路小果躺在座椅上静静地看着车窗外晴朗的夜空，无数颗星星在深蓝色的夜空中眨着眼睛，似乎在同情地看着这空旷寂寥的千里戈壁。

戈壁滩昼夜温差极大，可以达到三四十摄氏度。路小果虽然睡在车里，也感觉到了一丝凉意，她不自觉地将身上的毛毯裹紧了一些。

车窗外，夜风吹动砾石，不时地传来一阵阵鬼哭狼嚎似的呜咽声，让路小果感到紧张。路小果想强迫自己早点入睡，免得胡思乱想，可是她刚闭上眼睛，却发生了让她感到毛骨悚然的一幕。

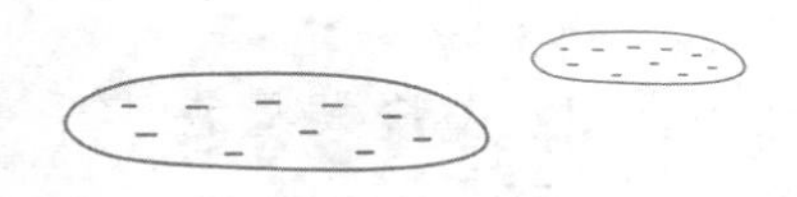

第二章 戈壁夜惊魂

路小果本来是闭着眼睛的，忽然，她听到有东西划过车窗玻璃的“吱吱”声，那声音十分刺耳，仿佛就在耳边。

到底是什么弄出的声响？是鬼魅还是野兽？难道是人吗？不，不可能，这戈壁滩上半夜里绝对不可能有其他人。路小果忽然想到了白天背后的那双似有似无的眼睛，难道是它来了吗？想到这里，路小果强迫自己慢慢地睁开双眼。

猛然间，一双绿莹莹的大眼睛赫然出现在她的眼前，正隔着车窗与她对视着。

路小果全身毛发直竖，感觉自己的心像要跳出胸腔一般，紧张与恐惧占据了整个脑海，她的脑中顿时一片空白。她的两脚微曲，不敢绷直，只要一绷直就会不停地发抖；她想叫喊，喉咙里却发不出一点声音，像是被梦魇抓住了一般。

路小果的手在无意识地挥舞中碰醒了身边的明俏俏。“干吗呀？路小果。”明俏俏迷迷糊糊地睁开眼睛嘟囔了一句，不幸的是她刚一睁眼，目光就触及到了车窗外那双绿莹莹的眼睛。

“啊！”

一声尖叫打破了汽车里面的安静。路小果——就连一直醒着的路小果，也被明俏俏的尖叫声吓得毛发倒竖。正在做着美梦的罗小闪惊恐万状地睁开眼睛爬了起来。罗峰也是一个激灵，翻身坐起，在黑暗中，紧张地问道：“怎么了？俏俏。”

“眼睛……眼睛……车外面有眼睛。”明俏俏指着车窗结结巴巴地说，可是，等她抬头再看车窗时，外面已经空空如也——那双恐怖的眼睛已经神秘地消失了。路小果接过明俏俏的话，声音中透着恐惧：“罗叔叔，车外面有东西！”

罗峰反应极快，一手拿着手电筒，一手抓了一个铁扳手，迅速打开车门，翻身下车。罗峰掂着扳手，打着手电筒在汽车外巡了一圈，什么东西也没有发现。再看看远处，漆黑一片，寂静空旷的戈壁滩上连虫子的叫声都没有。罗峰回到汽车上时，路小果他们三个正在讨论刚才看到的一幕。

罗小闪说：“什么眼睛不眼睛的，一定是明俏俏做噩梦了，把梦境当了真……”路小果打断他的话说：“罗小闪你别胡说，我刚才也看见了，还会有假吗？”

“路小果，你说会不会是鬼啊？”惊魂未定的明俏俏猜测说。路小果尚未回答，罗小闪就抢着揶揄明俏俏说：“明俏俏你这几年学白上了，什么鬼呀？老师没有告诉过你这世界上没有鬼的吗？真愚昧！”

路小果没有反驳罗小闪的话，接着说道：“我想……会不会是什么野兽，比如狼啊什么的。”

这时，罗峰插话说：“听你们的描述，是狼的可能性比较大，因为狼的眼睛在夜间看起来是绿色的。”

明俏俏紧张而又好奇地问道：“罗叔叔，我不太明白，为什么狼的眼睛和我们人类不一样，发出来的光是绿色的？”

罗峰回答说：“和狼一样，虎、猫、狐狸等爱夜间活动的动物，它们的眼睛也能发出绿色光芒。人们称这样的眼睛为夜眼。这实际上不是狼眼睛本身发出绿光，而是反射出来的光线。”

“这么说，还真有可能是狼了？”明俏俏说。

罗小闪不屑一顾地说道：“是狼又怎么样？我们四个人还害怕一只狼吗？这狼没有遇见我，否则我一拳把它打趴在那儿。”

明俏俏嗤笑道：“你就吹吧，罗小闪。”

路小果说：“罗小闪你错了，狼是群居动物，一般不会单独行动的，所以绝对不会只有一只狼。”

罗小闪长大了眼睛："你是说可能还有十只、八只？"

路小果点头说："也可能是三十只、五十只。"

"那为什么这一只会单独行动呢？"

"这个……"路小果沉吟了一下说，"我认为只有一种可能。"

"什么可能？"

"就像我们人类打仗一样，这一只或许只是个'侦察兵'，是来侦察敌情的。"

"啊！"明俏俏最怕狼了，她听了路小果的话，诧异中带着惊恐，"你是说，这一只的后面可能还有大部队要跟上来？完了，完了，我们这次要喂狼了。"

罗小闪不满地说："明俏俏同学，你能不能说点吉利话呀，什么喂狼，你自己喂狼还差不多，胆小鬼！"

明俏俏反讥说："你不是胆小鬼，就会瞎吹牛，明天狼要来了，我倒要看看你怎么一拳把它打趴下。"

罗峰见三人争得不可开交，打断了他们说道："好了，孩子们，管它是什么东西，我们只要保持警惕就行了。明天我尽快修好车，咱们赶紧离开这个地方。赶紧睡觉吧。"

听了罗峰的话，三人停止争论，各自躺下。不一会儿，罗峰父子和明俏俏都又进入了梦乡，只有路小果还是毫无睡意，她的思绪又越过这千里戈壁滩，回到了出发前

的一幕。

和两年前到雅鲁藏布大峡谷一样，路小果这次的出行依然受到妈妈的严厉反对。为了阻止路小果的行动，妈妈以“如果你不去罗布泊，就在暑假带你到全国十个最优美的风景区”为诱惑，也没能动摇路小果的决心。爸爸路浩天虽然没有严厉反对，却因为临时有个重要的学术会议要参加，没能一起来，这让路小果感到很沮丧。在她的眼里，爸爸不仅学识渊博，有爸爸的陪伴更让她充满安全感。不过幸好还有罗小闪的爸爸罗峰来了，不然他们的这次探险活动准要泡汤。

为了这次探险活动，路小果三人可谓费尽心思，光物资就准备了两个星期。为了探险活动的成功，他们还恶补了包括天文、历史、地理、生物、军事以及沙漠生存技能等各方面的知识。因为罗小闪的爸爸罗峰经常告诫他们，探险不同于一般的旅游，是有风险的，提前学习一点各方面的知识，在关键的时候，说不定能救自己一命。

当路小果的妈妈最终看到阻止不了女儿时，只能妥协，但为了安全起见，她要求四人必须佩戴她们研究所的最新发明——生物脉冲电子追踪仪。这是一款为追踪野生动物而发明的高科技产品，它利用卫星定位，能实时传输佩戴者的生命体征和声音等数据，但佩戴者却丝毫没有感觉，甚至会忘记它的存在，这无异于给路小果四人上了一道保险。但是路小果却并不乐意佩戴这个高科技玩意儿，尽管它只是安装在他们的鞋跟中。两年前，他们去雅鲁藏布大峡谷时也带了这个东西，但那是在他们不知道的情况下，妈妈偷偷安装的，这次却是妈妈要求他们佩戴的，这让路小果心里很别扭。路小果认为，探险就是探险，如果身上还拴着一根“保险绳”，就失去了探险的乐趣和意义。她哪里知道妈妈的担心呢?

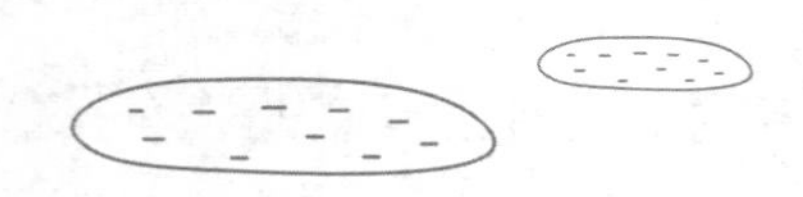

第三章 十面埋伏

当路小果从睡梦中醒来时，天已经大亮了，罗小闪和明俏俏还在呼呼大睡，罗峰却不见了踪影。路小果大惊，刚想喊醒明俏俏和罗小闪，却听到车底下传来“当当”的敲打声，路小果这才明白，原来罗峰已经开始修车了。

路小果刚伸了个懒腰，却发现明俏俏和罗小闪也被敲打声惊醒了。罗小闪的嘴角还残留着不少哈喇子。路小果调侃道：“罗小闪，你是不是梦到吃烤羊腿了？”

“咦？你怎么知道？”罗小闪吃惊地看着路小果。

路小果笑道：“看你嘴角的口水，我就知道。”

明俏俏也看见了罗小闪嘴角旁残留的口水痕迹，捂着嘴哧哧地偷笑。罗小闪不好意思地用手揩了揩嘴角，笑道：“其实，我梦到自己正在吃烧鸡。”

路小果说：“罗小闪你真是个馋鬼，才几天没有吃肉啊，就馋了？”明俏俏接着说：“是啊，前天我们在吐鲁番才吃的烤全羊，怎么又想吃肉？”

罗小闪挠挠头，笑道："没有办法，我天生就是肉食动物，一天不吃就想得慌。"说罢，他打开车门，伸头朝车下喊道："老爸，车修好没有？还得多长时间啊？"

"快了！"罗峰在车下应道。

趁着车还没有修好，路小果、明俏俏和罗小闪推开车门，到戈壁滩上透透气。

"看，太阳出来了，太阳出来了……"明俏俏忽然指着东方兴奋地叫着。

路小果回头向东方看去，只见远处地平线上泛起一片橘红的光泽，继而由淡到浓，由少到多，由点到面，由轻到重，由光斑闪闪到光彩熠熠，逐渐散射，形成了霞光满天的迷人景致，一轮红日冉冉升起在戈壁滩的地平线上。

"真美啊！"第一次在戈壁滩上看到日出的路小果情不自禁地赞叹着这壮美的景象。罗小闪毕竟是男孩子，没有女孩子细腻的心思去观日出，但他却忽然指着太阳的方向说道："你们看，那是什么？"

路小果和明俏俏定睛一看，果然看到在太阳的中间有一个小黑点在上下晃动着。慢慢地，小黑点越来越大，继而在小黑点的两侧出现了更多的小黑点。三个人都不明所以地瞪着大眼睛看着那些黑点越变越大，直到它们完全出现在自己的视线里。他们这才发现这些小黑点是一群奔跑的动物，并且是奔着他们的方向来的。

“是狼！”

当路小果终于看清这群动物的真实面目时，忍不住惊呼一声，脸色因吃惊而变得煞白。明俏俏也惊慌地叫道：“天啊，好多的狼！”

罗小闪慌忙向车底的罗峰喊道：“老爸，快出来，一群狼过来了。”罗峰好像没有注意他们的喊声，从车底探出半截身子，回头说道：“好了，车修好了。”当他的目光触及离他们还不到300米的狼群时，也不禁脸色大变。他一个翻滚，从车底爬出来，叫道：“你们愣着干什么？还不快上车？”

路小果三人这才反应过来，慌忙各自冲向汽车，拉开车门，钻进车内。罗峰最后上的车，他一上车便试着点火发动汽车，可是一连打了三次，也没有点着。这群狼动作迅猛，就在他们打开车门上车的片刻工夫，已经冲到离他们的车不到30米的地方。

他们的汽车车头对着的方向正是狼群奔来的方向，就在罗峰急得冒汗的时候，狼群忽然停了下来。为首的一只，体型高大，长相凶猛，应该是群狼的首领。只见它停在离车头20米远的地方，先仰头嗥叫了一声，接着开始左右徘徊起来。身后的群狼大概有五六十只，它们一律眼斜、口宽，尾巴较短且垂在两后肢间，耳朵直直竖立。但群狼毛色各不相同，有的浑身乌黑，有的灰白黑相间，体重均在四五十千克左右，但它们个个腹部空瘪，似乎好多天没有吃饱，饥饿到了极点。听到头狼的嗥叫，群狼忽然向两侧分开，慢慢地向汽车包围过来。罗峰这才明白，头狼原来是在排兵布阵，要对他们形成一个包围圈。看来，这群狼是要把他们当作自己的早餐了。

这时，却听罗小闪说道："路小果说得没错，昨晚的那只狼果然是来侦察敌情的。"路小果点了点头，旁边的明俏俏接着说："没想到它们还真有大部队在后面，这大部队还不小呢。"

路小果看罗峰半天发动不了汽车，着急地说："罗叔叔，你不是说汽车修好了吗，怎么又打不着了？"

罗峰皱着眉头，一边擦汗，一边说道："我也奇怪，应该修好了呀，怎么就是点不着火呢？"

路小果透过车窗玻璃环视了一下，见狼群已经形成了对它们的包围之势，似乎就等着头狼的一声令下，就要立即对他们展开攻击。

明俏俏带着哭腔对罗峰喊道："车点不着火，我们怎么办呀？罗叔叔。"罗峰一边仍然试着点火，一边安慰道："大家不要怕，即使我们走不了，只要不走出汽车，狼群也不能把我们怎么样。"

"实在不行，我们就和它们拼了！"罗小闪右手握拳，慷慨激昂地说道。罗峰斜了儿子一眼，说："就你这小身板？我保证你下车不到一分钟，它们就……”

罗峰话未说完，忽听得头狼昂头一声长嗥——进攻开始了。群狼立即改变队形，以进攻的姿势纷纷向汽车扑了过来。头狼首当其冲，一连三个跳跃，扑到车头跟前，接着又跳上引擎盖上后便坐定不动，虎视眈眈地看着车内四人，看着让人胆战心惊。

两侧车窗玻璃上也趴了好几只狼，它们全都张着大嘴，獠牙袒露，同时，它们的爪子划在车玻璃或车身上，发出吱吱的声响。路小果和明俏俏面对着近在咫尺的狼头和獠牙利齿，吓得不停尖叫，最后都闭起双眼不敢再看。

就在它们惊魂未定，慌作一团时，忽听到“嗡嗡”的几声，汽车微微抖动起来。原来，罗峰竟然把汽车发动了。路小果心中大喜，暗叫，真是太好了，这回终于可以摆脱这可怕的狼群了。

只见罗峰右手飞速挂挡，接着右脚猛踩油门，汽车“轰”的一声冲了出去。车头前面的狼群纷纷避让。头狼站在引擎盖上，猝不及防，被车头带了几个翻滚，掉落地上，竟然毫发无损。头狼站定之后，昂头嗥叫几声，叫声中带着焦躁和愤怒。群狼听见头狼的叫声，迅速向它靠拢。然后头狼带头撒开四爪，迅如利箭，带领群狼向汽车追赶过来。

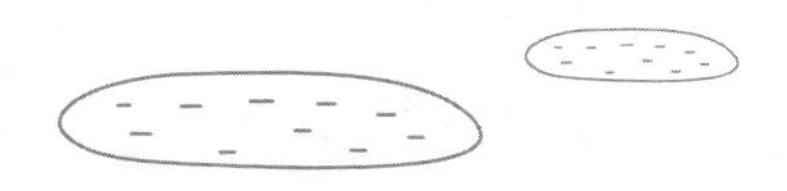

第四章 逼入绝境

狼起源于新大陆，距今约500万年，在人类统治这个星球以前，狼曾是世界上分布最广的野生动物，广泛分布于各个大洲。狼既耐热，又不畏严寒，一般在夜间活动。它们嗅觉敏锐，听觉良好，性情残忍而机警，极善奔跑，常采用穷追方式获得猎物。它们奔跑速度极快，据说可达每小时55千米左右，狼的耐力也很强，它们能以60千米/小时的速度连续奔跑20千米，如果是长跑，狼的速度甚至可以超过猎豹。

狼一般雌雄同居，成群捕猎。狼的最大本领就是利用群体的作用，捕杀比它们大的动物。每个狼群中都有一定的等级制，每个成员都很明确自己的身份，因此相互之间很少有仇恨和打架的行为，相反，在围捕猎物和共同抚幼方面，还表现出一种友爱与合作的精神。狼是群居性极高的物种，一个群体数量在6到12只之间，最多可到50只以上，通常以家庭为单位的狼群由一对优势配偶领导，而

以兄弟姐妹为一群的则以最强的一头狼为领导。路小果他们现在遇到的正是这样一群穷凶极恶的狼。

狼，是控制一个地区生态平衡的关键角色，它们唯一的天敌就是人类。但是此刻，路小果他们四人唯一的敌人，却是这群饿狼。

“不好了，罗叔叔，狼群追过来了！”路小果在车里回头一看，立即惊慌地向罗峰大喊。明俏俏也急得一边跺脚，一边说道：“快加速啊，罗叔叔，狼快追上咱们了。”

罗峰从反光镜里也看到了追赶过来的狼群，他想加大油门，可惜戈壁滩上高低不平，坑洼太多，而且布满了砾石。他只能把速度保持在每小时50千米左右，如果再快，很可能会颠翻汽车或碰伤路小果他们三个。

就这样，汽车载着四人在戈壁滩上颠簸着前行，路小果他们好像跳跳球一样在车内弹上弹下。汽车前行不到两千米，便被狼群赶上，它们和汽车并排奔跑，有的甚至已经冲到汽车的前面。头狼想试着蹦上车头，无奈汽车颠簸得厉害，它试了几次都没有成功。

在茫茫大戈壁滩上，一群狼和一辆汽车并排飞奔着，后面卷起滚滚尘土，构成一幅非常奇特的画面。如果这一幕能用电影表现出来的话，一定非常壮观。

“老爸，我们就这样一直和狼群赛跑吗？”罗小闪看着车外面并排奔跑的狼群问道。罗峰答道：“是啊，我们一直往前开，直到把它们完全甩掉为止。”

明俏俏有点担心地问：“罗叔叔，我们能甩掉它们吗？我看它们比汽车跑得还快呢。”

“不用担心，很快就会甩掉它们了。别忘了，我们开的可是机器，它们只是肉身，再好的耐力，能比得过机器吗？”

路小果看着拼命奔跑的狼群，开始有点同情和可怜它们了。这些野兽，它们只是为了填饱自己的肚子，却不惜忍受长途奔袭的痛苦去追踪自己的猎物。它们锁定目标，不达目的誓不罢休的精神着实值得我们人类学习。在同情这群狼的同时，路小果对它们的执着也不禁有点佩服了。

路小果的思绪还停留在狼群身上时，忽然感到车身一震，自己的身体不由自主地往前栽去，身体重重地撞在前边座椅靠背上，直撞得她眼冒金星。明俏俏和罗小闪也和路小果有同样的遭遇，都因惯性受到了撞击——原来是汽车的后轮陷进一个坑里后，动不了了，发动机也熄火了。

刚刚还踌躇满志要甩掉狼群的罗峰，此刻头也不禁大了。“该死！”不知是怨恨自己的不小心，还是气愤这戈壁滩的陷阱，他气得连捶了几下方向盘。

突然发生的变故，让大家瞬间陷入一片恐惧之中。眼睁睁看着狼群纷纷向汽车包围过来。路小果忽然有点难过起来，难道这次探险注定要失败吗？自己注定要命丧狼口吗？现在连罗布泊的影子还没有见着呢，就要被这群饿狼

消灭，也太不值得了吧？彭加木在罗布泊神秘失踪，余纯顺在罗布泊遇难，至少他们到了罗布泊，自己还在半道上呢，要是喂狼了，算什么事呢？太可悲了。

想到这里，路小果的心情变得十分沮丧。明俏俏不同，她没有想这么多，只是担心和害怕，狼一直是她最惧怕的动物，命运真是让人难以捉摸，她没有想到自己最终将要死在自己最惧怕的动物口中。

与路小果和明俏俏不同，罗小闪心里不仅没有惧怕，反而有恨，他恨不得将这群饿狼一只只都掐死，只可惜自己身单力薄，对方狼多势众，自己连车都不能下。他想，要是像两年前在雅鲁藏布大峡谷里那次该有多好，手中抱着一把机关枪，突突突一梭子下去，就能把这狼群给消灭了。

想归想，想过了还是要面对现实，现实的情况是狼群已经发动了首轮攻击。还是头狼在车头的引擎盖上指挥，群狼蜂拥而至，趴满了汽车。前后左右的车窗、车顶、车头上全是狼。它们或龇牙低吼，或昂头长嗥，或抓挠车身，这景象比人间炼狱还要恐怖。

罗峰虽有一身武功，一两只狼或许还能应付，但面对这么庞大的狼群，他也束手无策，只能坐在车内等待。罗峰心里很清楚，要想把车弄出坑洼，必须下车观察情况，可是现在下车是不可能的，所以此刻除了等待，别无他法。他相信，狼群一时半会还奈何他们不得。他需要等待时机，等待别人来救援的时机。他们的车虽然驶离了公路，但离公路并不远，如果有其他车辆从公路经过，他们就有脱险的可能。

这是他们和狼群之间耐力的较量，同时也像一场赌博，只不过他们的赌注比狼大多了，群狼输了，大不了撤回老巢，他们若赌输了，就要搭上性命。路小果他们并不明白这些，但罗峰心里却很清楚，为了三个孩子，他一定要赌赢。

头狼见自己指挥的第一轮进攻并没有奏效，站在车头的引擎盖上昂头长嗥一声，跳下汽车，群狼纷纷跟随头狼撤退至离汽车20米远的地方，回首列队，以坐立的姿势，同他们对峙起来。

这群狼果然是组织纪律极其严密的动物，此时，太阳已经升得很高了，温度升到40多摄氏度，戈壁滩如一个正在加热的铁板烧。然而，没有头狼的命令，它们竟然坐在地上一动不动。

罗峰四人也感到车内温度骤升，必须得开空调了。罗峰试着点火，点了两下，汽车忽然发动起来。他打开汽车空调，一股凉气迎面扑来，不一会儿，车内温度就降了下去。但同时罗峰的担忧也随着发动机的转动而启动，他心里很清楚，如果狼群在这里耗上两天，等他们的油用完了，不等狼群过来，他们自己就会在车里热晕。

等待是最难熬的，尤其是在危险中等待，更是一种巨

大的心理折磨。尽管在车里吃的喝的都不缺，他们还是感到焦躁不安，尤其是罗小闪，几乎坐立不安，恨不得立即冲下车和群狼决一死战，但他却不能下车，傻瓜才会做以卵击石的蠢事。

夜幕又偷偷地降临了，温度也慢慢降了下去，为了节省汽油，罗峰关了空调。但狼群没有丝毫散去的意思，它们和他们已经对峙了整整一天。一天的时间在人生的长河中微乎其微，但对于罗峰四人来说，比平时的一年还要难熬。好在他们并没有陷入绝境，所以他们并没有绝望。

他们还有希望，所以他们要继续等待。

（注：彭加木，中国科学院新疆分院院长，主要从事植物病毒研究及防治工作。1980年5月，彭加木率队考察罗布泊，首次成功自北向南纵穿罗布泊。1980年6月17日，因科学考察中缺水，彭加木主动出去为大家找水，不幸神秘失踪，再也没有回来，之后人们一直未找到彭加木的遗体。对他的失踪，全国曾有过各种说法和猜测。多年来，官方和民间曾多次发起寻找，均一无所获。

余纯顺，中国探险家。1951年出生，1988年7月1日，孤身一人离开上海，开始徒步考察全国，走过中国的最东端、最北端和最西端，完成了59个探险项目，写下400万字的日记、文章和著作。余纯顺用一年半的时间走完了川藏、青藏、滇藏、新藏和中尼5条天险公路，穿过阿里无人区，创造了人类历史上第一个孤身徒步考察完“世界第三极”西藏的奇迹。1996年6月13日，在即将完成徒步穿越新疆罗布泊全境壮举时，离奇遇难。）

第五章 狼口脱险

有时候，我们不得不佩服一些动物，比如狗的忠诚，又比如更渺小的蚂蚁，它们的团结协作精神也同样值得我们人类学习。

今天，如果我们不是在这样危难的时刻，而是客观地审视狼族，我们会发现狼的某些特性和某些生存技能是聪明的人类还不具备的，或者是人类应该学习的。狼是最具有团队精神的兽群。它们分工协作，团结一致，在协作中遵循自己的游戏规则，好像有铁一般的纪律约束着。它们善于沟通，彼此忠诚。狼族的这种品质是一个组织成败的关键。协同作战，统一策略，甚至为了团队胜利不惜牺牲自己。狼的忠诚、合作、坚韧是团队成员必须学习的精神，狼是教导团队成员们默契合作的榜样。

天刚蒙蒙亮，罗峰就醒了。当他看到依旧坐立在车头前不远的狼群时，心中有一种说不出的感觉，他真的有点佩服和喜欢这群狼了——尽管它们现在是他们最危险的敌人。

如果不是罗峰早点醒过来，恐怕他们四人真要被狼群困死在这里了。因为此刻，罗峰发现汽车的反光镜里出现了一缕灯光，罗峰看得出这是汽车车头大灯的灯光，在反光镜里显得耀眼而刺目。

他们的汽车此刻偏离公路约1千米远，如果此刻罗峰仍然在睡梦中，他们肯定会错过这次获救的机会。并且罗峰发现这些越来越近的汽车不止一辆，而是一组，大概有三辆汽车。

机会来了，绝对不能错过。罗峰立即叫醒罗小闪三个。接着他首先打开汽车的危险警报闪烁灯，又让罗小闪从急救包里取出一个手持的野外专用求救信号弹，点着后从汽车的天窗伸了出去。

路小果他们听罗峰说有车队经过，立马来了精神，叽叽喳喳地议论起来，猜测着路过的车队会不会前来救援。

罗峰的求救信号果然起了作用，公路上前进的车队慢慢向他们拐了过来，并逐渐靠近。不到一刻钟，车队就开到离他们不足50米远的地方，罗峰再看车头前的狼群时，群狼早已不见了踪影——原来车队巨大的动静早已吓跑了狼群。

终于得救了。罗峰长舒了一口气，打开车门，走下汽车，罗小闪他们也随即下了车。路过的车队在他们汽车尾部10米处停了下来，从第一辆车上下来一个留络腮胡的50

岁左右的男人，他走上前来，跟罗峰打了个招呼。

罗峰走上前跟这个络腮胡男人简单说明了情况，并说了一些对他们的援助表示感谢的话。络腮胡子对他们碰到狼群并没有感到意外，当他听说罗峰带着三个少年来罗布泊探险时，不禁吃惊地睁大了眼睛，用手指着三个孩子说："就你们四个，来罗布泊？"说着，他对三个少年竖起了大拇指，"了不起呀，小朋友们。了不起，了不起！"

这时，从第一辆车上又下来一个长头发的女人，40来岁，很文静的样子。她走到路小果他们跟前，抚摸着路小果和明俏俏的肩膀，笑着说："两个小姑娘真勇敢啊，这种地方也敢来。"

络腮胡很爽朗地笑了几声，指着戴眼镜的女人对罗峰说道："这是我们科考队的王教授。我姓李，叫我老李就行了。"

罗峰连忙对路小果三人说："你们愣着干什么，快问好啊！"

"王阿姨好！李叔叔好！"

络腮胡老李和戴眼镜的王教授听到三人问好，连忙笑着点头示意。攀谈中，罗峰四人才得知，原来王教授是从北京来的中科院的教授，这次她带领一个科考队来罗布泊考古及考察当地的生态环境，她是这个科考队的队长，老李是科考队的司机兼向导。

彼此介绍了情况后，老李忽然转身向后面的两辆车喊了一声："喂！小伙子们都下来吧，过来帮帮忙。"

这时，从后面两辆车上陆续下来4个年龄均在30岁上下的男青年，向他们靠拢过来。老李一一向罗峰做了介绍。然后老李指挥4个男青年，加上老李自己和罗峰、罗小闪一共7个人来到罗峰的汽车周围，把罗峰的汽车从坑洼里推了出来。

罗峰正要表示感谢，老李说："你们不是去罗布泊吗？我们正好也去那儿，你就跟着我们的车队走吧，一路正好搭个伴。"

罗峰听后大喜，笑道："那最好不过了，我们正缺一个向导呢。"路小果他们经过狼群的一番惊吓，自然也希望有伙伴同行，这样他们的危险系数就可以大大降低。再说，从刚才的交谈中可以看出来，向导老李是个性子很爽快的人，王教授为人也很和气，和这样的人结伴而行，他们也很放心。

于是，吃过简单的早餐后，罗峰发动了汽车。老李的车在最前面，罗峰的车跟在车队最后，他们一行四辆汽车浩浩荡荡地上路了。

下一站，就是天下闻名的雅丹魔鬼城了。

趁着罗峰一行开车赶路的工夫，先对雅丹魔鬼城做一下介绍。

雅丹魔鬼城，又叫雅丹地质公园，位于敦煌市西北约90

千米处，为汉代西陲两关之一，是丝绸古道西出敦煌进入西域北道和中道的必经关口，自古为中原进入西域之门户。

“雅丹”是维吾尔语，原意是指有陡壁的小山。在地质学上，雅丹地貌专指经长期风蚀，由一系列平行的垄脊和沟槽构成的景观。雅丹地貌面积约400平方千米，它的形成经历了大约70万年到30万年的岁月。

这里看不见一草一木，到处是黑色的砾石沙海，黄色的黏土雕像，在蔚蓝的天空下各种造型惟妙惟肖。据说，每到夜晚，鬼哭狼嚎般凄厉的声音便从大漠深处传来，让经过那里的人惊恐不安。然而，没有人知道到底发生着什么。长期以来，总有人有意无意间进入那片戈壁，遇险事件从未间断过。在人们眼中，那里是一片恐怖的生命禁区，当地人把它称为魔鬼城。

雅丹魔鬼城

Ya dan mo gui cheng

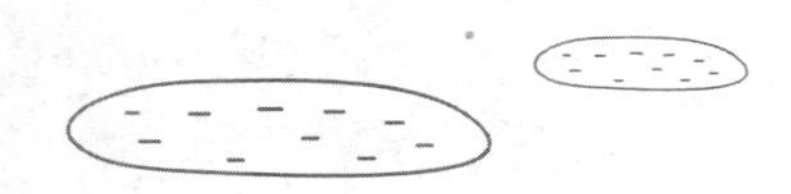

第六章 诡异魔鬼城

如果从高空俯瞰，罗峰一行四辆车行驶在广袤的戈壁滩上，像极了四只在慢慢蠕动的甲壳虫。其实近了看，它们的速度也不慢，最少每小时也有 90 千米。

戈壁滩上的公路虽然不是崎岖难行，但拐弯较多，行驶了几个小时以后，土丘突然多了起来。土丘会遮挡视线，为了不掉队，罗峰一路紧赶，却始终和车队的最后一辆车保持在200米左右的距离。

从狼群中逃脱出来，使得三个少年很是兴奋，一路上叽叽喳喳地讨论着路上的景物。为了跟上老李的车队，他们原来计划要去的鸣沙山和月牙泉也错过了，只能等到回程时再去游览了。

公路拐到一个大土丘后面，车队最后面的那辆车也失去了踪影。罗峰怕跟丢，遂加大了油门，绕过了土丘，公路忽然变得直了一些，但却仍然不见前车的影子。

这让罗峰纳闷起来，明明就隔着几百米的距离，就拐了一个弯，老李的车队怎么就看不到了呢？难道他们的车都加速了？看来只能这样解释了，罗峰忽然有点后悔没有把老李的手机号记下来，否则，也能打个电话问问啊。

路小果也发现了前面车队不见了，诧异地问罗峰："罗叔叔，李叔叔他们的车队呢？怎么不见了？"

罗峰："谁知道呢，也许是他们开得太快，我们没有跟上吧。"明俏俏有点担心地说："好不容易有人搭伴，又走丢了，罗叔叔你开快点啊！不然我们再遇到什么危险，可没有人救我们了。"

"明俏俏，你站着说话不腰疼啊，你在怀疑我老爸的开车技术吗？有本事你开车试试？"罗小闪见明俏俏有点埋怨罗峰的意思，不高兴地说。

罗峰坦然一笑说道："没事，大家不用担心，到雅丹的公路只有这一条，跟丢了也没有关系，早晚会追上他们。"

又走了两个小时，终于到了玉门关。

玉门关遗迹其实是一座四方形小城堡，城堡全部由黄土夯筑而成，面积不大，大概几百平方米，矗立在东西走向的戈壁滩砂石岗上，四周城垣至今保存完好，城垣东西长宽均有20余米，城墙残高10余米，上窄下宽。城堡东南无门，西北开门，上有女墙，下有马道。罗峰停车后，一行人从马道直上城顶。登高远眺，只见沼泽遍布四周，蜿

蜒逶迤的汉长城像一条巨龙，一望无际，每隔几里，就筑有一座方形烽火台。

“这就是玉门关啊！”大概是因为没有想象中的雄伟，罗小闪站在城墙上有点失望地叹息道。路小果却有着不一样的心情，她抑扬顿挫地背起了一首脍炙人口的唐诗，这就是王之涣的《凉州词》：“黄河远上白云间，一片孤城万仞山。羌笛何须怨杨柳，春风不度玉门关。”

罗小闪笑道：“路小果你挺有雅兴的嘛，站在这么荒凉的地方还能想起唐诗。”路小果笑道：“废话，玉门关就是因为这首诗才出名的，我怎么会不记得。”

明俏俏接着说道：“路小果的话不完整，还有一首唐诗，也和玉门关有关，这首诗同王之涣的《凉州词》一样出名。”说着，她也一字一句地背起了另外一首唐诗，是王昌龄的《从军行》：“青海长云暗雪山，孤城遥望玉门关。黄沙百战穿金甲，不破楼兰终不还。”

罗峰接着说道：“看来唐诗果然是我们祖国文化的瑰宝，一首诗虽然寥寥二十几个字，但这悲壮苍凉的情绪强烈地感染着人们，引发人们对这座古老而富有神秘色彩的关塞的向往。”

时至近午，阳光炙热，再加上要追赶老李的车队，罗峰四人不敢多做停留，又匆匆驱车前行。

过了玉门关，路况忽然变坏，路上布满了砾石沙子，这让罗峰开车变得更加小心，高温天气，不同平常，他要严防爆胎，不然就会有大麻烦。

在通向雅丹的路上，罗峰只能看到两边的山，路边几乎没有指示牌。一条路直直地通向前方，他们的车一直行驶在路上，越往深处走，心里越没底。因为罗峰发现在这段路上手机全部没信号，导航也失灵了，内心忐忑不安起来。

还好，路上倒没有发生爆胎等事故，午后一点多，他们终于接近了雅丹魔鬼城。这时车颠簸得更厉害了，三个少年时不时地从座位上弹起来。外面风沙疯狂地吹打着车窗，发出梆梆的声响。

罗峰远远就看见魔鬼城大门内有个信号塔，他拿出手机，却发现依然没有一丝信号。难道这信号塔也是坏掉的么？罗峰一边停车，一边疑惑着，却发现罗小闪抢先一步跃下汽车。

罗小闪一下车就知道了什么叫风驰电掣，他的遮阳帽在他还没有站稳的时候，就被大风“嗖”的一下吹跑了，他想去追赶，却连帽子的影子也见不到了。

“你们看！那不是李叔叔他们的车吗？”绕过一片奇形怪状的土丘之后，路小果忽然指着右侧的一片空地惊喜地叫道。

罗峰三人扭头一看，果然见空地上并排停着三辆汽车。他们疾步向那几辆汽车走过去，等靠近了，才发现车

内均空无一人。他们又扫视了一下四周，除了远处的红土丘外，也没有一个人影，给人感觉非常荒凉。

明俏俏失望地说："看来我们还是来晚了，他们已经进入魔鬼城游览去了。"路小果说："那也不要紧，反正我们已经找到他们的车了，还怕找不到他们的人吗？"

"是啊，我赶紧进去找他们吧，顺便也参观一下这闻名中外的恐怖之城。"魔鬼城的名头丝毫没有吓住罗小闪，他早就跃跃欲试了。

"先等一等！"罗峰拦住三个兴奋好奇而又急不可待要进入魔鬼城的少年，说道："我们还是先去管理处问问以后再说。"

罗峰并不是过于谨慎，而是他感觉到了一丝不同寻常的气氛，这魔鬼城太安静了，按说，这时候虽然不是旅游旺季，但也不至于一个人影也见不到吧？并且这魔鬼城是要门票的，为什么也不见管理处的工作人员过来询问？这有点太不符合常理了。

好在景区大门离他们停车的地方并不远，黄土堆砌的墙上写着"雅丹龙城"四个醒目的大字。他们四人走到大门管理处，却发现管理处值班室内不见一个人影。路小果伸头从窗口向内望去，却发现房间内电脑是开着的，桌子上还有一块没有吃的西瓜，一支吸了一半还在冒烟的香烟。

"奇怪，人到哪儿去了呢？"路小果缩回头自言自语地说了一句。明俏俏也伸头看了一眼，说道：“也许，是看这会儿没有什么游客，他们去午睡了。”

路小果说：“怎么可能？值班的人怎么能擅离职守去睡觉呢。”

明俏俏说：“喂！你们发现没有，我怎么老感觉这里怪怪的，一点人气都没有。”罗小闪白了明俏俏一眼说：“明俏俏，你不要疑神疑鬼的好不好，什么怪怪的呀？我怎么没有感觉到啊！”

明俏俏有点委屈地说：“真的！不骗你，路小果、罗小闪你们没有感觉到吗？这么热的天，这里却阴森森的，你们不觉得吗？”

罗小闪说：“也许这土墙年代久了，本来就很凉快呢。”路小果接着说：“是啊，我姥姥家的土坯房，夏天就很凉快，连空调都不用开呢。”

罗峰早就觉察到了异常，为了不引起他们三个的惊慌，所以一直没有说出来，虽然明俏俏说了出来，他还是用一种很缓和的语气说道：“我看没有什么不对啊，也许管理处的人去卫生间了呢，我们还是等一会吧。”

罗峰话音刚落，忽然房间里传来“嗷”的一声怪叫，接着一道黑色的影子从窗口里射出，如一道黑色的闪电直向路小果扑过来。

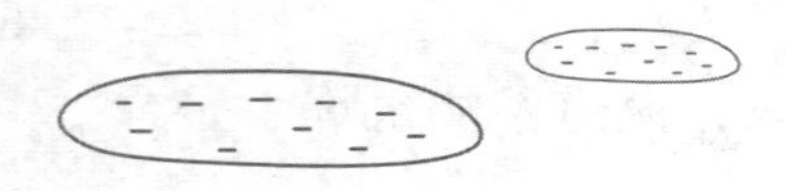

第七章 迷失魔鬼城

路小果无论如何也想不到，这会儿竟然有东西袭击自己，吓得“啊”地尖叫了一声，愣在当场。旁边的罗小闪眼疾手快，一把拉过路小果，路小果虽然被拉了一个趔趄，却躲过了那黑东西的袭击。那黑东西袭击落空，掉落在地，竟无一点声息，大家这才看清，原来偷袭路小果的是一只黑猫。这黑猫全身乌黑，无一点杂色，两只碧绿的眼睛散发着森寒的光芒。

那黑猫落地之后，一个忽闪，立即不见了踪影。路小果受了惊吓，脸色惨白，双手连连自抚着胸口，说道：“哎呀，妈呀，吓死我了！”

黑猫虽然不是奔明俏俏来的，她却吓得不轻，恨恨地说：“这魔鬼城的管理员也太过分了，在这么恶劣的环境里，还养宠物。养宠物也就罢了，还养这么恐怖的宠物。”

罗小闪笑道：“明俏俏你也太大惊小怪了，一只猫有什么恐怖的？这里本来人烟稀少，人家养只猫做个伴怎么了？”

明俏俏说：“还没有进魔鬼城呢，就碰到一只黑猫，不太吉利吧？”路小果接过明俏俏的话说：“明俏俏，你不会这么迷信吧？”

罗小闪乘机嘲讽明俏俏说：“胆子小的人才迷信！”

明俏俏被罗小闪嘲笑了一通，气得不再说话。却听罗峰在边上说道：“小闪，你刚刚做得很好，以后说不定还要遇到什么危险，你的任务就是要保护好路小果和明俏俏。”

罗小闪问：“老爸，我保护她们两个，那你干什么呀？”

罗峰笑道：“我保护你们三个呀！”

一句话，逗得四人同时大笑起来。四人站在过道里又等了一刻钟，仍不见管理员出来。罗小闪首先等不及了，抬腿就要往魔鬼城内闯去。

“站住！”罗峰见罗小闪要进魔鬼城，喝住了他，“你就这样进魔鬼城吗？不要命了？”

“怎么了？”罗小闪诧异地看着爸爸罗峰反问道。罗峰正准备再教训一通儿子，却听路小果说道：“罗小闪，你以为这是在城市里逛公园哪，这魔鬼城方圆有400千米，里面像迷宫一样，一旦迷路，可不是一天两天能走出来的，你就这么进去，和送死有什么区别？”

罗小闪被路小果戗了一通，心里承认自己的鲁莽，嘴上却不服气。他扬了扬手腕上的手表，又拿出自己的手持

导航仪说："我有指南针，还有GPS 定位导航仪，再加上我罗小闪的聪明才智，我就不相信在这里能迷了路。"明俏俏笑道："罗小闪，我早就试过导航仪了，这里没有卫星信号，连手机也没有信号。"

罗小闪脸红红的，拿出导航仪在头上晃了晃，一看，果然一点信号也没有，气鼓鼓地说："这是什么鬼地方，这里连卫星信号都屏蔽了么？"

罗峰这时提醒大家说："大家不要争论了，我们赶紧回车上拿装备吧。我们最好在天黑之前找到老李和王教授他们。"

他们四人这次做了万全的准备，每个人的背包里都装备了非常齐全的野外探险工具和物品。除了能供他们一周的食物和水以外，还有地图、指南针、帐篷、睡袋、手电、棉衣、速干衣、合金铲、氧气囊、净水药片、多功能军刀，等等。罗峰还另外带了一把军用匕首，用于防身。

四人各自背好装备，进入魔鬼城地质公园入口，经过管理处，见里面仍然没有人。四人不再理会，径直穿过入口，进入魔鬼城。

尽管在出发之前，路小果他们已经在电脑上查了大量的资料来了解魔鬼城，但当他们进入魔鬼城腹地时，还是被眼前的景象给震撼了。

由于没有植被的保护，大漠狂风像锋利的刻刀，把这里的土丘雕成错落有致的奇异形状。整体上来看，就像一座中世纪的古城堡，有城墙、街道、大楼、广场、教堂、雕塑。形象生动，惟妙惟肖，令人瞠目。

正如资料上所说，世界上许多著名建筑都可以在这里找到缩影，比如北京的天坛，西藏的布达拉宫，埃及的金字塔、狮身人面像，草原上的蒙古包，阿拉伯的清真寺等，应有尽有。这些土丘有的被雕塑成威武的将军，有的像大漠雄狮，有的像孔雀开屏，有的像丝路骆驼队，有的像舰队远航，有的像群鱼出海，有的像中流砥柱……不可胜数。置身其中，宛若进入了世界建筑艺术博物馆，让人目不暇接，惊叹不已。

路小果四人看着这些大自然鬼斧神工般的杰作，都佩服得五体投地。

往里徒步一个小时后，他们基本上已经分不清东西南北了。置身其中宛如进入了一座神奇的自然迷宫，只见眼前丘峰林立，形态各异。一座座土丘隆起集中于荒漠，峰回路转，各种造型的雅丹地貌又变幻出不同的姿态：有的像乘风破浪的大型舰队，在大海上鼓帆远航；有的又像无数条蛟龙，在大海中翻滚腾舞，穿梭游戏；有的似亭台楼阁，争奇竞异，变化无穷，气象万千，引人入胜。土丘奇异的造型让路小果四人感到惊叹不已。

他们在雕塑群里流连忘返，甚至忘记了头顶上的烈日酷暑，忘记了自己还有找人的任务。当他们走到一座形似佛塔的土丘跟前，路小果忽然听到一个熟悉的声音从土丘背后传过来。

“李叔叔！”路小果惊喜之下，情不自禁地大声喊了起来。原来，她听出这口音竟是车队向导老李发出来的。

罗峰也听到了一些声音，若有若无的，不光有老李的声音，还有王教授和其他人的声音，很嘈杂。明俏俏和罗小闪一直在谈论着什么，没有注意外部环境。这时他们听到路小果嘴里喊“李叔叔”才把注意力转移过来，罗小闪问道：“李叔叔在哪儿？”

路小果没有回答罗小闪的话，而是径直向“佛塔”土丘后面走去。众人随即跟着路小果也向土丘后面走。然而，让四人感到意外的是，土丘后面并没有一个人。路小果惊诧不已，这声音明明就在土丘后面，怎么会没有人呢？难道他们又转到其他地方去了？

罗峰也觉得奇怪，和路小果一样，他又凝神细听了片刻，发现那声音还是若有若无，断断续续，似又转向了别处。这一次罗小闪和明俏俏也听见了，罗小闪指着旁边的一座土丘说：“李叔叔他们脚步挺快的，好像又到了那里。”

于是，四人又一起向罗小闪手指的那座土丘走去。明俏俏一边走一边喊着：“李叔叔！王阿姨！”

本以为绕过这座土丘，这次一定会看到老李他们，但他

们又一次失望了，这座土丘后面也没有人。

“咦！真是活见鬼了。”路小果从来没有遇到这么诡异的事，不满地咒骂着。

罗小闪不屑地说：“什么鬼不鬼的，路小果你也迷信吗？或许李叔叔他们在远处，他们的声音是随风飘过来的呢？”

明俏俏没有发言，却也觉得这事不可思议，不过她觉得魔鬼城既然被称为魔鬼城，一定有它的道理，遇到点想不通的事也很正常。

军人出身的罗峰有点不信邪，他让他们四个人每人朝着一个方向，在这方圆50米的奇形怪状的土丘林里寻找起来。路小果继续朝着声音传来的方向寻找，她又连续转了三个土丘，还是没有见到一个人影，更加奇怪的是，老李一行人的声音竟然还响在耳边，似乎就在前边不远的地方，就是见不到人影。路小果忽然有点害怕起来，甚至对自己坚定的“无神论”也产生了怀疑和动摇。

难道，这魔鬼城真的有魔鬼？

头顶烈日炎炎，路小果却忽然觉得脊背一阵发凉，不行，不能再找了，赶紧回去跟罗小闪他们会合吧。

其他三人当然也没有结果，当路小果讲述自己寻找的经过时，罗峰的心里也忽然有点发毛起来，活了几十年也没有见过这样的怪事，难道这魔鬼城真的有鬼不成？他是

军人出身，当然不可能相信鬼神之说。在否定了鬼神之说之后，他又带着三个少年找了两个小时，却始终不见老李一行人的踪影。眼看天渐渐黑了下来，几个人都是又累又饿，当罗峰建议走回雅丹魔鬼城公园大门处宿营时，遭到三个少年的一致反对。因为那样的话，他们又得走两个小时。考虑到明天还要继续寻找老李一行人，所以罗峰最后决定就地扎营，明天一早再继续寻找老李他们。

他后来很后悔这个决定，因为，这个晚上在他们营地又发生了一件极其诡异的事情。

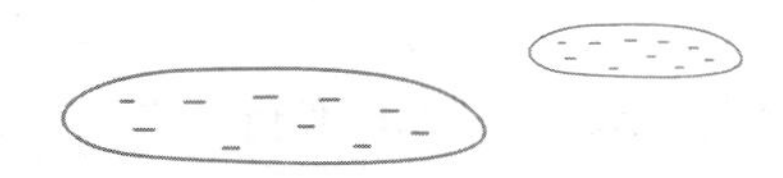

第八章 老陈头复活

罗峰之所以后来很后悔这个决定，是因为这个决定差点让路小果出事。

他们刚睡下不久，土丘林里忽然刮起了大风。突然之间，飞沙走石，天昏地暗，怪影迷离。如箭的气流在怪石山丘间穿梭回旋，发出尖厉的声音，一会儿如狼嗥虎啸，一会儿又如鬼哭狼嚎，令人毛骨悚然。

四人睡在各自的睡袋里，外面恐怖的声音让他们均无法入眠，明俏俏吓得用手紧紧捂住两只耳朵，路小果则把耳机塞在耳朵里，即使这样，那尖厉的呼号声还是不时地刺激着耳膜。为了不再听到那些鬼哭狼嚎的声音，她戴上耳机放起了音乐；为了让自己的大脑不再思考，减少自己的恐惧心理，她又拿起iPad，看起了她下载的小说。

可是她的眼睛看着iPad，心思却总跑向别处。她想到妈妈，这会儿妈妈在干什么呢？是不是还在想着自己？对了，妈妈不是在我们鞋跟上装了“生物脉冲电子追踪仪”吗？她能监听到我说话，我可以跟她说说话啊。她又一想，不行，还是不行，我不能让妈妈知道我的情况，更不能让她为我担心，还没有到罗布泊呢，我怎么能被这小小的魔鬼城吓倒。

路小果想着想着就睡着了。睡到半夜，她忽然听到帐篷外有个声音在喊自己的名字。谁？是谁在喊自己？她以为自己听错了，再屏息细听，没错！确实有人在喊自己的名字。而且这声音是那么熟悉啊！是妈妈！路小果按捺不住心中的狂喜，翻身坐起，拉开帐篷，走了出来。

“小果！”

不错，千真万确是妈妈的声音。“妈妈，是你吗？”路小果对着声音传来的黑夜深处喊了一声。

“小果！”那声音依然在叫着自己。路小果掐了一下自己，很疼，不是在做梦啊。难道是妈妈担心自己，悄悄跟着他们也来到了魔鬼城？路小果循声跟了过去。

“等等我，妈妈！”路小果一边喊着，一边向那声音追过去，月光下只见到一座座突兀而立的土丘，却始终见不到妈妈的人影。

“过来，小果！”

妈妈的声音依然在前面响起，路小果加快了脚步，又绕过两座土丘，忽然听到前面空地上传来战马嘶鸣声，还有兵刃撞击和兵士喊杀的声音。路小果大吃一惊，难道这里正在发生着一场战斗？

路小果揉揉眼睛，却什么也没有看到，可是那声音是那么清晰和真实，就像发生在眼前一样，路小果感觉自己就像在欣赏一场只有声音没有画面的古代战争电影。

那厮杀声在继续着，妈妈的喊声却更加清晰地响在耳边，路小果无心倾听战场的喊杀声，继续循着声音寻找妈妈的身影。

这时，风力忽然大了起来，一时间飞沙走石，在这月光惨淡的夜晚，四周萧索，情形甚为恐怖。尖厉的劲风发出恐怖的啸叫，犹如千万个鬼魂在怪叫，路小果妈妈的呼唤声忽然被这些怪叫掩盖了，路小果走着走着忽然听不到妈妈的声音了，取而代之的是眼前出现了一群张牙舞爪的妖怪，它们尖叫着、怪笑着向路小果扑过来。

路小果顿时感觉毛发倒竖，吓得转身就逃。当她一转身却发现身后也站着一个披头散发的妖怪，她想喊妈妈，嗓子却发不出一点声音；她想撒腿跑开，腿却软得抬不起来。

眼看着那野兽向自己扑过来，路小果忽然尖叫一声，晕了过去……

当路小果再次醒来的时候，她发现自己正躺在一片砾石上面，太阳已经高高升起。在她的身边正站着一位白发苍苍、面色和蔼的老人，老人手里拄着一个拐杖，身上背着一个旧帆布包，是过去部队里用的那种，上面还有一个褪了色的红五角星。路小果扭头扫视了一下四周，发现四周全是奇

形怪状的土丘，却不见了自己的帐篷和罗峰三人。

一睁眼就看到一个陌生人站在自己眼前，让路小果吃了一惊，恐惧顿时袭上心头，但她觉得这老人又不像坏人，心稍微安定了一些。她向老人问道："老爷爷，我这是在哪儿呢，我怎么会到这儿来呢？"

老人微微一笑说："这个问题应该我问你呀，我一来就看见你睡在这地上，你迷路了吧？"

路小果摇摇头说："我昨晚在帐篷里睡得好好的，也不知道自己怎么会跑到这里来？"老人问道："你还有同伴是吗？"

路小果点点头："是的，我昨晚明明和他们在一起露营，醒来就到这儿了。"

正说着，背后忽然传来罗小闪的呼喊声。路小果回头一看，原来是罗峰三人正从几百米外的地方向自己跑过来。

原来，罗峰早上天蒙蒙亮就醒了，当他走出自己的帐篷，发现路小果的帐篷是敞开的。野外宿营的人都知道，晚上进入帐篷睡觉以后，为了防止蚊子、毒虫爬进帐篷，必须将帐篷关闭，这是常识，路小果不可能不知道啊。罗峰疑惑着探头一看，发现帐篷里竟然没有人，他四处探望了一下，也没有发现路小果的身影，罗峰立即吓出一身冷汗来。

他立即叫醒了罗小闪和明俏俏，大家各自收起帐篷，打包了路小果的东西，开始在四周搜寻起来。

这一找就是两个小时，他们搜遍了附近1千米范围的所有地方，也没有见到路小果的身影。罗峰急得直跺脚，他知道这魔鬼城的地形相当复杂，稍有不慎就会迷路。路小果走时什么都没有带，一旦在这魔鬼城迷失，将会有生命危险。

明俏俏急得哭着说："罗叔叔，这下可真完了，魔鬼城这么大，我们怎么找路小果啊？她半夜走出营地，会不会碰到什么鬼怪和野兽啊？"罗小闪强笑着安慰她说："放心吧明俏俏，我们一定会找到路小果的，再说这魔鬼城根本就没有野兽，鬼怪也是谣传。"

明俏俏仍哭个不停，罗峰也只能耐心安慰她："不用担心，路小果是个又聪明又坚强的孩子，她一定会有办法找到我们的。"

罗峰三人带着忐忑不安的心情，继续往深处搜寻的时候，忽然发现前面走着一位白发苍苍的老人，他们一路跟随着，没有想到，竟然意外地找到了路小果。

路小果见罗峰三人到来，惊喜不已。白发老人背好帆布包，对罗峰说道："你们这些年轻人胆子挺大的，七月也敢来魔鬼城。不过你们一定要注意安全啊，千万莫要迷路，否则很可能走不出这魔鬼城。既然你们会合了，我也该走了。"老人说完拄着拐杖就要转身离开。

“请等一等！”罗峰忽然叫住了老人，说，“老人家，我想打听个事，您没有没有见到一群游客？”

“游客？什么游客？”

“为首的是个络腮胡男人，40多岁的样子，还有一个戴着眼镜的女人，他们领着几个年轻人，一共大约6个人。”

老人摇摇头说：“我在这魔鬼城有20多年了，每年七、八、九三个月，这里几乎没有什么人，这个月你们是第一批来的游客。”

白发老人的话让罗峰惊诧不已，难道老李一行人压根就没有到这魔鬼城里来？他想到这里，便接二连三地向老人问道：“请问老人家，您贵姓？在魔鬼城里干什么？怎么走到这里来了？”

老人微微一笑，说：“我呀，姓陈，熟悉我的人都叫我老陈头。我就是这魔鬼城看门的，在这里已经20多年了，你看，胡子都熬白了。”

罗峰恍然大悟地点点头，寻思：怪不得他们进公园大门时，管理处不见一个人影呢，原来跑到这魔鬼城里面来了。

这时，大家的注意力又转移到路小果的身上来，三人对路小果问长问短。

罗小闪说：“路小果你搞什么鬼，无缘无故跑到这里来干什么？让我们好找。”路小果不好意思地说：“我也不知道怎么搞的，自己就走到这里来了。”

罗小闪和明俏俏瞪着路小果，一副打死也不相信的表情。明俏俏说："你夜里走这么远的路你会不知道？你不会是梦游吧路小果。"

路小果茫然地看着罗小闪三人，说了一句话，顿时让大家感到毛骨悚然起来。

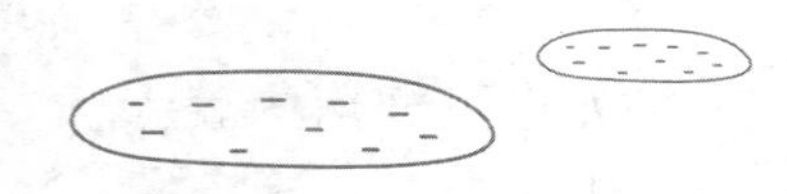

第九章 魔鬼城的来历

路小果说："我是跟着妈妈一起到这儿来的。"

罗小闪和明俏俏惊讶得眼珠子差点掉下来，罗小闪甚至觉得路小果到现在还没有醒，还在说梦话。

"真的，不骗你们。"路小果说完就把昨天晚上遇到的事情给大家说了一遍。罗小闪和明俏俏听得四肢冰凉，脊背直冒冷气。罗峰却不动声色地问："路小果，你以前有没有听爸爸妈妈说过你有梦游的习惯？"

路小果果断地摇摇头，她以前确实没有听妈妈说过自己有梦游的毛病。可是自己在深夜里独自走了这么远的路，怎么解释呢？其实她自己也说不清是不是在梦游，因为那些声音太真实了，以至于她自己也无法分辨昨晚遇到的那些是幻觉还是现实了。

既然路小果自己都无法解释自己的遭遇，大家只好作罢，但好在路小果并没有受到什么伤害，这让罗峰悬着的一颗心终于放了下来。

“咦？刚才的老爷爷去哪儿了？”罗小闪的话忽然提醒了大伙，大家翘首四顾均未见老人的身影，不禁面面相觑。四人谁也没有发现这白胡子老人是什么时候离开的，就好像这白胡子老人是突然之间就消失了一般。

罗峰心想，也许是老人见他们四人团聚，这才悄悄离开了。这里土丘众多，怪石林立，一个人眨眼间不见，也不足为奇，罗峰只是觉得这老者给人的感觉有点怪怪的，虽然他面目和善，不像坏人，但罗峰总觉得哪里有点不对劲。到底是哪里不对劲呢？罗峰的大脑里飞速地转着圈儿，他又仔细地回忆了一下老人的装束……对了！一个东西在他脑海里闪现了一下，他终于想起了老人哪儿不对劲了。

帆布包！对！就是那个帆布包！

他记得老人的帆布包是那种20世纪六七十年代的军用帆布包，上面还有个褪了色的五角星。现在都什么年代了，谁还会用那种帆布包？

“老爸，下一步我们怎么办？”罗小闪的话打断了罗峰的思路，他顾不得再想老人的问题，与三个少年讨论起下一步的行动方案来。

关于下一步到底是退出魔鬼城在大门出口等待，还是深入魔鬼城腹地继续寻找老李一行人，出现了两种不同的意见。罗峰和明俏俏建议退出魔鬼城；罗小闪和路小果建议继续深入寻找。

罗峰建议退出是因为他担心三个少年的安危；明俏俏是因胆小害怕；而罗小闪和路小果喜欢接受挑战，认为魔鬼城没有什么可怕的，因此建议继续进魔鬼城寻找老李。

最后在罗小闪和路小果的坚持下，他们决定继续深入魔鬼城腹地寻找老李一行人。

来过雅丹魔鬼城的人都知道，雅丹地貌土质坚硬，呈浅红色，与青色的戈壁滩形成强烈的对比，在蓝天白云的映衬下格外引人注目。千百年来虽经风吹雨淋，烈日暴晒，但至今英姿不变。它被叫作魔鬼城主要有两个原因，一是每当大风刮过这里，会发出各种怪叫声，似人叫或鸟叫，让人不寒而栗；另外一个原因是它独特的地形各具形态，千奇百怪，有的像野兽，有的像人形，因此，被称作魔鬼城。

四人顶着烈日一路前行，眼前起伏的山坡上，布满血红、湛蓝、洁白、橙黄的各色石子，宛如魔女遗珠，更让魔鬼城增添了几许神秘色彩。据说，这里还蕴藏着丰富的天然沥青和深层地下石油。

路小果受爸爸路浩天的影响，对地质知识很有兴趣，她也跟着爸爸学习了不少这方面的知识。一路上，她不时地停下来观察土丘的岩层。

明俏俏对这些不太懂，问路小果："你老是盯着这些石头看，这些石头有什么好看的？"

路小果指着眼前的一块红色的石头说："别小看这些石头，这里学问大着呢，你看，这一块是比较细腻的，属于静水沉积层，这是砂岩。再往上你看，它颗粒逐渐逐渐变粗了，这都是些洪水沉积相。"

"什么……什么洪水沉积相？什么意思？"这些陌生的名词，让明俏俏摸不着头脑，罗小闪也凑过来说道："路小果，你说的专业名词我们听不懂，能不能说得通俗一点给我们听听？"

"通俗点讲嘛，这里曾经是一片汪洋。"路小果忽然语出惊人。

"你是说这魔鬼城原来是一片大海？"罗小闪和明俏俏瞪大眼睛看着路小果，几乎不相信自己的耳朵，感觉她的话有点像天方夜谭。

"大海倒不一定，但至少是一片相当广阔的水域，可能是一个巨大的河口冲积平原，也就像今天的江南一带，后来洪水在这里水平沉积，这样一层一层的，把这些东西都卷在这里，大的颗粒沉积下来，小的逐渐变细了，这就是很典型的沉积地貌。"

荒凉的戈壁深处从前竟然是大面积水域，这个观点倒出乎他们两人的意料。有水自然会有生命的存在，原来魔鬼城并非一座天生的死亡之城，而曾是一片繁荣的北国江南。

"不仅如此，还有更让你们吃惊的地方，"见罗小

闪他们他们很乐意听，路小果接着说道，“此后，人们又发现了一个盛产怪石的地方，这就是位于魔鬼城南部的南湖地区。在戈壁的风沙中，很多石头暴露在地表，或大或小，或横或立，更多的则是静静地埋在地下，它们的奇怪之处就在于外观像树干一样逼真。后来经过专家鉴定，这种石头原来叫作硅化木，距今有1亿4000万年到1亿2000万年的历史，是侏罗纪时期的历史遗存。”

明俏俏插口问道：“哇！好古老啊！但那又说明什么呢？”

“大量硅化木的发现，说明雅丹魔鬼城曾经拥有大片茂密的森林呀！”

“森林？”罗小闪简直不敢相信自己的耳朵，脱口而出道，“路小果，你一会儿说这里曾经是一片汪洋，一会儿又说魔鬼城南部曾经是茂密的原始森林，太不可思议了吧？”

路小果看看一脸惊异的罗小闪，说：“的确是这样，不过那是在远古的侏罗纪时期，后来由于地质变迁，它们被埋入地下，经过硅元素侵入置换，就形成了硅化木，是树木硅化后的化石。同样道理，围绕在魔鬼城周边的三座大型煤矿也说明了这一点，因为煤是树木碳化后的化石。所以说，侏罗纪时期的魔鬼城是充满生命气息的。”

原来，魔鬼城在远古时期竟然拥有着茂密的森林和众多的动物，那曾经是怎样一个生机勃勃的世界啊！罗小闪

想到这里又问道："那一定有恐龙一类的动物啦？"

"当然有了，最近我国的科考队，在新疆吐鲁番地区鄯善县发现了我国迄今最大的侏罗纪恐龙化石。已发掘出的大量骨骼化石显示，这头恐龙体形巨大，仅其股骨就长达2米多。科学家据此推算，该恐龙体长可达35米，体重约30吨，刷新了我国侏罗纪大型恐龙的纪录。"

"哇！这么大块头比我们在雅鲁藏布大峡谷的恐龙谷看到的要大多了。"罗小闪惊讶地叫道。

路小果说："是的！不过到了第四纪初期，整个气候彻底变迁，在2亿多年的地质变迁中，哈密盆地经历了由海盆到湖盆、湖盆到陆盆的沧桑巨变。"

"那魔鬼城这些奇形怪状的土丘又是什么时候、如何形成的呢？"不知罗小闪是真的对地质知识感兴趣，还是故意测试路小果，接二连三地发问，而路小果却总是对答如流："最初，是地表的风化破坏。后来在地质岁月中曾经发生反复的水进水退，使湖底形成一层泥、一层沙，又一层泥、又一层沙交错成层结构。地表风化破坏后，风、水即有了肆虐的对象。在风的吹蚀或水流的冲刷下，堆积在地表的泥岩层间的疏松沙层，被逐渐搬运到了远处，原来平坦的地表变得起伏不平、凹凸相间，这就是雅丹地貌的雏形。在沙层暴露后，风、水等外力继续施加作用，使低洼部分进一步加深和扩大；突出地表的部分，由于有泥

岩层的保护，相对比较稳固，只是外露的疏松沙层受到侵蚀，由此塑造出雅丹千奇百怪的形态。”

明俏俏羡慕地看着路小果说：“路小果你真厉害，怎么懂得这么多地质知识啊？”

罗峰对罗小闪和明俏俏说：“看看人家路小果多棒！你们俩可得多向她学习，多学点课外知识。”

“也不是啊，各有所长而已，罗小闪的军事知识和明俏俏的历史、天文知识也是我所不能及的呀！”

路小果的谦虚让罗小闪和明俏俏听了心里很舒服，本来的一点嫉妒心理，这会儿也烟消云散了，只剩下对路小果的佩服。

大家听路小果讲述魔鬼城的形成原因和历史变迁，听得津津有味、意犹未尽。突然听到罗小闪指着左前方叫道：“喂！你们看，那是什么？”

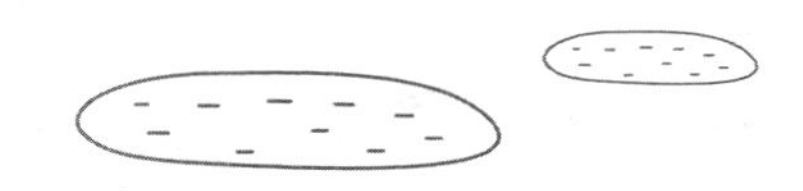

第十章 阴阳鱼迷魂阵

大家听到罗小闪的叫声，顺着他手指的方向看去，只见一头浑身棕红色、毛茸茸的体形巨大的动物正站在那里翘首张望，在它的背上长有两个山峰一样的驼包。

“野骆驼！”路小果一眼认出了这头体形庞大的家伙，脱口叫道。罗峰也接着激动地说：“果真是野骆驼，我们真是太幸运了，竟然碰到了这种家伙。”

罗小闪不解地说：“不就是一头骆驼吗，你们至于这么激动吗？”

路小果说：“罗小闪同学，这可是野骆驼呀！”

“野骆驼怎么了？不还是一头骆驼吗？和野猫野狗有什么分别吗？”

路小果不屑地看着罗小闪：“当然不一样！罗小闪，你知不知道野骆驼比大熊猫还要稀少？你知不知道全中国的动物园里仅有八头野骆驼？”

罗小闪茫然地摇摇头说：“这个我还真不知道。”

看到罗小闪被路小果抢白一通，明俏俏在一旁捂嘴窃笑。罗小闪怒目而视："明俏俏你不要幸灾乐祸，我承认自己无知，你不是也一样不知道吗？"

明俏俏笑说："我无知，但我不乱说话，不像有的人，不懂装懂，难道你不知道言多必失的道理吗？"罗小闪又被明俏俏奚落一通，鼻子都气歪了，他仍旧不服气地对路小果说："路小果，我就不明白了，你凭什么一看就知道它是野骆驼？万一那要是别人家养的骆驼呢？"

"这个简单呀！野骆驼头部较小，吻部较短，上唇裂成两瓣，状如兔唇。鼻孔中有瓣膜，能随意开闭，既可以保证呼吸的通畅，又可以防止风沙灌进鼻孔之内，从鼻子里流出的水还能顺着鼻沟流到嘴里。"

"离这么远，你能看得清吗？"

路小果笑道："那我就再教你一招最简单的判断方法，就是看它怕不怕人，家骆驼性情温顺，一点都不怕人，野骆驼生性机警，一看见人就跑。"

罗小闪半信半疑，再看那野骆驼正翘首四顾，正好看见罗小闪一行人在指指点点，忽然撒开四蹄向远处奔跑起来，罗小闪这才相信了路小果的判断——果然是一头野骆驼。

"追！"路小果见野骆驼发足狂奔，立即喊了一声，追了上去。明俏俏见路小果跑起来，也跟了上去。罗峰也是第一次见到野骆驼，正想近前看个究竟，也追了上去。

罗小闪在后面追着喊道："喂！你们追一头骆驼干吗……喂！等等我，等等我。"

这野骆驼体形看着笨拙，身子却很灵活，奔跑起来速度相当于中速行驶的汽车，不一会就把路小果四人远远落在后面。追了不到几百米，四人均累得大汗淋漓，上气不接下气。歇了一会后，路小果再抬头看时，那野骆驼早已不见了踪影。

四人又追了一段，仍不见野骆驼的影子，于是放弃了追踪，全坐在一个圆柱形的大土丘背阴的地方休息起来。

罗小闪渴得嗓子冒烟，猛灌了几口水愤愤地说："人要是像这骆驼一样不用老喝水就好了！路小果，我听说骆驼几天几夜不喝水都没事，你说为什么它们就这么耐旱呢？"

路小果喝了几口水，说道："一是在有水的情况下，它可以一次畅饮10千克有余，在胃内的水脬中贮存起来；二是它的血浆中有一种特殊的蛋白质，可以维持血浆中的水分；三是它的鼻腔黏膜面积很大，能防止水分散失；四是它的体温日夜差别大，可以达到6摄氏度，所以能够通过调节体温来控制水的消耗。此外，它的皮肤很少出汗，排尿较少；粪便干燥，含水极少；呼吸次数少，从不开口呼吸，等等。因此它在夏天可以几天不喝水，在冬天甚至可以几十天不喝水。并且在盐水泉和淡水同时存在的地方，

野骆驼更喜欢饮盐泉中的水。”

罗小闪吃惊地插话说：“喝盐水？天哪！比咱人类厉害多了。”路小果点点头说：“是的，这样它们不仅补充了水分，还得到了身体所需要的盐分。”

明俏俏趁路小果和罗小闪说话的工夫，环视了一下周围的地形，看见在他们背靠的土丘旁边还有一个几乎一模一样的土丘，明俏俏自言自语地说：“咦？真奇怪！”说罢又围着两个土丘转了一圈，回来对罗峰说道：“罗叔叔，你有没有感觉这里的地形有点奇怪？”

“这里每一个地方都是奇形怪状的，有什么好奇怪的？”

“不是，罗叔叔，你没有听懂我的意思，你没有发现吗？我们坐的这个土丘加上旁边的那个土丘，再加上这周围地形，看起来活像一个阴阳八卦图的阴阳鱼的鱼眼！”

罗峰对明俏俏的话半信半疑，他忍不住站起身，围着他们旁边的两个圆柱形土丘转了一圈，惊讶地发现，果真如明俏俏所言。在地上，黑白两种颜色的砾石被一条S形的界线明显地分割开来，如果从高处俯瞰，正像颜色不同、纠抱在一起的两条鱼，两个圆柱形土丘正位于两条鱼的眼睛部位。再看看四周，几十座大小不一的土丘均匀地分布在周围，把圆柱形土丘围成一个同心圆。整体来看，正是一个“阴阳鱼太极图”的形状。

四人围着“鱼眼”转了几圈，都对大自然的鬼斧神工惊叹不已，忽然听到罗小闪指着前方的一座土丘说道：“你们看，那里还有山羊呢！”

三人抬眼向前看去，果然见到三只体形巨大的羊，远看像三头小牛犊，它们头顶的角特别大，呈螺旋状扭曲一圈多，角外侧有明显而狭窄的环棱。

“那是盘羊！不是山羊，”路小果一眼就看出这三只羊的特征和盘羊相符，替明俏俏纠正了。

“哇！好肥的盘羊！”罗小闪惊叹着，又自语道，“谁家养的盘羊，怎么跑这儿溜达来了？”

“罗小闪同学，你见过谁家里养过盘羊吗？”听了罗小闪的话，路小果讥笑道。路小果这一问，让罗小闪有点丈二和尚——摸不着头脑了，他气哼哼地问：“怎么了，我又说错什么了吗，路小果？”

路小果还没有回答，罗峰已经接过话说：“所有的盘羊都是野生羊类，而且是世界上体形最大的野生羊类，明白了不，罗小闪同学？以后向人家路小果多学着点，多看看书，多学点课外知识，别话一出口就让人笑话。”

爸爸的一通话让罗小闪不好意思起来，脸红红的，他正想再辩解几句，却忽然听路小果对罗峰喊道：“不对劲呀，罗叔叔，你看那羊……”

罗峰抬头一看，也不禁吃了一惊。原来，这三只盘羊见了他们不仅不害怕，而且个个目露凶光地向他们逼了过来。

根据路小果的了解，盘羊的视觉、听觉和嗅觉敏锐，性情机警，稍有动静便迅速逃遁。可是这三只盘羊不仅体重超常，而且性情和正常的盘羊完全相反，这让路小果感到匪夷所思，大惑不解。正想着，那三只巨型盘羊已经逼近到距他们不到10米的地方。

罗峰见那盘羊来势汹汹，早已心生戒备，把匕首握在手中。他把路小果他们拉倒了身后，警惕地后退着。面对爸爸的保护动作，罗小闪却并不买账，他身子一闪，滑到罗峰的右侧，并迅速从背包里取出一个手电筒来，对准了盘羊，一副跃跃欲试的样子。

路小果在旁边一见罗小闪只是拿着一个手电筒，着急地说："罗小闪，你拿个手电筒管什么用？"

罗小闪也不回答，只是做出一副防守的姿态。眼看三只盘羊逼到近前，罗峰怕儿子受到盘羊攻击，想拉罗小闪到自己身后，却来不及了。只见走在前面的那只盘羊呲着牙，低着头向罗小闪直冲过来。

罗小闪身子一侧，闪到一边，手中的手电筒却对准那领头的盘羊头部挥去，只听见噼里啪啦一阵爆响，那盘羊忽然浑身颤抖了一阵，惊恐地向后退了几步。

原来，罗小闪手里拿的并不是一个单纯的手电筒，而是一个伪装成手电筒的电警棍，能瞬间释放高压电能，击倒目标。不过遗憾的是这盘羊体形太过巨大，电警棍只能让它暂时失去攻击能力，并不能对它造成致命的伤害。即使是这样，也对这三只盘羊起到了很大的威慑作用，另两只盘羊也随着领头的盘羊退却了几步，攻击暂时停了下来。

不过，时间不长，三只盘羊像商量好了似的，竟一齐向四人冲了过来，罗峰拦住两只，另一只向罗小闪冲了过去。

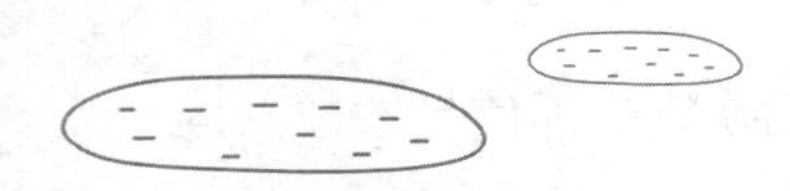

第十一章　奇怪的羊

罗峰挥起手中的匕首，向其中的一只盘羊刺去，那盘羊偏头闪过，回首却向罗峰的左手臂咬来，罗峰缩回左手臂，却发现另外一只盘羊的利齿正咬向自己右手中的匕首，罗峰吃了一惊，连忙缩回右手，却来不及了，手中的匕首竟被那盘羊咬个正着。

路小果在一旁看得兀自心惊，暗思：这三只盘羊到底是什么来路，竟然变得如虎狼一般凶猛？真是闻所未闻、见所未见。

再说罗小闪，他面前的那只盘羊，正是先前被电击过的那只。这怪物吃过一次亏，有点惧怕罗小闪手中的武器，不再盲目攻击，而是远远地围着他转起圈来，和罗小闪打起了持久战。罗小闪知道它是在寻找机会攻击自己，只是一味提防，并不主动回击。

这边罗峰却已经是险象环生，他右手的匕首被一只盘羊紧紧咬住，一抽之下，竟然纹丝不动，可见这盘羊咬力之大。罗峰心中着急，顾不得许多，大吼一声，左手手指插向盘羊的眼睛。众所周知，任何动物的眼睛都是身体最脆弱的地方，那盘羊也是一样，眼睛被戳之后，吃痛松开牙齿，罗峰乘机抽回右手及匕首。

就在罗峰攻击右边盘羊的眼睛的时候，左边却露出空档，左手臂被那另一只盘羊的羊角刺中，鲜血直流。罗小闪见状，心疼老爸，顾不得再和自己对面的那只盘羊兜圈子，跑向爸爸身边，挥起手电筒砸向攻击罗峰手臂的那只盘羊。

只听得“啪啪”几声，罗小闪一击即中，那盘羊颤抖了一会，几乎站立不住，摇摇晃晃地后退了几步。罗小闪乘胜追击，又把手电筒戳向另外一只盘羊，那电警棍威力极大，又听得“啪啪”几声响，这只盘羊也躲避不及，被击个正着，四肢抖动着后退了十余步。

连续击退了两只盘羊，罗小闪正自得意，却忘记了自己身后的那只盘羊，这只盘羊见罗小闪攻击自己的同伴，随即向罗小闪背后偷袭而来，眼看那尖利的羊角就要刺到罗小闪的后背，路小果和明俏俏在远处看得清楚，明俏俏只吓得闭眼尖叫起来。

“罗小闪，小心后面！”说时迟，那时快，路小果喊了一声，又从地上抓起一个馒头大的石块，用尽全身力气向那即将展开偷袭的盘羊掷去。

因距离较近，路小果掷出的石头正砸在那盘羊的脖子上，被石头一击，盘羊头部偏向一侧，偷袭的羊角失去准心，罗小闪万幸躲过偷袭，趁机后退了几米，又与三只盘羊对峙起来。

大概是电击的痛苦让三只盘羊产生了惧意，它们暂时停止了攻击。罗峰拉过罗小闪，转身对路小果二人说道："这盘羊如此古怪，又凶恶无比，我们不能再跟它们硬碰硬了，我们快撤！"说完，趁着三只盘羊还在电击的痛苦之中，罗峰自己殿后，护着路小果三人向"阴阳鱼"外围的土丘冲去。

四人在土丘林里七拐八拐，小跑着穿行了20分钟，终于到达一片开阔地带。然而，他们还没有来得及惊喜，却不禁又被眼前的景象惊得目瞪口呆。原来，他们竟然又回到了"阴阳鱼太极图"的中央，三只盘羊正立在不远处虎视眈眈地看着他们。

"天啊！我们又回到这里了！"看着眼前熟悉的景物，明俏俏首先吃惊地叫出声来。路小果也被眼前的景象吓坏了，哆嗦着对罗峰说："罗叔叔，我们明明向着一个方向，怎么会又回到这个地方？"

罗峰忧心忡忡地点点头："这个地方透着古怪，看来我们陷入迷魂阵了，罗小闪快把指南针拿出来，我们按照指南针指的方向走。"

正说着，那三只盘羊已经缓过劲，向他们冲了过来。罗峰一手拿着指南针，一手指了一个方向，喝道："快！向那儿走！"

三个少年在罗峰的带领下，又向土丘林里冲去，不一会又把盘羊甩掉了。走了半个小时，四人都又渴又累，汗流浃背，明俏俏提议坐下来休息一会儿。

罗小闪背靠着一个土丘，屁股刚刚着地，忽听得路小果指着右前方的一个土丘叫道："不好了！我们又转回来了！你们看！"

罗小闪像弹簧似的一下子弹了起来，绕过眼前的土丘，往前跑了几步，果然看见不远处的空地上立着两个圆柱形的土丘，正是他们之前到过的"阴阳鱼的鱼眼"，他不禁脸色大变说："糟糕了老爸，我们真的陷入迷魂阵了。"

罗峰这时也看到了那两座圆柱形土丘，他低头看看手中的指南针，不禁大惊失色：原来这指南针的指针早已经失效不动了，怪不得他们一直在这里转圈！难道这里存在着一个强磁场，不然指南针为什么会失效呢？

正当罗峰百思不得其解的时候，明俏俏忽然叫道："我想起来了，如果这里确实是一个阴阳太极图的话，那么这些周围的土丘必然是一个九宫八卦阵法。相传三国时诸葛亮御敌时以乱石堆成九宫八卦阵，按遁甲分成休、生、伤、杜、景、死、惊、开八门，变化万端，可抵挡

十万精兵，何况我们才四个人，怎么能走得出去？”

“吹的吧？”罗小闪一脸的不屑，说，“就几堆烂石头能挡十万精兵？鬼才信。”

明俏俏说：“那罗小闪我问问你，这里也就几十座破土丘，你为什么走不出去呢？”罗小闪的倔劲又上来了，不服气地说：“我还就不信邪了，这次我带路，你们跟着我走，我就不信走不出这几堆烂土丘。”

说罢，罗小闪紧了紧背包，一马当先地向外冲去，刚走出两步，迎面就碰上那三只正在寻找他们的盘羊，盘羊离罗小闪只有十余米远。罗小闪取出电警棍就要和盘羊硬拼，罗峰一把拽住了他，说道：“别理它们，我们快找出口。”

四人转身就逃，盘羊很快就被甩得没有了影子。明俏俏紧跑几步，冲到前面，忽然说道：“你们还是跟我走吧！”罗峰一听她这样说，估计她已经有了破阵的方法，心中稍稍安定了些，却听路小果边跑边问道：“俏俏，这阵是如何破的？告诉我们一下，我们也学习学习。”

明俏俏一边带领大家在土丘中疾步穿行，一边说道：“八卦阵正名为九宫八卦阵，九为数之极，取六爻三三衍生之数，易经有云：一生二，二生三，三生万物。又有所谓太极生两仪，两仪生四相，四相生八卦，八卦而变六十四爻，从此周而复始变幻无穷。八卦阵按休、生、伤、杜、景、死、惊、开八门。从正东‘生门’打入，往西南‘休门’杀出，复从正北‘开门’杀入，就可破阵。”

路小果一边小跑，一边茫然地摇了摇头：“听不懂，俏俏，能讲通俗点吗？”

明俏俏说：“哎！算了，改天再给你讲吧，我们先出了这土丘林再说。”说罢，明俏俏领着三人在土丘中进进出出，来回穿梭着。

不到一刻钟，三人忽然感觉到眼前一亮，视野豁然开朗起来，终于摆脱了奇形怪状的土丘林。四人心中大喜，似从地狱里逃出生天一般开心。罗峰拿出指南针一看，这指南针竟又恢复了正常。

对刚才的危险一幕，大家都心有余悸，哪还有心思再寻找老李一行人，只想早点走出这诡异恐怖的魔鬼城。

罗小闪看到爸爸罗峰的手臂还在渗着鲜血，连忙停下来从背包里取出碘伏为爸爸消了毒，又用纱布给他包扎了一番。四人休息了片刻之后，按照罗峰手里指南针指示的方向，向魔鬼城大门处走去。

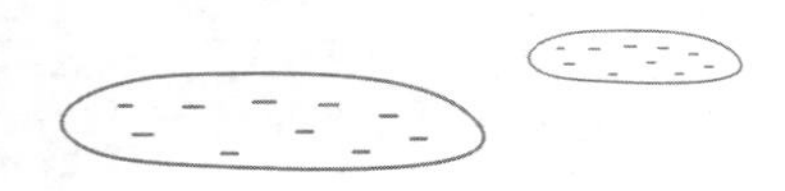

第十二章 冲出魔鬼城

出魔鬼城的路途还算顺利，他们快步疾行，每走半个小时歇息几分钟，一路上除了光怪陆离的土丘，他们没有再见到一个人，也没有见到任何动物，好像这魔鬼城真的是存在于另一个星球上的死城一般。

从魔鬼城里出来时，已经接近傍晚了。四人准备出了大门在汽车旁边就近扎营。路过大门时，罗峰看到管理处的房间里亮着灯，四人走近一看，里面坐着一个扎着马尾、戴着眼镜的年轻女孩，正在玩电脑。罗峰过去敲了敲窗户，戴眼镜女孩看到有人经过，有点吃惊的样子，叫道："喂，你们什么时候进去的呀？买票了没有？"

罗峰也不理会，而是问她道："老陈头呢？怎么没有看见老陈头啊？"

"什么老陈头啊？谁是老陈头？"

"就是在你们这上班的老陈头啊，在你们这里看门20多年了，老背着个军用帆布包，拄着拐杖，你不认识吗？"

“噢！你是说他呀……”

罗峰心想，你终于想起来了，遂笑道：“对！就是他！”

“他早死了！”

“死了？”四人异口同声地惊呼道。罗峰更是像挨了一记闷棍，笑容忽然僵在脸上，说话腔调也变了：“小姑娘，我是很严肃的，你不要跟我开玩笑。”

“开什么玩笑？我没有和你开玩笑，老陈头确实死了20多年了，我都没有见过，还是听我的前任同事说的，”戴眼镜女孩一脸的委屈，又接着说道，“你们和他是什么关系？打听他干什么？”

戴眼镜女孩的话，让四人都起了一身的鸡皮疙瘩，三伏的大热天，却感觉背后凉飕飕的，直冒冷气。明俏俏哆嗦着说：“天呐，莫非我们遇见的是鬼？”

戴眼镜女孩不耐烦地说：“小同学，什么鬼不鬼的，哪里有鬼？我们魔鬼城虽然恐怖了点，但绝对没有什么鬼的，那是迷信。”

罗峰脸色肃穆地对戴眼镜女孩说道：“我告诉你小姑娘，我们在昨天下午还在这魔鬼城里碰到了老陈头。”这回轮到戴眼镜女孩吃惊了，惊得眼镜差点掉到地上，但却似乎并不太相信罗峰的话，不高兴地说道：“你们说的当真？不是逗我玩的吧？”

罗峰点点头说：“你看我们像是那种逗你玩的人吗？

千真万确，绝无虚言。”

戴眼镜女孩忽然脸色大变，结结巴巴地说道：“大哥你……是在哪儿……哪儿碰到的？是……是白天吗？”

“是白天，具体什么位置我也说不清，大概离这大门有20千米的样子。”罗峰回答完，又接着问了一句，“小姑娘，我想打听一下，老陈头是怎么死的？”

“失踪！”

“失踪？”

“是的，听前任同事说，20多年前，他在一次正常的巡视中，忽然失踪，20多年来，一直生不见人，死不见尸，后来管理处就按死亡上报了，在大家的心里，也一直认为他已经死了。”

戴眼镜女孩的话，让罗峰陷入沉思之中，如果说眼镜女孩的话是可信的，那么，他们看到的老陈头又怎么解释？难道这世界上真的有鬼魂？

如果说老陈头在这魔鬼城迷失20多年，找不到回单位的路，说出来鬼都不会相信。可是，他们看到的老陈头也是千真万确的呀！这到底怎么回事呢？罗峰忽然感觉自己的头有点大了。

戴眼镜女孩和罗峰的对话，也把路小果给吓住了，短暂的恐惧之后，她不禁陷入了沉思之中。她回忆了一遍在魔鬼城遇到的一系列事件，感觉每一件事都很诡异，让人匪夷所思。比如：为什么老李一行人总是只闻其声，不见其人？昨天夜里为什么自己会有怪异的梦游行为？他们碰到的老陈头到底是人是鬼？魔鬼城里为什么会有阴阳鱼八卦图？本来温和的食草动物盘羊为什么变得这么凶恶，连人都吃？指南针为什么会忽然失灵？

这些问题用唯物论的观点似乎怎么也解释不通。但如果说这世界上真的有鬼魂，路小果这样一个从小就接受唯物主义教育的中学生无论如何也不能接受。

这一系列的事激发了罗小闪的好奇心，他不信鬼神也不信邪，决心要将这些事情弄个水落石出。他想起了遇到大胡子老李叔叔的怪事，于是问戴眼镜女孩："姐姐，那你有没有见过一个大胡子叔叔领着一个戴眼镜的阿姨和一群年轻的哥哥进魔鬼城啊？"

"见到了。他们刚从这里出去不到一个小时，不过……"眼镜女孩的神色中透露着一丝诧异，停顿了一下，接着说，"那位大胡子先生说，他们遇到过你们。"

"他们看到过我们？"罗峰吃惊地张大了嘴巴。眼镜女孩却摇摇头说："你没有理解我的意思，我说的是'遇到'不是'看到'。"

眼镜女孩的话把四个人全给弄糊涂了，路小果不解地问道："这有什么区别吗？"

"当然有，"眼镜女孩扶了扶鼻梁上眼镜说，"大胡

子先生说，他遇到的是你们的声音，也就是说他只听见你们说话，却找不到你们的人。他们循着你们的声音找了你们好久，也没有找到，最后就出来了。”

“你说什么？”眼镜女孩的话，让罗小闪惊得差点跳起来，“天呐！他们竟然和我们一样，只听到对方的声音，却见不到人，这到底是怎么回事？”

没有人能回答罗小闪的问题。大家还全都处于惶恐不安的情绪中的时候，罗峰又向眼镜女孩提出另外一个问题：“小姑娘，你们魔鬼城的盘羊都攻击人吗？”

“盘羊？攻击人？别开玩笑了，盘羊一向很怕人的，怎么会攻击人？”眼镜女孩脸色露出难以置信的神色，像看外星人似的看着罗峰四人。

“可是我们确实碰到了攻击人的盘羊，你看我爸爸的手，还因此受伤了呢。”罗小闪见眼镜女孩根本不相信他们的话，指着罗峰的手有点着急地说道。

“喂！你们不要乱说啊，什么攻击人的盘羊？我们魔鬼城怎么会有这种东西。你要是传出去，谁还敢到我们这里来？”眼镜女孩把四人的话当作了天方夜谭，有点生气了。

路小果暗想，如果再说下去，恐怕这位姐姐要把他们当精神病人了，便不再纠缠这个问题，问眼镜女孩道：“姐姐，你能告诉我们大胡子叔叔临走时留下什么话了吗？”

“有，他说，让你们出来以后，顺着到罗布泊的公路一路向西南追，他们今晚在罗布泊镇宿营。”

眼镜女孩的这句话，如一剂兴奋剂，让四人立即从恐怖的氛围中脱离出来，事情太过诡异，他们都不愿再多想。罗小闪还想再问几句，被罗峰拉了出来。四人谢过眼镜女孩，回到停汽车的地方。罗峰看远处暮色越来越重，提议今晚就地扎营，明日再追赶老李一行。

可是明俏俏和路小果对白天的事还心有余悸，说睡在外面不安全，死活不愿睡帐篷，无奈，罗峰只好让她们俩睡汽车里面，罗峰父子睡在外面帐篷里。

四人坐在帐篷里吃晚餐的时候，就这两天遇到的事又讨论起来。罗小闪说：“老爸，这儿发生了这么多怪事还没有弄清楚，我们要不要明天再进一次魔鬼城？”

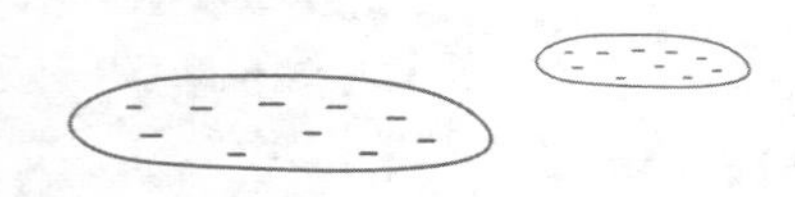

第十三章 平行世界

罗峰还没有回答，明俏俏就把头摇得像拨浪鼓似的，着急地说："罗小闪，魔鬼城这么古怪、恐怖，你还敢去？看来你不把命丢在魔鬼城心里就不罢休是吧？"

路小果也说道："罗小闪同学，要去你自己去，我们可不想再去那鬼地方了，我还想多活两年呢。"

罗峰没有理会三个少年的争论，而是一直在思考魔鬼城里各种诡异的现象之间有什么关系，便问罗小闪他们道："对魔鬼城里的怪现象，你们都有什么看法？"

罗小闪抢先说道："我的看法只有六个字，诡异、恐怖、离奇。"罗峰没好气地说道："这些还用你说吗？你这叫什么看法？总是不爱动脑筋。"

路小果说："罗叔叔，你们发现没有？从老李叔叔和我们相互只听到对方声音，却看不见人的情况来看，我们和老李叔叔一行人似乎处在两个不同的世界。"

"什么叫两个不同的世界？"罗峰有点丈二和尚摸不

着头脑。

“是啊，还有老陈头，我们明明看见他还活着，魔鬼城的人却说他死了，如果不是我们撞鬼，一定是他活在另一个空间里，”明俏俏也接着说了一句。

罗小闪诧异地说：“你们是说在魔鬼城还存在着另外一个和我们现实世界平行的世界吗？”

明俏俏说：“那不就是平行宇宙吗？”

路小果摇摇头说：“和平行宇宙还不一样，平行宇宙指的是在两个完全平行的世界里生活着两个完全相同的自己，就像一个被另一个复制了一样。我说的平行世界是指另外一个和现实世界同步的空间，一个人可以从一个空间进入到另一个空间，但不能同时存在于两个空间。”

罗峰对三个少年说的话依然感到糊里糊涂，问道：“你们说的平行宇宙是个什么东西？”

路小果答道：“平行宇宙这个名词是由美国哲学家与心理学家威廉·詹姆士在1895年所提出的。指的是一种在物理学里尚未被证实的理论，根据这种理论，在我们的宇宙之外，很可能还存在着其他的宇宙。1957年，美国一位才华横溢的、打破传统的量子理论物理学家埃弗莱特发表了一篇博士论文，阐述了平行世界存在的可能性，被后人誉为‘平行世界’之父，但他的这一理论目前尚未被证明。”

明俏俏点头附和：“如果排除鬼神之说，也只能用平行世界来解释我们的遭遇了。”

罗峰说：“如果你们说的什么平行世界确实存在的话，那么，极有可能我们从一踏进魔鬼城开始，进入的就是另外一个世界，也就是老陈头所在的那个世界。”

路小果接着幽幽地说：“也许老陈头就住在管理处，每天在管理处进进出出、上班下班，他却和现实世界中的人互相看不到对方……”

明俏俏打了一个冷战，说道：“路小果你不要说了，太可怕了！”

罗小闪却不理会胆小的明俏俏，接着路小果的话说：“所以我们和老李叔叔站在面对面却看不到对方，但是为什么却能听到对方的声音呢？这怎么解释呢？”

“也许……也许那天这两个世界出现了一点点小小的交叉呢？”路小果说，虽然理由有点想当然，但听起来也不是没有道理。

“但为什么我们能从另外一个世界穿越回来，而老陈头却不行呢？”明俏俏又提出了自己心中的疑团。

路小果想到了那个阴阳鱼八卦图，这时插话说：“也许是那个阴阳鱼八卦图的原因。”

明俏俏说：“你是说，那个阴阳鱼八卦阵是脱离平行世界的出口吗？就像一个时空隧道的出口？”

“或许就是这样，要不是我们阴差阳错地闯进阴阳鱼八卦阵，或许我们也将永远存在于另一个世界，再也出不来了。”

路小果的话让大家感到一阵后怕，明俏俏说：“看来我们还得感谢那三只盘羊呢，要不是它们追赶咱们，恐怕咱们还在阴阳鱼八卦阵里面转悠。”

明俏俏的话引得大家一阵哄笑，气氛顿时缓解了许多，四人又说笑了一会，各自歇息。魔鬼城的夜暂时平静了下来，但那些诡异的现象却让大家心有余悸，还有很多没有解开的疑团久久地萦绕在他们每个人的脑海，直到他们进入梦乡。

四人累了一天，都睡得很香，一觉睡到天亮。吃过早点，大家整理行装，正准备往罗布泊镇进发，忽然听到后面传来一个女人的叫声：“几位请等一等！”

大伙儿转身一看，原来是眼镜女孩带着一位中年男人向他们一路小跑过来。走近了，眼镜女孩才说：“不好意思，请你们等一等，我们领导来了，有几个问题想请教你们。”

眼镜女孩身后的中年男人走上前主动和罗峰握了一下手，笑道：“我是雅丹地质公园管理处的负责人，姓刘，叫我老刘吧，我想请教你们几个问题。”

罗峰说：“没事，你尽管问吧，我们知道的一定告诉你。”这叫老刘的中年男人于是不再客套，单刀直入地问道：“几位说在魔鬼城腹地见过我们原来失踪的职工老陈

头，是真的吗？”

罗峰点点头：“是的，千真万确，我们四个都是亲眼所见。”老刘的额头上忽然冒出了汗珠，他用手抹了一把，又问道：“你们看到的老陈头有多大年纪？”

“大概六七十岁的样子，头发都白了。”

“你确定他说自己姓陈吗？”

“是的！”

“他的肩上挎着一个军用帆布包，带红五角星的那种。”罗小闪插了一句。

老刘和眼镜女孩对望了一眼，低声对她说道：“确实符合老陈头的特征，这样，你马上回去派几队人，到魔鬼城地毯式搜索。”接着，老刘又扭头对罗峰四人说：“非常感谢你们告诉我们这个消息，谢谢！”

“我劝你们还是别找老陈头了，白费力气，你们找不到的。”罗小闪担心他们真的去寻找老陈头，好心地提醒老刘，免得他们浪费人力、物力。

“为什么呀？”老刘不解地看着罗小闪，不明白罗小闪为什么阻止他寻找老陈头。路小果一字一顿地说：“因为老陈头存在于另一个世界。”

“你说什么？什……什么另一个世界，阴曹地府还是天堂？”老刘误会了路小果的话，忽然面色愠怒，感觉自己受到了戏弄：搞了半天，这四人还是在开玩笑戏弄他。

罗峰看老刘要发怒，连忙解释道：“你误会了老刘，几个孩子所说的另一个世界不是阴曹地府，也不是天堂，而是另一个和我们平行的世界……”

老刘和眼镜女孩听得云里雾里，惊愕得半天说不出话来，却还是不明白罗峰说的平行世界是什么意思。

路小果又问老刘：“平行宇宙你们听说过吗？”

老刘茫然地摇摇头。罗小闪急了，抢着问老刘道：“时光隧道听说过吗？”

老刘还是摇摇头，旁边的眼镜女孩却点点头。老刘用眼睛瞪着眼镜女孩问：“什么时光隧道？你知道？”

眼镜女孩说：“就是穿越时光的一种媒介，我们可以通过它回到过去或遥远的未来。”

路小果接着眼镜女孩的话说：“我们所说的老陈头存在于平行世界和时光隧道差不多，只不过，老陈头不是存在于过去，也不是存在于未来，而是和你们同时存在着，每天他走在你们身边，和你们一样上班下班，你们看不到他，他也看不到你们……”

死亡蠕虫

Si wang ru chong

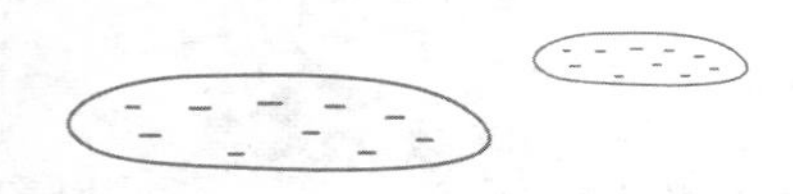

第十四章 王教授遇险

路小果的一番话，直说得老刘毛骨悚然，胆战心惊，额头的汗啪啪地往下滴，他却一边摇头，一边声音颤抖着说：“天方夜谭，荒诞不经！我不相信。”

罗小闪接着对老刘说：“你们想过没有，如果说老陈头死了，为什么却始终见不到他的人呢？”

老刘又擦了擦额头的汗说道：“也许……也许是被什么野兽拖走了吧。”

“你是说你们魔鬼城还有这种可怕的野兽？”路小果追问道。

“是……哦，不！当然没有，当然没有，怎么可能呢？”老刘被路小果一追问，显得有点语无伦次。四个人在说话的工夫已经整理好行装，不等老刘再问其他问题，就钻进汽车。因为早上凉快，为了多赶路，罗峰发动了汽车。三个少年钻进汽车。罗小闪摇下车窗，看着还在发呆的老刘和眼镜女孩说：“信不信由你们，反正我劝你们不要去找老陈头了，找不到的。”

老刘看着慢慢启动的汽车，忽然招着手追上来喊道：“喂……喂！你们先别走啊，我还有问题要问你们，那个……那个攻击人的盘羊是怎么回事啊？”

路小果把头伸出车窗外喊道：“盘羊和老陈头一样，都存在于另一个世界。放心吧，我们不会说出去的。”路小果的意思是，他们会保守这个秘密，不让外人知道，不然传出去谁还敢来魔鬼城旅游？

车越开越快，老刘还在追赶着。路小果缩回头，关上车窗。明俏俏在边上笑道：“这下好了，我们给老刘叔叔留下一个未解之谜，恐怕他得好长一阵子睡不着觉。”

路小果笑道：“其实，这些对我们来说也一样是个未解之谜，以目前我们人类的科学水平，确实有好多现象无法解释，这也是没有办法的事……”

“至少有一点可以确定！”罗小闪说。

路小果和明俏俏异口同声地问道：“哪一点？”

“我们都从另一个世界出来了，都活蹦乱跳地从魔鬼城出来了呀！”

罗小闪的话逗得大家都哄然大笑起来，罗峰插话说：“你们都好好学习科学文化知识，等将来成为科学家了，再来破解这些未解之谜。”

明俏俏说：“我才不要当科学家呢！”罗小闪和路小

果都睁大了眼睛问道："为什么？科学家能帮助人类破解谜题，造福人类，不好吗？"

明俏俏摇摇头说："我可不要像彭加木爷爷一样，给平行到另一个世界里去。"

"彭加木先生的失踪是一个世界性的未解之谜，明俏俏，咱们还没有证据证明他在平行世界里，你不要乱说啊！"路小果纠正着明俏俏的话。旁边的罗小闪接着说："哈哈，路小果说得对，要是我们能找到彭加木爷爷，我们的大名马上能传遍全世界。"

"别做梦了，罗小闪，"路小果笑着说，"国家展开几次大规模的搜寻都没有找到，就凭我们几个？恐怕比买彩票中大奖的概率还小。"

路小果的话听起来很有道理，不过世事总是难料，人生中的下一秒会发生什么事，谁又能猜得到呢？更何况，他们本来就是来探险的。

开了两个小时，他们逐渐驶离了雅丹地貌区域，一座座土丘再也看不到了，紧接着进入了茫茫的戈壁滩。在戈壁滩上又行驶了三个小时，已经过了中午，这时戈壁滩也渐渐消失了，取而代之的是一望无际、起伏不平的沙丘。

尽管车内开着空调，路小果他们还是能感受到车外滚滚而来的热浪，似乎要把汽车整个吞噬掉。据说，这戈壁沙漠的气温最高可达70摄氏度。70摄氏度是个什么概念？

路小果在电脑上查过的资料显示，在沙漠的沙子上放一块铁皮，打上一个鸡蛋，只用一刻钟就可以把蛋煎熟。由此可以想象，沙漠里的高温有多可怕。

如果在这个环境里，还能吹着空调，那绝对是一种超级享受，路小果他们现在就是这个情况。他们一路唱着歌儿，说笑着，似乎外边的热浪与他们一概无关。可是，这样的惬意并不久长——因为，他们发现了一个女人，还有三辆汽车。

在这种季节的大沙漠里，碰到人类实在是太罕见了，况且，他们碰到的还是熟人——这个人就是科考队的王教授。

王教授此刻正蹲在路边的汽车后面的阴影里躲避阳光，尽管那阴影少得可怜，她还是努力地让自己的身体罩在阴影之下。

这让罗峰和路小果四个人感到太意外了。怎么可能呢？昨天晚上，王教授他们就应该到了罗布泊镇宿营，此刻他们应该早过了罗布泊镇，往罗布泊湖心去了呀？怎么会还滞留在这里？

看到这一幕，握着方向盘的罗峰的第一反应就是：老李和王教授他们出事了！

罗峰把汽车开到王教授的旁边，刹车停下，迅速地从车上跳了下来。路小果三个跟着也从车上跳了下来。刚一下车，外面的热浪忽然迎面扑来，让他们几乎无法呼吸。

罗峰最先跑向王教授，罗小闪三人陆续跟来。一到王教授跟前，眼前的景象让他们大吃一惊，原来王教授因高温脱水，已经意识模糊，奄奄一息了。

“小果，赶紧开车门，把座位放倒，小闪，赶紧准备水。”

罗峰叫了一声，随后抱起王教授向汽车跑去。明俏俏开车门，路小果帮忙放倒车座，罗小闪拿水壶，大家一阵手忙脚乱，才把王教授弄进车内，关了车门。

经过心肺复苏和补水等一番抢救之后，脱离了高温环境的王教授，不久就苏醒过来。当她看到自己是被罗峰他们救了之后，高兴得说不出话来，眼角流下感激的泪水。

经过询问，罗峰四人慢慢知道了事情的原委。

原来，老李和王教授一行人从魔鬼城出来以后，直奔罗布泊镇，想在夜晚十点之前赶到罗布泊镇宿营。走到他们现在这个位置的时候，王教授忽然想方便，因三辆车全是男人，只有她一个女人，所以她下车后走了百十米，到了一座大沙丘后面，直到看不见老李他们的人和车后，她才敢方便。

可是等王教授方便之后回到车前时，诡异的一幕出现了。

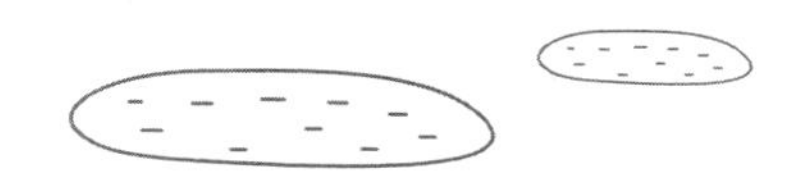

第十五章 老李的失踪

三辆车里面的五个人全部不见了，开始，王教授以为他们也到远处方便去了。可是等了半个小时也不见一个人回来，这回王教授害怕了，她便在汽车附近呼喊、寻找。找了两个小时也没有结果，夜晚的沙漠气温低，冻得受不了的王教授只好躲进车里等。

车灯全部亮着，车上东西也全部没有动，车上的人却像凭空消失了一般。如此诡异、离奇的事情，王教授还是第一次碰见。她在车里越想越怕，后来迷迷糊糊地睡着了。第二天醒来，她仍旧不见老李五人出现。

于是，王教授想打电话寻求救援，可是手机在这里没有一点信号，唯一的一部卫星电话又在老李身上，现在也随老李一起失踪了。王教授是做学问的，对车一窍不通，也不会开车。就在车上干等着，渴了就喝口水。可是汽车这个东西在晚上还不错，可以保暖，到了白天就不行了，里面的气温逐渐升高，一会儿就变得比外面沙漠的气温还

高，像一个蒸馍的大蒸笼。

王教授也不会发动汽车，更不会开空调，就这么在汽车外干等着。沙漠里气温越来越高，没过中午，她就被高温弄得脱水昏迷。幸亏罗峰四人出现，不然要不了多久，王教授就会脱水而死。

王教授讲得很慢，大伙儿听了却觉得心惊肉跳，五个大男人就这么凭空消失，这也太诡异了吧？四人想了半天，也是百思不得其解。

罗小闪脑子转得快，首先想到了他们之前遇到老陈头的事，脱口惊呼道："难道这里也有平行世界？是不是老李叔叔他们进入到平行世界里去了？"

罗小闪的话，让大家又回到魔鬼城的恐怖回忆之中。

罗小闪说："有人说罗布泊地区是亚洲大陆上的一块'魔鬼三角区'，是中国的'百慕大'。我在网上查询了大量关于罗布泊的失踪事件，比如：

1949年，从重庆飞往乌鲁木齐的一架飞机，在鄯善县上空失踪。1958年却在罗布泊东部发现了它，机上人员全部死亡。令人不解的是，飞机本来是西北方向飞行，为什么突然改变航线飞向正南？

1950年，解放军剿匪部队一名警卫员失踪，事隔30余年后，地质队竟在远离出事地点百余千米的罗布泊南岸红柳沟中发现了他的遗体。

1980年6月17日，著名科学家彭加木在罗布泊考察时失踪，国家出动了飞机、军队、警犬，花费了大量人力物力，进行地毯式搜索，却一无所获。

1990年，哈密有七人乘一辆客货小汽车去罗布泊找水晶矿，一去不返。两年后，人们在一陡坡下发现三具干尸。汽车距离死者30千米，其他人下落不明。

1995年夏天，米兰农场职工三人乘一辆北京吉普车去罗布泊探宝后失踪。后来的探险家在距楼兰17千米处发现了其中两人的尸体，死因不明，另一人下落不明。令人不可思议的是他们的汽车完好，水、汽油都不缺。

1996年6月，中国探险家余纯顺孤身在罗布泊徒步探险途中失踪。当直升机发现他的尸体时，法医鉴定已死亡5天，原因是偏离原定轨迹15千米多，找不到水源，最终干渴而死。死后，人们发现他的头部朝着上海的方向。

1997年，甘肃敦煌一家三口在父亲的带领下，前往楼兰附近寻宝，结果一去不复返，最后三人尸体被淘金人发现。1998年……”

“停！停！停！罗小闪，这些网上没有经过证实的消息你也相信吗？”路小果没有耐心再听罗小闪罗列那些失踪事件，喝止了他。罗小闪不高兴地说：“路小果你不是废话吗？你怎么就知道这些消息不可靠呢？难道彭加木和余纯顺的事情是编出来的吗？”

路小果说："这两件事倒是真的，其他的嘛，就难说了。"

明俏俏一向对这些网上流传的小道消息比较相信，她这时对路小果说道："路小果，你也没有证据证明网上流传的东西是不可信的呀。我觉得那些消息可信，不然罗布泊为什么被大家传得这么神秘和恐怖？"

罗小闪见明俏俏声援自己，立马来了兴致，大声说道："就是，路小果你凭什么说我说的不可信呢？凭什么呢，凭什么呢？"

见三个少年争得不可开交，罗峰这时插话说道："我看这件事非同寻常，非常蹊跷，不过没有调查就没有发言权，我们还是下车实地勘察一下再下结论吧。"

大家听罗峰这么一说，都觉得有道理，罗小闪兴致高昂，首先打开车门跳了下去，叫道："不怕热的跟我来！"

路小果和明俏俏也不甘示弱，相继跳下汽车。王教授因为脱水身体还没有恢复过来，暂时留在车内。罗峰带着路小果他们向三辆无人的汽车走去。

到了汽车跟前，他们先围着三辆汽车转了两圈，均没有任何发现，也没有任何挣扎打斗的痕迹，车上所有的东西都原封不动，确实如王教授所说，五个人犹如凭空消失一般，周围没有留下任何可以追寻的线索。

是什么东西让五个大男人在几分钟之内无声无息地

消失？难道他们真的碰到了时光隧道，到了平行世界里去了？要是真的这样，这罗布泊也太可怕了。路小果想到这里感到脊背阵阵发凉。

军人出身的罗峰却并不服输，他不相信几个人能凭空消失而不留下一丁点线索。他决定扩大搜索范围，他们四个人每人一个方向，呈扇形由近处向远处在汽车周围100米以内的区域再次搜索。

明俏俏和罗小闪嫌天气太热，有点不太情愿，但这时罗峰的话就是命令，他们不得不听。路小果最喜欢破解谜题，她和罗峰一样，一心想搞清楚事实真相，平时最爱看推理悬疑电影的她，这一回终于有机会当一回“福尔摩斯”了。

城市里的少年平时在海滩上玩玩沙子还可以，但在沙漠里行走的过程却并不像玩沙子那样好玩，高温和气浪像是要把人烤熟了似的。不过还好，他们的装备并不差，每人都有浅色帽子、头巾、墨镜、宽大的直筒长袍、高帮沙漠靴和防沙雪袋保护着，这些装备能尽可能地让他们不受阳光和高温的伤害。

路小果的积极性很高，却始终没有发现，有发现的反倒是罗小闪。不到一刻钟，就听见罗小闪在远处高声大喊：“喂！你们快过来！”

另外三人听见喊叫声，都拖着沉重的脚步向罗小闪所

在位置走过去。到了近前，才发现罗小闪脚下有一只血迹斑斑的鞋子。不对！应该说是半只鞋子才对。

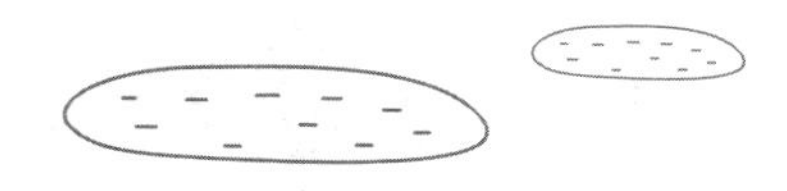

第十六章　沙漠追踪

罗峰拿起鞋子，发现这是半只沙漠靴，上面的血迹已经完全干了。罗峰仔细瞅了半天才说道：“从这血迹的新鲜程度来看，应该是最近两天之内留在上面的。”

罗小闪战战兢兢地问道：“老爸，这是不是老李叔叔他们的靴子？”

罗峰沉吟了半晌才面色沉重地说道：“应该是的。”

三个少年听了都吓了一跳，路小果面色悲戚地问道：“罗叔叔，你是说老李叔叔他们遇到危险了？”

“恐怕还不止遇到危险这么简单。”

“是不是他们已经……已经遇难？”

罗峰没有回答路小果，但不回答有时候其实就是肯定的回答，他们每个人心中其实都已经知道了答案，那就是老李他们五个人很可能已经全部遇难了。一种莫名的恐惧油然而生。

罗小闪问道：“老爸，到底老李叔叔他们遇到了什么？”

罗峰还没有回答，路小果又接着说道：“不知道老李叔叔他们遇到的是人还是野兽？什么生物能让五个成年男人同时消失而没有任何反抗的机会？即使是一只霸王龙复活，也不可能同时攻击五个人还不让他们有任何反抗的机会啊！”

明俏俏说：“如果真的有这种生物存在，实在是太可怕了，简直不敢想象。”

罗峰很想给孩子们一个答案，可是他实在不知道该怎么回答，所以他干脆不回答，他现在更关心的是下一步他们该怎么办。虽然这唯一的半只靴子预示着不好的结果，但这毕竟是一条线索，这让罗峰心中有了一丝安慰的同时又有点犯难。

现在有了线索，下一步该怎么做？是继续追查下去还是知难而退？如果继续追查下去肯定有未知危险在等着他们；如果停止追查，老李五人的失踪又成了不解之谜，王教授那里又如何交代？

其实罗峰在想这些的时候，心里已经隐隐有了决定，但他还要征求三个少年和王教授的意见。

当他们带着唯一的线索回到车上的时候，王教授已经恢复到正常的状态，她很关心老李和她的四个同伴的安危，所以罗峰他们一上车，她就不停追问勘察的结果。罗峰实在不忍心告诉她，老李五人很可能已经遭遇不测的噩耗，但这牵

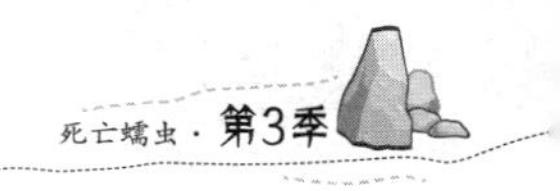

涉到他们的下一步行动，又怎么能隐瞒得住呢？

当王教授听到罗峰说出五人很可能已经遇难的结论时，难过地哭泣起来，路小果和明俏俏不停地安慰着她。等到王教授从悲伤中清醒过来，罗峰才决定开个临时会议，决定下一步的行动。会议讨论得很激烈，明俏俏胆小，首先反对继续追查下去，她的理由是老李叔叔五个人尚不能抵御这种危险，说明对手非常强大，况且对手在暗处，我们在明处，继续追查下去无异于拿鸡蛋碰石头。

王教授也不赞成继续追查，她的理由是三个孩子都是未成年人，在不能保证他们的安全的前提下，不能冒这个风险。但是大家都看得出，其实王教授心里是非常想追查下去的，科考队是由她带队的，现在她的同事和向导下落不明，她就这么回去怎么向他们的家人交代？当然，先回去，等国家派了搜救队再一起来寻找老李他们的下落也未尝不可。但是她不甘心，万一老李他们还活着，早一点找到他们，他们就多一线生机，自己如果就这样放弃，不等于害了老李他们的命吗？

这边，路小果和罗小闪跟罗峰的意见一致，坚决要求追查下去。罗小闪说："如果连自己同伴的失踪原因都搞不清楚，还叫什么探险，还配谈什么探险精神。"

路小果也说："如果我们遇到一点看不见的危险就退缩了，就违背了当初来探险的目的和意义，最关键的是我们不能让老李叔叔他们失踪得不明不白。”

路小果的话让王教授感动得热泪盈眶，不停地说着感激的话。最后，会议以少数服从多数的原则通过决议——继续探寻老李叔叔五个人的失踪之谜。

不过，眼看天色不早，不适于沙漠里徒步，他们决定第二天起早，趁着天凉徒步追寻老李叔叔五人的下落。

沙漠里日夜温差极大，别看白天热得要命，夜晚如果没有睡袋和羽绒服一类的御寒衣，一定会被冻个半死，这就是沙漠。不过所有的这些，他们之前都做了充分的准备。

他们原来是四个人，现在有了王教授以后，增加到五个人，挤在一辆车里睡觉肯定不合适。王教授之前因为受到惊吓，不敢一个人睡，最后由明俏俏和路小果陪着她，才敢到另一辆车上睡。为了安全起见，罗峰把自己的车紧挨着王教授的车停靠，直到很晚才敢入睡。

还好，一夜平安无事。第二天清晨五点，罗峰就把他们全部叫醒，整理装备，准备向着那半只靴子指示的方向徒步进发。为了防止意外，罗峰嘱咐每人都带够一周生活的食物和水，所有的装备加起来估计每人不少于15千克。

根据指南针指示的方向，半只靴子指示的方向应该是罗布泊湖的方向，罗峰取出手持GPS定位仪，标注了汽车所在的坐标，然后带领四人向大漠深处的罗布泊湖走去。

王教授研究的专业是考古和生物学，是国内目前考古相关领域的顶尖专家。一路上，三个少年不停地向她请教关于沙漠生物和考古的相关知识，王教授不愧为专家，学识渊博，解决了很多他们平时在书本上和网上都查不到答案的疑问。

“王阿姨，沙漠里最可怕的生物是什么？”罗小闪古灵精怪，最喜欢问一些稀奇古怪的问题，平时难得碰到中科院的顶尖专家，这次逮着王教授怎么能放过这大好机会？王教授笑着答道：“沙漠里最可怕的就是人。”

“人？”罗小闪吃惊地张大了嘴巴，他以为王教授会说一些蝎子、响尾蛇之类的动物，没有想到王教授会这样回答，他挠了挠头不解地问道：“为什么是人呢？”

“在沙漠里，所有的生物都是在被攻击的情况下或为了获取食物才会攻击对方，只有人类不是，有些人只是为了钱财，就会伤害无辜的生命，破坏文物和环境，给后人造成无法估量的损失。”

路小果反应快，立即问道：“王阿姨指的是那些偷猎者和盗墓贼吗？”

王教授赞赏地看了路小果一眼，说道：“对！就是他们。去年，我们在沙漠中花了一个月发掘了一座古墓，不到三天就全给盗墓贼破坏了。为了获取经济利益，他们用尽一切残忍的手段，残杀生命，毁坏文物，实在可恨至极。”

王教授意外的回答让三个少年都陷入沉思之中，就连对考古一窍不通的罗峰也不禁感慨道："教授说得对，地球上所有的生物中，豺狼虎豹、鸟鱼虫蛇都不可怕，人才是最可怕的，有多少生物在无知的人类攫取下，已经灭绝或濒临灭绝。"

罗小闪又不依不饶地问："王阿姨，单纯就攻击性来说，沙漠里对旅行者威胁最大的生物是什么呢？"

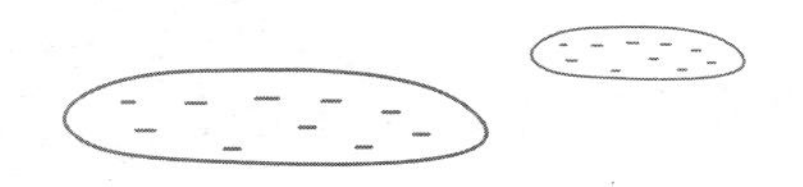

第十七章 考古遇险

王教授笑道："我明白你的意思，但答案不是绝对的，在没有医疗条件和救援的情况下，很多动物都可以置人于死地，甚至一些植物也是这样，比如我们在塔克拉玛干沙漠考古的时候，误食了一种叫'魔鬼草'的致幻植物，几个人差点丧命。"

"啊？还有这么厉害的植物呀？"明俏俏吃惊地张大了嘴巴，她第一次听说还有"致幻植物"这个名词，感到非常惊奇。

王教授点点头接着说道："其实在沙漠里最可怕的还不是这些动物植物，而是高温和流沙。"

"高温和流沙？"三个少年异口同声地惊呼道，这也太让他们意外了，在他们的眼中，毒蛇猛兽才是最让人感到可怕的，高温和流沙怎么会比毒蛇猛兽还可怕呢？

王教授笑着说道："你们一定感到很意外吧？有人做过统计，在沙漠地带，死亡原因排第一位的就是高温

脱水，占百分之七十；排第二位的就是流沙，占百分之二十五，其他的可以说微乎其微。”

他们边说边走，边走边说，由于他们都带着沙漠专用拐杖，所以行动速度还不算慢。在沙漠里，拐杖有着特殊的作用，因为在沙漠中负重行军时，在松软的沙丘上下翻越，对膝盖造成很大的压力，很容易导致损伤，而用双杖行走能减轻膝盖的压力，也能节省很多体力。

三个小时他们大约前进了7千米，当他们走到一棵倾倒的胡杨树旁时，罗峰建议休息半个小时再前进。五人卸下装备，取出水壶。罗小闪边喝水边对王教授说：“王阿姨，你能不能给我们讲一下你在沙漠考古的事情？”

路小果也随声附和道：“是啊，是啊，王阿姨，你们考古时都遇到什么有趣的事，给我们讲讲呗？”

在渺无人烟的沙漠里行走，本来就闷得慌，这时候闲着也是闲着，王教授欣然答应：“好吧，那我就给你们讲讲十多年前我在小河墓地考古的事情。”

王教授放下水壶，扶了扶鼻梁上下滑的眼镜，开始讲述她在小河墓地考古时遇到的一系列惊险的故事。

小河墓地位于罗布泊地区孔雀河下游河谷南约60千米的罗布沙漠中，东距楼兰古城遗址175千米。小河墓地被世界考古学界认为是中亚历史和考古史上沙埋文明中最难解的千古之谜。自20世纪初由罗布猎人奥尔德克首次发现。

以后，小河墓地就在沙海中神秘地消失了踪迹。中国科学家们半个多世纪以来为寻找这处古代遗宝进行了不懈努力，直至2000年，小河墓地才被新疆考古专家发现。小河墓地的惊世再现被誉为中国考古工作者“迎接新世纪的最新发现”。

我考古的故事就发生在这个时候，那时我刚刚获得博士学位，第一次参加野外考古就被派遣到新疆。

这一年，新疆考古队正好进入小河墓地开展试掘。发掘工作是繁琐的，在墓地上，为了清理掉巨量的沙子，支起了一条传输带，考古人员将一桶一桶的沙子手提着倒在传输带上，下面有专人将沙子整理堆积起来。工作结束时，为了防止风将暴露出来的木桩吹倒，破坏墓地的原始面貌，他们又将运下去的沙子运回来，装入麻袋，满满地在墓地上盖一层。这一上一下的倒腾，就是一个巨大而难以想象的工程，更不用说那些细致得如绣花一样的考古工作。

尽管考古队出来后严密封锁消息，但当第二年考古队再次进入正式发掘的时候，还是发现墓已经被盗了。被盗的墓就在小河墓地的中心位置，盗掘面积达50多平方米，破坏得非常严重。第二年正式发掘之后，我们再也不敢掉以轻心，于是决定留下三个人守护墓地。而我，就是三个留守的人之一。

没有到过罗布泊的人，是不知道荒漠的凶险的。如果提到科学家彭加木的失踪、探险家余纯顺的死亡，罗布泊荒漠的凶险莫测立即会生动起来。这里一年四季中只有冬季11月到次年3月可以进入，因此，沙漠里可以进行考古发掘的时间也只有这四五个月。

但对于盗墓贼来说却不同，借助汽车和先进的卫星定位仪，他们进入沙漠，挖完就走，只需要几天的时间，而且操这一行的多是亡命之徒。

1934年贝格曼到达的时候，小河墓地就已经被盗墓者“光顾”。我们进行考古发掘的时候，新疆考古所没有雇佣民工，怕的就是这些民工出了沙漠后会走漏小河的信息，或被利益所惑成为盗墓者。于是，我们考古人员白天是民工，晚上整理资料到深夜，几个月下来，人的身体、精神状态都达到了极限。沙漠里有风便起沙，工作环境恶劣至极。

那天，我们几名考古队员和两辆沙漠车前往小河进行发掘工作，走到离小河墓地还有一天的路程的时候，沙漠车也无法前进了。队长老徐教授便带着一个5人的小组，每人背负30公斤的物资设备，步行前往墓地。徐教授到过沙漠几次，但那一次还是大意了，他忘记了嘱咐我们每人带一根手杖。带手杖的目的并不是为了防止野兽，而是为了防止流沙。

流沙地带好比鬼魅地域。进入时，应该随身带一根结实的手杖，当地人叫“打鬼棍”。一旦你被流沙缠住，棍子能够“降魔驱鬼”，助你脱险。刚开始下陷时，立即将棍子横放在流沙的表面，仰卧，将后背搁在棍子上。一两分钟后，流沙会达到平衡，于是便停止下陷。把棍子换个位置，慢慢地拔出一条腿，然后再拔出另一条腿。这时，棍子能够防止你的髋部下陷。最后拣最短的路慢慢地爬到边缘地带去。

流沙像鬼魅般有股邪气，越动越往下陷。所以你应该慢慢地拔腿，从而使动作幅度尽可能降低。伏在流沙上比较容易，这也是避免下陷的最好招数。所以，你应该伸开双臂和双腿，仰面朝天地伏在流沙上。

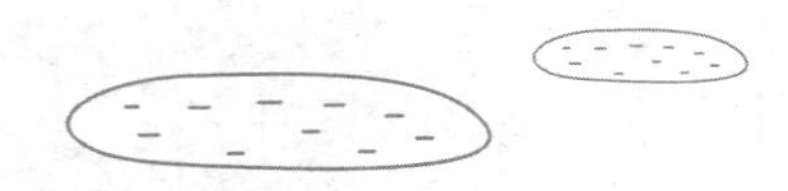

第十八章 生死考古队

可惜，这是我们后来才学到的经验，当时我们并不知道这些。所以，当我们一行六人遇到流沙时，立即手忙脚乱起来，又没有带手杖，结果可想而知。流沙无情地吞噬了我的两名队友，队长老徐不住地自责。

更糟的是我们在中途又迷了路，坚持了两天，我们带的食物和水全部耗尽了，还是没有找到墓地。当我们口渴得实在熬不住的时候，忽然发现前面有几株绿色的植物，我们立时像抓住一根救命的稻草，也没有看是什么植物，我们三个队员就把它们飞快地分食了，只有好心的徐教授没有吃，他是自己舍不得吃，想先让我们吃。

没想到，这下却闯了大祸。听徐教授说，我们三个当时就像疯了一般，先是又哭又笑、喊爹叫娘的，接着口吐白沫、四肢痉挛……后来才知道这草叫“魔鬼草”，最后还是徐教授一泡尿救了我们——原来这种草的毒只用尿或水就能解。但还是有一位队友因为中毒太深，最终也没有醒过来——我们又失去了一位队友。

如果你们以为这些已经够可怕了，你们就错了。生活的艰苦、自然环境的恶劣同盗墓贼相比，简直就是小巫见大巫。

考古工作组撤走以后就剩我和另外两个同事留守了。那种孤独与恐惧感终日伴随着我们，我们三个感觉自己就像生活在外星球上。白天的时候还好，最害怕的时候就是夜晚，我们三个轮流巡视值守。

最后，我们担心的事还是发生了。一个夜晚来了五个盗墓贼，凶神恶煞一般的，用布蒙着头，上来就把我们三个绑了。我们唯一的防守武器就是每人一把匕首、一把铁锹，而盗墓贼每人手里都有枪，所以我们没有一点反抗的余地。

一夜之间，他们就把我们忙活了一个月的墓地洗劫一空，最后还恶作剧般地往古墓里扔了两包炸药，炸塌了墓地。我的两个同事也因此遇难，而我因为当时惊吓过度，晕了过去而逃过一劫。这几个盗墓贼极其狡猾，这次盗墓后便销声匿迹，这个案子到现在也没有破。但是从此以后，古墓地区周围便加强了警戒，我们考古队也进行了抢救性的挖掘，后来出土的大批珍贵文物才得以保护。

王教授娓娓道来，三个少年却听得惊心动魄，听到最后，罗小闪双拳紧握，牙齿咬得咯咯直响，恨不得立即出现

在盗墓贼的面前，把他们痛扁一顿。

五个人边走边说话，不知不觉间又走了三个小时，一路上，虽然植物很少见，倒是经常见到平时见不到的、沙漠里特有的动物，比如响尾蛇、沙蜥、跳鼠等，特别是在沙丘地带，甚至每走几步就可碰见一个。

王教授一边走一边介绍说："跳鼠是沙漠中最多的穴居啮齿类动物，它有很多种，比如子午沙鼠、长爪沙鼠、柽柳沙鼠、大沙鼠等。除穴居的啮齿类外，爬行类动物最多的是沙蜥和麻蜥，沙丘上的许多小而偏的开口，就是它们的洞穴……"

"王阿姨，这些小蜥蜴为什么能在这么恶劣的环境里生存？"路小果不等王教授介绍完，就迫不及待地问道。

"它们具有一种特殊的适应沙漠环境的能力。它们的身上没有汗腺，在各种高温环境下，都不会出汗；眼睛上有防风的眼帘；遇烈日，它们还会爬上灌木丛以躲避沙面难忍的炎热。这些沙栖蜥蜴在沙地上活动非常敏捷，遇到敌人可以潜入沙子的下面逃走。"

王教授介绍的知识都是平时书本上学不到的，三个少年听得津津有味，意犹未尽。

到下午两点的时候，他们的眼前出现了一个孤立高耸的土丘，他们靠近过去，准备卸下装备背靠着土丘开始休息。罗峰暗忖，到现在还是没能发现关于失踪的老李五人的任何线索，看来今天这一趟要无功而返了。罗峰预计已经前进了大约20千米，如果按照来时的速度，他们此时再不返回的话，天黑降温之前，他们将回不到“汽车大本营”，夜晚很可能要露营在大沙漠。

为了避免不必要的危险，罗峰决定休息半个小时后，掉头往回走，天黑之前赶回大本营。

然而计划总是赶不上变化，罗峰的“在天黑之前赶回大本营”的计划永远也不可能实现了，因为罗小闪不见了！

最先发现罗小闪不见的是明俏俏，因为罗小闪是走在队伍的最后面的，罗小闪的前面是明俏俏。当明俏俏准备卸下背包，回头时，发现刚刚还在喝水的罗小闪忽然不见了。

“罗小闪呢？”明俏俏向前面的几个人问道，其实她是条件反射下的明知故问，她在罗小闪的前面，她都不知道，别人怎么可能知道呢？

儿子不见了，反应最快的当然是父亲，罗峰几乎在明俏俏话音刚落时，就回转身子，一看，明俏俏身后果然空空如也，难道这小子搞恶作剧藏到土丘后面去了？

罗峰正准备到土丘后面去找的时候，忽然看见明俏俏身后的沙堆里有一个人头。再定睛一看，那人头也没有了，只剩下一个黑洞洞的洞口。

罗峰这一看吓得差点瘫倒在地上。他的第一个念头就是：流沙！罗小闪陷入流沙了。

罗峰当然知道流沙的厉害，他的第一反应就是，赶紧救人。可是，他的念头刚刚生成，还没有来得及实现，就感觉地面一阵震动，紧接着自己的身体也在往沙土里面陷去。接着她又听到了王教授、明俏俏和路小果惊恐的尖叫声。

天呐！这哪儿是什么流沙？这分明是塌方！

五人都在一瞬间被沙堆吞没，沙子像炙热的海水漫过他们的嘴唇和鼻孔，将他们快速地吞噬，一阵可怕的窒息随即袭来，伴随着失重后的下坠，他们五人都有一个相同的感觉——那就是濒临死亡的感觉。

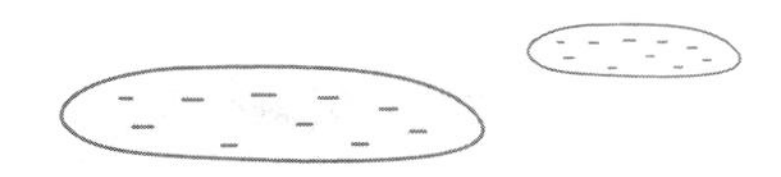

第十九章 误入虫洞

窒息很短暂，因为急速下坠时他们已经和沙子分离，能自由呼吸了，下坠的过程持续了大约10秒钟，接着他们便落在一堆软绵绵的东西上，好像是一堆沙子。沙堆坡面是斜的，他们站立不住，又全部不由自主地往斜坡下滚落。

滚落的过程持续了更长时间，没有痛苦、没有恐惧，只感觉头昏脑涨，天旋地转。直到他们的身体没有再滚动时，他们仍感觉自己还在无尽的黑暗中旋转。

“老爸！你在吗？”不知过了多长时间，黑暗之中忽然传来罗小闪的声音。遇到危险时先找父母，这是小孩子的本能反应，而三个少年中，只有罗小闪的家长在身边。

“小闪，是你吗？”罗峰回应着，接着又喊道，“俏俏、小果、教授，你们都在吗？”

“罗叔叔，我在这儿呢！”黑暗中传来路小果的声音。

“罗叔叔、路小果，你们在哪儿呢？”是明俏俏的声音。

“老罗，你们都没事吧？”黑暗中又传来王教授的声音。

五个人都出了声，说明应该都没有大碍，这恐怕要得益于沙子的缓冲。忽然，黑暗中射出一道刺目的亮光，原来是罗小闪首先打开了他的手电筒。接着，罗峰也打开了他的野外应急探照灯。这种探照灯光效极高、耗能极少、寿命长达10万小时；它的工作光和强光任意转换，强光可以连续照明5小时，工作光连续照明可达10小时。

在罗峰的强光探照灯的照射下，大家都从沙堆里站起来，拍打了身上的沙尘，聚到一起。在两道强光的照耀下，大家这才顾得上审视周围的环境，一看之下不禁大吃一惊，出现在他们眼前的是一个近乎圆形的巨大的洞厅，地面凹凸不平却很光滑，像涂抹了油脂一样。洞厅的四周洞壁上分布着无数粗细不一的椭圆形洞口，黑洞洞的，通向四面八方。

罗小闪用手电向四周照射了一遍，脱口问道：“老爸，这是什么地方？怎么有这么多洞啊？”

罗峰没有回答罗小闪的话，而是径直走下沙堆，来到洞厅的中央，用手在地面摸了一下，向王教授喊道：“教授，你来看一下。”

王教授走下沙堆，罗小闪三个也相继跟了过来。王教授也在地面抚摸了一下，感觉地面光滑湿润，她面色凝重地分析道："看着像一种动物的洞穴！"

罗峰点了点头，接着说道："看洞穴的大小和布局，很像一种大型爬行动物。"

"天呐！会不会是巨蟒？"明俏俏惊恐地叫出了声，她天性胆小而且怕极了蛇一类的动物，生怕自己陷入蟒蛇的巢穴。

路小果忽然联想到了老李几人失踪的事，问王教授说："王阿姨，会不会是住在这洞穴的动物袭击了老李叔叔他们？"

王教授答道："有这种可能，不过现在很难确定这是一种什么动物，如果是它们袭击的老李等人，这将是一种非常可怕的动物，我们一定要非常小心。"

王教授的话让大家打了个激灵，但想想也并非夸张，从老李一行五人没有一点声响和反抗的情况看，这个东西一定厉害无比。罗小闪接着明俏俏的问题继续追问道："王阿姨，这到底会不会是巨蟒？"

王教授摇摇头说："不可能是巨蟒。蟒蛇一般生活在热带的原始森林里，沙漠地带虽然也有蟒蛇活动，但一般不会长到这么大，你们看，周围的洞穴直径有两米多，说明这里居住的动物直径至少也有一米多。而且，这洞穴位于沙漠下几百米深，不符合蟒蛇洞穴的特征。"

"那会是什么呢？"罗峰在四周的各个洞穴口处巡视

了一番，自言自语地说道，“沙漠里怎么会有这么大的爬行类动物？”

王教授说：“大千世界，无奇不有，或许有我们还没有发现的物种。”路小果接着说道：“不管这里住着什么东西，估计对我们来说都是巨大的威胁，我们还是赶紧寻找出口，免得自找麻烦。”

王教授和罗峰都点点头，认为路小果说的有道理，忽听见罗小闪用手电照着脚下，叫道：“你们快来看，这是什么东西？”

大家闻声都向罗小闪围了过去，只见罗小闪从地上拾起一个黄色半透明的玉质的烟斗一样的东西。王教授一见那东西，脸色大变，忽然从罗小闪手中抢过那东西，声音颤抖着说：“天呐，这不是……不是老李的烟斗吗？”

罗峰也吃了一惊，问道：“王教授，你确定这是老李的东西吗？”

“千真万确，我们走这一路，他一直在用这个烟斗吸烟。”王教授面色悲戚，说话的腔调都变得嘶哑起来，似乎从这烟斗上看到了老李和她的几个同事被袭击的情景。

“看来老李他们的确是被这洞里的东西所害，从现在起，我们大家务必要步步小心。”罗峰一边提醒大家，一边把匕首握在自己手中，又对罗小闪说道：“小闪，你的电警棍呢？时刻准备好，以防万一。”

罗小闪挥了挥手中的手电筒答道："早准备好了，要是这怪物出来，先让它吃我一棍。"

罗小闪话音刚落，忽然从一个洞口传来"嗤嗤"的声响，像是什么金属硬物在剧烈地摩擦着洞壁的声音。

罗峰忽然大叫道："这怪物要出来了，大家小心。"

五人顿时如临大敌一般，警惕地看着四周，不知道会窜出来一个怎样凶恶的猛兽，更不知道那怪物会从哪一个洞穴出来。罗小闪的手电筒在四周洞穴不停地来回照射，希望能借助手电的光，早点知晓那怪物将从哪一个洞穴出来，好有所防备。

"嗤嗤"声越来越近了，大家的心全都提到了嗓子眼，瞪大双眼看着四周。明俏俏双腿直打哆嗦，手紧紧攥着路小果的手，手心里全是汗。

忽听得罗小闪一声大喊："出来了！大家小心。"

只见罗小闪的手电灯光照射处的洞口忽然探出一个巨大的嘴巴，不！不是嘴巴，准确地说，更像一个巨大的吸盘，吸盘的中央伸出无数根如利刃一样的利齿；吸盘四周长着四个很长的触角，触角末端生出如牛角一般尖利的白色甲壳。

大家都被这怪物奇丑无比的模样给惊呆了。尽管之前一直在想象这个动物的恐怖模样，这个怪物一露面，还是出乎了大家的预料。

罗峰忽然打开了探照灯的强光，照向那怪物。大家虽然看不出那怪物的眼睛在哪儿，却发现它似乎对强光有所顾忌，大吸盘闭合了一下，头部高仰，回避着强光的刺激。

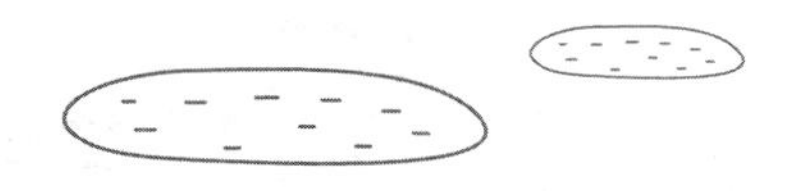

第二十章 智斗死亡蠕虫

罗峰不用强光刺激倒好，一刺激似乎激怒了这怪物，这怪物忽然蠕动着身体向洞厅中央爬过来。大家这才看清这怪物原来并没有足，前进时是靠肌肉的伸缩，像蛇一样地蠕动。它那粗大的身躯正如王教授估计的那样，直径绝不低于一米半，而且身体全长至少有五米多。和蛇类不同的是它浑身通红，脊背上覆盖着厚厚的如龙虾一样的盔甲。

大家着实被这庞大的怪物吓了一跳，罗峰一边举着探照灯，一边惊慌地回头问王教授："教授，这是什么东西？你见过吗？"

王教授大声答道："我也没有见过这种东西，考古的资料上也没有记载这样的物种，不过……"

"怎么了？"

"我看着挺像一种传说中的怪物。"

路小果忽然在旁边接过王教授的话说："难道这是传

说中的‘蒙古死亡蠕虫’？”

王教授吃惊地说：“咦，你也知道这种怪物？对，我怀疑它就是‘蒙古死亡蠕虫’。”

“蒙古死亡蠕虫？”罗峰显然没有听说这种动物。

“传说在蒙古的戈壁沙漠中常有一种巨大的血红色虫子出没，它们形状十分怪异，会喷射出强腐蚀性的剧毒液体。此外，传说这怪物的某个器官还会释放一种电流，让数米之外的人或动物顷刻毙命，然后将猎物慢慢地吞噬，大家把它称为‘死亡之虫’。”

“哎呀，这怪物这么厉害，我们如何才能制服它？”在罗小闪的眼中，暴龙是这个世界上最厉害的动物了，但一听王教授的介绍，感觉这个怪虫比暴龙还要厉害，会喷毒液不说，还会放电，这还了得？

王教授答道：“由于这种虫子只是出现在传说里，谁也没有见过，关于它的生活习性，没有任何资料可以参考，所以我们无法得知这虫子的弱点是什么！”

明俏俏已经完全被这怪虫的恐怖模样吓到，在后面急得直跺脚，带着哭腔说：“那怎么办啊？我们岂不是要像老李叔叔一样，很快被它吃掉？”

“别怕，俏俏，有我们保护你呢！”罗小闪听到明俏俏的话，连忙拉着明俏俏的手安慰着她，像一个哥哥安慰自己的妹妹一样。虽然他们两个经常斗嘴，但关键的时刻，罗小闪还是不会计较的，这多少让明俏俏有点感动，尽管罗小闪也不一定能保护得了明俏俏，明俏俏心里还是很感激罗小闪。

他们几个说话的工夫，那怪虫的头部忽然像蛇一样翘了起来，吸盘张开。罗峰想起刚刚王教授的话，忽然警觉起来，一边护着众人后退一边大叫道："不好，这怪物好像要喷毒液了，大家注意！"

罗峰话音未落，忽然从那怪虫吸盘中央部位的口中喷出一股绿色的液体，液体如一道绿色的水箭直向罗峰射过来。罗峰距离那蒙古死亡蠕虫约有十米多，但那毒液竟来势不减，直射罗峰面门。罗峰大吃一惊，他怕那毒液伤着后面的四个人，惊慌之余，大臂一张向罗小闪三个少年扑去，四人一起倒在了沙堆上。旁边的王教授因心中有所防备，反应也够快的，见状也向那沙堆扑倒，但即使这样，毒液还是溅到她的白袍子上。只听见一阵嗤嗤作响，沾了毒液的白袍冒起一股白雾，再看王教授的袍子竟然被那毒液腐蚀掉了一块。王教授兀自心惊，这怪虫的毒液竟然比硫酸还要厉害，好在没有沾到自己的皮肤上，否则自己哪里还有命在？

大伙儿躲过那怪虫的致命毒液，都心有余悸。罗峰怕那怪虫再次喷射毒液，连忙起身，跳向一旁，再次开启探照灯强光对准那怪虫，以此吸引它的注意力。那怪虫受到强光

刺激，果然触角乱舞，又张开大吸盘，向罗峰喷来一股毒液，只是这次的毒液量已经少了许多，力量也比第一次小了不少。罗峰早有防备，一跃两米，再次闪身躲过毒液。

又一次躲过那怪虫的袭击，罗峰还是心惊不已，躲过第一次，躲过第二次，谁知道能不能躲过第三次？如此躲避终究不是办法，那毒液又是如此之毒，一旦沾上，恐怕小命难保，自己没了不要紧，还有三个少年怎么办？王教授怎么办？

罗峰想到这里，一边用探照灯向四周照射，寻找能躲避的地方，一边对身后的四人喊道："大家快起来，向洞内躲避。"说完他扶着王教授，罗小闪拉着路小果和明俏俏，五人一起向身后的一个洞内冲去。

这大厅四周布满了数十个一样的洞口，危急之下，他们根本无从选择，只能随便找一个洞钻了进去。洞是椭圆形的，直径两米有余，罗峰一米八的个子，站在洞里还绰绰有余。

那怪虫见自己的毒液竟然被对方两次躲过，似乎有点怒了，翘着巨头，扭动身躯，向五人扑了过来。好在怪虫的行进速度并不快，只能像一个几岁的小孩子奔跑的速度，否则，五人早成了这怪物口中的美餐了。

罗峰跳进洞内，举着探照灯在前面开路，罗小闪拿着电警棍走在最后。洞因是圆形，而且被那怪虫身上的黏液涂抹得很是光滑，所以并不好走，五人小心翼翼却又不敢放慢脚步，只能在罗峰的带领下一路疾行。

蒙古死亡蠕虫见到嘴边的猎物竟然逃走，自然不肯放过，摆动身躯也向那洞里追去。别看这怪虫在洞厅跑得不快，到了洞内，因有黏液的润滑，速度快了许多，不一刻，便追上了五人。

听到身后有嗤嗤声传过来，走在最后的罗小闪虽然手握电警棍，仍感到恐惧，紧张之下，一个趔趄，竟然仰面滑倒在地。

罗峰在前面听到声响，立即停止前进，见是罗小闪摔倒，他护子心切，准备转身来救罗小闪。谁知那怪虫子在洞里爬行速度极快，转眼之间已经爬到离罗小闪不足3米的地方，张开吸盘，正要喷出毒液，罗峰这时想救也来不及了。

正在这千钧一发的紧要关头，旁边的路小果不知道什么时候手中已经取出一个手持烟火信号弹，并对准怪虫引燃了信号弹。这种烟火信号弹威力极大，先是像爆竹一样爆炸并发射一个弹丸，接着就会冒出浓烟。

路小果引燃的信号弹正对准那怪虫的头部，“嘭”的一声爆炸之后，发射了一颗弹丸向那怪虫射去。那怪虫见一团火球向自己飞来，哪里还有机会喷射毒液，出于动物的本能反应，它张开吸盘，把那火球接住并用吸盘全部裹住。

估计是那弹丸在那虫子嘴里燃烧，让它疼痛不堪，那怪虫痛苦地嚎叫一声，向后退了几米。路小果趁势拉起地上的罗小闪，并把正在冒着浓烟的信号弹掷向怪虫。

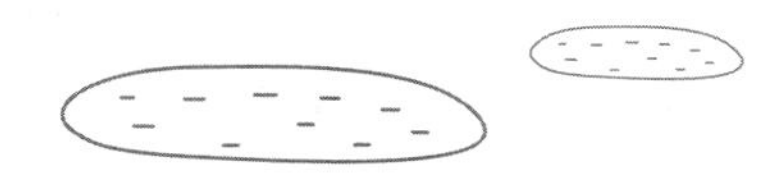

第二十一章 虫洞迷宫

五人趁那怪虫痛苦的工夫，又互相搀扶着向前冲去。罗小闪边跑边对路小果说道："谢谢你救了我一命啊，路小果。"

路小果边喘气边说道："谢什么呀，在困难面前，我们本来就应该团结一致、互相帮助嘛。"

王教授回头对路小果赞道："你这丫头真机灵，反应够快的啊！"

罗峰在前面接着说道："你可别小看这三个小家伙，他们可是一起经历过生死关头的探险爱好者，都有着丰富的野外生存技能，并且各有专长。"

虫洞里岔道很多，罗峰在前面带路，也不知如何分辨有无危险，见洞就钻。也不知走了多少岔道，五人在洞里转得晕头转向，只知上下左右，不分东南西北。

罗峰见怪虫早已被他们甩得没有了踪影，提议休息片刻。五人气喘吁吁地停了下来，坐地靠着洞壁休息起来。

缓了一会，路小果开口说道：“王阿姨，看来这虫子果然很厉害，怪不得老李叔叔他们毫无声息地被它加害。”

罗小闪反驳道：“我不这样认为，这怪虫虽然厉害，也不可能同时吞噬五人啊，而且你看它攻击我们时还喷了毒液，为什么老李叔叔他们车上没有毒液的喷射的痕迹？”

罗峰点点头说道：“小闪分析得有道理，但我们在这里发现了老李的烟斗也是事实啊，这又怎么解释呢？”

王教授沉吟了一会说道：“这就说明只有一种可能，那就是：这里的虫子不止一只，它们可能是一群，袭击老李时它们一定是群体出动，所以老李他们才毫无防备地被它们所害。”

“什么？”明俏俏被王教授的话给吓住了，忍不住惊叫道，“有一群虫子？哎哟，这一只就够我们受的了，要是再来几只，叫我们怎么办呀？”

“俏俏，你不要说气馁的话好不好，刚才那只虫子那么厉害，我们不是已经战胜了吗？你一定要相信自己，相信大家，只要我们同心协力、团结一致，就没有克服不了的困难和战胜不了的危险。”

“明俏俏，加油！”明俏俏忽然右手握拳，举起在胸前自己对自己说。路小果一番慷慨激昂的说教，果然起到了作用，让一向胆小的明俏俏居然自己鼓励起自己来。王教授不禁在暗处对路小果竖起了大拇指。

罗峰忽然转移了话题，对王教授说道：“教授，你现在能确定这虫子是‘蒙古死亡蠕虫’了吗？”

王教授摇了摇头，分析道：“从它的外形和喷射毒液这两个特性来看，应该是这种生物无疑，只是，我有一点怀疑，关于它的名字是不是人们传说有误？”

“怎么了？”

“你们看啊，人们传说它叫‘蒙古死亡蠕虫’，但是我观察了，这虫子根本不具备蠕虫的特征，据我分析，它应该是一种类似蛇类的爬行动物，或是甲壳纲的某种生物。首先，能够有如此迅猛的攻击速度，这对于无脊椎的蠕虫来说是不可能的。看它的外壳，我推测这有可能是一种介于蛇和原始哺乳类动物之间的东西。”

路小果接着说道：“我也有一个疑问，这个生物的武器我们都见识过了，可以说非常厉害，自然界应该没有能抵御它的生物，就如恐龙一样，这虫子应该是某个领域顶级的生物。既然它处于顶级，没有什么能敌得过它，那它又是被什么生物限制而如此少见呢？也就是说谁是它的天敌呢？”

王教授点点头，对路小果的分析表示赞同，又说道：“这一点我也在考虑，这的确是个令人费解的问题。如果没有一种生物能限制‘蒙古死亡蠕虫’，我可以肯定地说，它很快就会像霸王龙一样，横扫整个地球。”

“这么说一定有一种生物是它的天敌了，也许只是我们还没有发现而已。”

罗峰这时插话说：“你们谈生物学领域的知识，我不太懂，不过我敢肯定，这里绝对住着不止一只虫子。对了教授，你开始说这怪虫还会放电，怎么没有见它放啊？”

王教授答道：“也许是它还没有到用上这个武器的时候；还有一种可能是传说有误，它也许根本就没有这个武器。不过，不管它能不能放电，我们都得小心点，有个心理准备。”

听了王教授的话，大家全都点头赞同，又休息了几分钟，大伙儿找了一个岔洞继续前进。

罗小闪在洞里走得有点不耐烦了，嘟囔道：“老爸，你带的什么路啊？这洞跟迷宫似的，什么时候是个头啊？”

罗峰学着三个孩子的语气，没好气地答道：“罗小闪同学，要不你来带路试试？”

“我带就我带。”罗小闪有点不服气，说完真的越过四人，举着手电筒在前面带头寻找起岔洞来。罗峰只好退在最后的位置，跟着走。

罗小闪毫不示弱，在前面带着众人左一拐，右一拐，又走了几个岔洞，眼前忽然变得开阔起来。几人大喜，以为走出了怪虫的巢穴。罗小闪用手电往远处照了照，五人顿时目瞪口呆，犹如被当头浇了一盆凉水，原来他们又回到了当初坠落的地方——罗小闪的手电筒照到的地方正是他们原来下来的那个沙堆。

罗峰苦笑了一下，带着嘲笑的语气对罗小闪说道："罗小闪同学，这就是你给我们带路的吗？"

罗小闪挠了挠头，莫名其妙而又诧异地自言自语道："怎么会这样呢？怎么会这样呢？"

路小果笑道："以前总觉得走迷宫好玩，现在才觉得迷宫并不是那么好玩，而且很恐怖。"

其实罗峰只不过跟罗小闪开了个玩笑，他心里很清楚，这虫洞纵横相连，形如迷宫，即使是他带路，也不会有什么好结果，最终可能和罗小闪一样的结局。

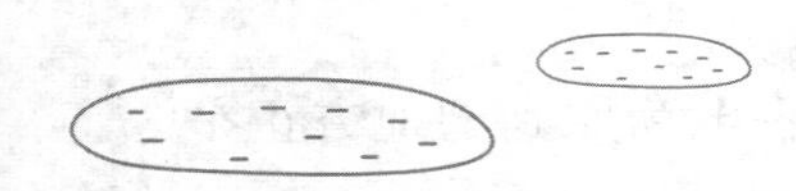

第二十二章 虫口逃生

王教授怕众人会因此气馁，用鼓励的语气说道："大家不要泄气，我们一定会找到出口，这虫子既然能出去，我们就一定能出去。"

明俏俏问道："要是那怪虫的出口就是我们坠落的那个洞口怎么办？"

明俏俏的话给所有人出了一个难题，罗峰用探照灯照了照头顶，根本照不到顶，按照他们坠落的时间推算，他估计这洞最少有几百米深，再加上洞几乎是垂直的，他们要想从原来坠落的地方出去根本没有可能。

王教授说："不一定出口就是我们坠落的洞口，也许这怪虫还有其他的出口。我们得继续寻找。"

罗峰刚要问王教授下一步往哪里走时，忽然耳边又传来"嗤嗤"的声音。罗峰听出来是那怪虫爬动的声音，而且这次声音大了许多，似乎不止一只虫子。他心中暗惊，难道这虫子的同伙都出来了？这下可麻烦了，一只虫子就够他们忙活了，要是再来一只，他真不知该如何应付。

罗峰随即提醒大家说道：“大家注意，又有怪虫要出来了。”

果然不出罗峰所料，从对面的三个洞口相继爬出了三只虫子，两只大的，一只稍小。罗峰苦笑道：“这回好了，这家伙全家都上阵了。”

罗峰说了一句本来很好笑的玩笑话，大家都想笑，却因恐惧谁也笑不出来，全都被这三只虫子给惊呆了。王教授提醒了一句：“大家都愣着干什么？快走啊。”

王教授一提醒，罗峰立即反应过来，转身找了一个洞口叫道：“大家快跟我来！”说罢，大跨步冲了进去，大家慌忙跟着罗峰冲进洞口，罗小闪拿着手电筒殿后。

三只怪虫见眼前的猎物又要逃走，全都张开吸盘，向众人奔逃的方向喷射毒液。幸亏王教授提醒得及时，罗小闪的后脚刚进洞，毒液就喷了过来，毒液打在洞壁上发出啪啪的声响。有几滴溅到罗小闪的袍子上，袍子上随即破了几个大洞。

罗小闪吓得出了一身冷汗，一边向前奔逃一边气愤地嚷道：“不要脸的臭虫子，有本事别喷毒液，本少爷一定给你来个开膛破肚。”

路小果在前面笑道：“罗小闪，这都什么时候了，你就别吹牛了。”

“小看我是不是？走着瞧！我一定会让它知道我的厉害。”

三只“蒙古死亡蠕虫”见到嘴边的猎物又一次逃走，立即分散开来，一只向他们奔逃的洞里追过来，另外两只分别找了两个洞钻了进去，似乎想对五人进行围追堵截。

罗峰在前面慌不择路，见了岔洞就钻，只想快点摆脱追击他们的虫子。跑着跑着前面忽然没有路了，原来他们进入的是一条“死洞”，就像一个死胡同一样。罗峰大惊，暗叫一声糟糕！看来要被这虫子困死在这里了。

罗峰忽然停下脚步，后面四人不知道原因，只当罗峰要休息呢。罗小闪叫道：“老爸，怎么不跑了？臭虫子快追上来了。”

罗峰答道：“前面没有路了，还怎么跑？”

三个少年一听这话，全都傻眼了，不由自主瘫坐在地上。王教授见状给大家鼓气道：“大家不要泄气，我们刚刚能击退那虫子，这次也一定可以，路小果，还有没有信号弹了？”

路小果垂头丧气地摇了摇头，王教授正要再问明俏俏，却见那怪虫已经像蛇一般扭曲着追了过来，到了罗小闪跟前三四米处停了下来，奇怪的是这次它并未张开吸盘，而是伸出四条触角，向罗小闪罩了过来。

众人大惊，罗小闪吓得愣在当场，罗峰见状，护犊之情让他顾不得危险，几个箭步冲到罗小闪面前，伸手夺过他手中的电警棍，向那虫子的触角击了过去。

罗峰并没有想到怪虫的触角就是它释放电能的器官，而它伸出触角目的正是要放电击倒猎物的。当然这怪虫也没有想到罗峰手中武器的功能竟然和自己的触角一样。

打个比方，罗峰手中的电警棍就像正在释放电能的雷电，怪虫的触角就像一根带电的高压线，雷电碰到高压线，最后的结果不用说大家也知道。只听见一阵“噼里啪啦”的爆响，紧接着电警棍和虫子的触角相接处闪耀着一团剧烈的火花。电警棍释放的电能高达几万伏，哪是一个生物释放的能量所能比拟？那虫子的触角硬是被电警棍释放的电能烧焦，一节一节地断落在地上。

巨大的痛苦让那虫子痉挛似的在地上扭动了几下。罗峰艺高人胆大，又是两个箭步，手持电警棍又向那虫子的吸盘戳了过去。那虫子没有想到罗峰会得寸进尺，暴怒不已，忽然张开吸盘就要喷射毒液。罗峰眼疾手快，哪里肯让它再喷射毒液，按下电警棍开关，杵在怪虫的吸盘上，强大的电流再次击中怪虫，怪虫粗大的身躯痉挛了一阵，便失去了抵抗之力。

罗峰见状，暗思：这个时候不制服这怪物还要等到什么时候？这个念头只闪了一下，他便立即翻身跃上那怪虫的脊背甲壳上，两只大手分别抓住一个触角。

那怪虫虽然失去抵抗之力，可并没有死，挣扎的力量依然不比一头牛的力量小。它来回摆动肥大的身躯，企图甩脱骑在背上的罗峰。罗峰几乎坚持不住，几次差点从怪虫背上摔下来。王教授和三个少年被罗峰的大胆惊得目瞪口呆，愣在当场。

情急之下，罗峰对还在发愣的罗小闪喊道："小闪，还愣着干什么？快拿军刀。"

"老爸，我……我不敢！"罗小闪迟疑着，手持匕首却不敢上前，罗峰着急地道："那你帮我把军刀扔过来。"

罗小闪才将军刀扔向罗峰，罗峰腾出一只手接过，在怪虫的颈部划了一下。只听见哗啦一声，一堆黄色的液体从那虫子的伤口喷涌出来。那怪虫又挣扎了一阵，终于不再动弹。

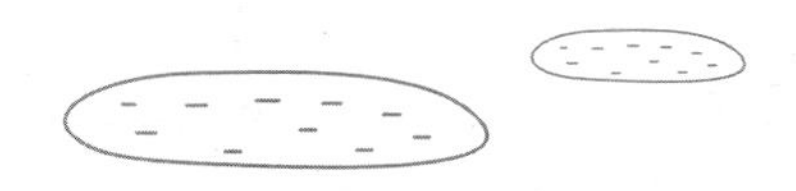

第二十三章　无路可退

罗峰似虚脱了一般，在怪虫的背上喘息了好一会儿才跳了下来，来到罗小闪身旁。罗小闪这个时候还在发呆，此刻，他感觉好像做梦一般，连他自己都不敢相信，几分钟前还不可一世的怪虫，这会儿竟被老爸一个人制服了，看着一动不动的虫子，罗小闪不禁深深敬佩老爸的胆识。

这时，惊魂未定的王教授、路小果和明俏俏纷纷走上前来。明俏俏对着虫子默默念叨：“虫子，虫子，你千万别怪我们，若不是你想攻击我们，我们也不会伤害你！要是你能跟我们和平相处该多好。”

“那怎么可能呢？它们为了食物，我们为了保命，在这种情况下，是不可能和谐相处的。”王教授拍拍明俏俏的肩膀安慰说，“人有怜悯之心难能可贵，但是要看情况而定，此刻我们正处于一个弱肉强食的环境里，为了自保这也是无奈之举。”

一番沉默之后，罗峰忽然提醒大家：“大家先不要悲

天悯人了，不要忘了，还有两只虫子在追赶我们呢，我们得赶紧退出这死洞，不然那两只虫子来了就麻烦了。”说完，他带头绕过死去的怪虫的尸体向洞外走去。

大家一想有道理，连忙跟着罗峰向外走。还没有走几步，忽然大家耳边又传来“嗤嗤”的声音。罗峰知道是另外两只怪虫追过来了，连忙大声叫道：“大家快一点，怪虫追上来了！”

罗峰说罢紧赶几步，向传来声响方向相反的另一个岔洞口冲去，大伙儿在后面慌忙跟了上来。罗小闪走在最后，只感觉身后的“嗤嗤”声越来越近，他边跑边念叨：“虫子，虫子，你就别再追我们了，不然我老爸发起威来，你们又要小命不保了。”

罗小闪滑稽的语气，逗得大伙都想笑，但在这种情况下，谁也没有工夫去笑，只是一个劲地跟着罗峰奔逃。

又钻过一条岔洞，罗峰突然停住脚步。谁也不防前面的罗峰这个时候忽然停了下来，后面四人由于惯性的作用，都向罗峰涌了过去，罗峰的身体经不住四人合力的撞击，忽然向前栽去。

只听见“扑通扑通”几声水响，五人全落入水中。大家这才明白，罗峰忽然停下，是因为前面有个水坑。这突然的变故让大家没有一点心理准备，顿时乱作一团。还好水并不深，只齐到三个少年的胸部。罗峰用探照灯向水坑远处照了一下，发现水面到了几米远的地方，忽然消失，这说明这个洞也是一条死洞。罗峰顿时心里咯噔了一下，暗叫不妙。但为了稳定大家的情绪，他却故作镇定地对四人喊道："水不深，大家不要慌，跟着我慢慢往前走。"

罗峰话音刚落，那两只怪虫已经爬到他们近前的水坑边缘。罗峰怕怪虫下水袭击，赶紧转身冲到队伍的最后，护住四人，并迅速开启探照灯的强光，对准前面的那只怪虫。怪虫被强光一刺，本能地后退几步。

罗峰护住四人一边向水坑最里面退却，一边掏出匕首，准备跟怪虫做拼死一搏。谁知那两只怪虫并没有攻击他们，而是一前一后忽然掉头向远处爬去。

这一下，大大出乎大家的预料，一时间大伙儿都愣在水中，不知所措。谁也弄不明白这怪虫是什么意思，按说它们此时完全可以喷射毒液，然后把五人当作美餐吞入腹中，占尽优势的怪虫为什么会掉头退走呢？

"欸？奇怪了，老爸，这大臭虫为什么又走了？"罗小闪首先打破沉默，问罗峰。罗峰开玩笑似的说道："走了不好吗？难道你希望它们早点把我们吃掉吗？"

"不是，怎么会？"罗小闪挠了挠头说，"我只是有点奇怪，明明它们可以攻击我们的，就这么退了是什么意思呢？难道它们还去找帮手？没有必要啊！"

路小果分析说："会不会怪虫怕水，不敢下来？"

“不可能吧，我觉得它们是想困死我们，反正我们已经成为任它们宰割的砧板之肉，它们一定是把我们当作美餐，想慢慢地享受……”明俏俏跟着分析道。

王教授一直没有说话，这时她忽然对罗峰说道：“确实有点不符合常理，这里面一定有什么蹊跷。老罗，你认为呢？”

罗峰沉吟了片刻说：“我一直在想，这里为什么会有水呢？水是从哪里来的？”罗小闪说：“这几百米深的地下，有水也很正常啊，地下水嘛。”

“那为什么只这个水坑有水，而没有漫到其他的洞去？”

大家正在思考着罗峰的问题，忽然听明俏俏叫道：“哎呀，这上面在滴水，滴到我头上了。”

罗峰听了明俏俏的话，用探照灯往上一照，发现头顶的洞壁上果然挂着很多水珠，正一滴滴地在往下落。

路小果恍然大悟地叫道：“我明白了！”

罗小闪问：“明白了什么？

“我明白怪虫为什么忽然退走了。”

王教授赞许地盯着路小果说：“那你说说看。”

路小果用手比画着说：“怪虫挖洞挖到这里的时候，忽然发现这里有水渗出，而我猜怪虫生活在干旱的沙漠中，一定不喜欢水，所以便停止了挖洞，为了不让水流到其他的洞，它们便在这里刨出了一个坑，用来接这里渗出的水。”

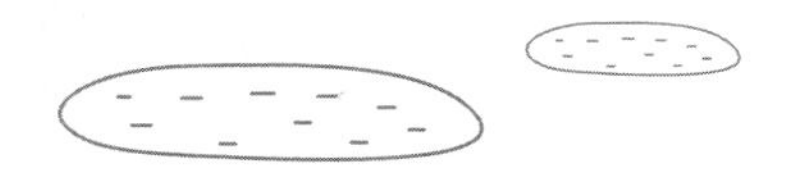

第二十四章 柳暗花明

大家一想路小果说的话，还真有那么一点道理，如果不是怪虫怕水的话，为什么会放弃到嘴边的猎物？

明俏俏说："可是有一点我还是不明白，这怪虫完全可以对我们喷射毒液或放电杀死我们，为什么它们没有这么做呢？"

"这一点也可以解释得通，因为自然界中但凡是靠喷射毒液或放电来捕杀猎物的动物，比如蜘蛛和电鳗等，它们在喷射毒液和放电的同时也要消耗自身的能量。也就是说，假如这怪虫真的怕水的话，那么它心里一定很清楚，自己即使杀死我们，它也吃不到我们，反过来还要消耗自身的能量，这种损人不利己的事你会干吗？"

王教授不愧为知识渊博的学者，几句话就把大家心头的疑问全部解答了，按照她的解释，怪虫突然退走确实合情合理。

罗小闪兴奋地叫道："这么说，我们得救了？"

路小果说："什么得救啊？我们总不能一直站在这水坑里不出去吧，出去了不照样被那怪虫吃掉？"

王教授点点头说："路小果说得对，那怪虫一定还守在这洞的出口等着我们，我们出去无异于送死。"

罗峰点头赞同，并对王教授说："可是还有一个问题，教授想过没有？"

"什么问题？"

"就是我刚刚提到的，这水是从哪里来的？"

听了罗峰的话，王教授沉思了半天，迟迟没有回答，罗小闪脱口说道："地下水呀，这沙漠里有地下水也没有什么奇怪的呀。"

王教授摇摇头说："这个我也考虑了，不太像地下水。因为地下水层一般在一个平面上，照此推断，不应该只这一片渗水，其他的洞壁也应该有渗水的情况。"

罗小闪挠挠头不解地自言自语道："那就奇怪了，不是地下水会是什么呢？"

路小果忽然大悟似的叫道："会不会是地下暗河？"

王教授点头说道："我觉得路小果同学说得很有道理，说不准在我们头顶还就是一条暗河。"

罗小闪用怀疑的口气说："沙漠里也会有暗河吗？"

王教授笑道："沙漠里为什么就不能有暗河呢？在我国内蒙古西部的极度干旱的巴丹吉林沙漠的地下，就有一条暗河，而且这暗河直通青藏高原，够壮观的吧？”

“哇！”明俏俏露出惊讶而又夸张的表情，“太离谱了吧，从内蒙古到青藏高原，那得多远啊？快赶上地面上我国第一大河长江了吧？”

“确实如此！”王教授语气非常肯定，“已经被很多专家证实了，而且这暗河位于数千米深的地下，地质专家用同位素‘追踪’的结果表明，巴丹吉林沙漠湖泊、古日乃草原和额济纳盆地的地下水同出一源，都是来自青藏高原与祁连山积雪融水与降雨的补给，这就证明了巴丹吉林的这条‘地下暗河’一定直通青藏高原。”

罗小闪忽然有点激动地对王教授说：“我有一个大胆的假设，大家听听看可不可行？”

“什么假设？”罗小闪问道。

“假设我们头顶上是一条暗河，既然这洞壁有渗水的现象，说明这洞壁距离暗河水已经不远，我们能不能在头顶的洞壁上挖一个通道，我们通过这个通道爬到暗河里去。”

罗小闪的大胆假设把王教授也给惊住了，她张大嘴巴用怀疑的口气问道：“你是说我们在头顶上挖一个洞，进入暗河？”

罗小闪点点头答道：“是的，就是这个意思。”

“罗小闪，我怎么听着有点玄乎呀，暗河多大多深我们都不知道，万一被水淹死了呢？”明俏俏直接把罗小闪的话当作了天方夜谭，满脸的怀疑。

路小果却赞同罗小闪的意见，她兴奋地说道：“我觉得罗小闪的计划可行，是暗河就一定会有出口，与其在这里等死，还不如放手一搏，总比被困死在这虫洞里好吧？”

王教授看着罗峰说道：“老罗，你的意见呢？”

罗峰说：“我觉得可以试一试，但最关键的是通道被打通的一瞬间，暗河水涌进来时，我们如何保证不被河水淹没，并顺利逃生？”

罗峰提出了一个很现实的问题，因为这不是在河里游泳，扎个猛子还可以浮上来，通道打通的瞬间，水流的推力肯定很大，如何保证自己不被水流冲走，还要从通道里逆流而上，进入暗河，确实是个很棘手的问题。

罗小闪说：“我们可不可以学鱼儿一样，来个鲤鱼跳龙门或逆流而上？”

“罗小闪你是不是聪明过了头呀？我们又不是鱼，怎么可能有鱼一样的本领？”明俏俏不满意罗小闪的歪点子，对他提出了批评。罗小闪挨了一顿抢白，不服气地嘟囔道：“不行就算了呗，我就说说还不行吗？”

路小果说：“明俏俏你别这样，在这种关头，每个人都应该有发言的权力，多一个点子，我们就多一份成功的可能，办法不行，大不了我们不采纳就是了。”说罢，她忽然从背包里取出一根绳子，接着对罗峰说道，“罗叔叔，我背包里有绳子，我们可以用绳子把我们五个人拴在一起，这样至少可以保证水流来时，不至于把我们冲散。”

王教授一边点头一边对罗峰说道：“我看按路小果说的可以试一试，这也是没有办法中的办法，你看呢老罗？”

“小闪的话启发了我，我们就来个鲤鱼跳龙门。”罗峰说着从背包里取出一个枪一样的东西，“你们看！我带了一个锚钩发射器，正好可以派上用场。等会我用匕首先挖洞，等通道一打通，我立即向上发射锚钩，我们顺着锚钩的绳索冲上暗河，就给他来一个逆流而上！我上去以后，再一个个把你们拉上来，你们要做的就是在水里闭气，我争取在一分钟之内把你们全部拉上去。”罗峰说罢看看手表，接着说道，“现在，我们先吃点东西，吃饱了才有劲爬绳索，有劲游泳，10分钟后我们开始行动。”

在虫洞里折腾了十来个小时，五个人都早已饥肠辘辘了，大家各自从背包里取出吃的，狼吞虎咽了一阵。罗峰最先吃完，喝了一点水后，立即取出匕首在头顶的洞壁上挖了起来。洞壁由于长期渗水，土质很疏松，挖起来并不十分费力，不一会就挖了两尺深，直到罗峰手够不着时，再由罗小闪骑在罗峰的肩上接着挖。

挖到一米多点时，渗水越来越明显，最后全成了泥浆，罗峰估计快要通了，便让罗小闪下来，把绳子系在五人的腰上，连成一串。罗峰在绳子最前，明俏俏排第二，

路小果第三，王教授第四，罗小闪排在最后。

绳子拴好以后，四人八只手臂交织在一起，连成一个“网”，罗峰站在“网”上，不到一分钟便打通了最后的一层土。只听见“哗啦”一声，一条手臂粗的水柱倾泻而下，慢慢地水柱越来越粗，变成碗口粗细，最后变成脸盆那么粗，下面四人被水柱冲的几乎站立不住。

罗峰见时机已到，立即从肩上取下锚钩发射器，对着水柱向上发射出去。

这锚钩发射器是罗峰的消防队最新研发的一款锚钩发射及绳索抛投装置，适合公安、特警、消防、救援等部门使用，一般应用于消防救援、急流冰上救援、山地悬崖攀援、跨山越水架线等的绳索连接。这锚钩发射器发射力道奇大，它是根据空气动力学原理，采用航空推进器技术，利用发射气瓶的高压空气做动力，只要通过消防空气呼吸器气瓶为发射气瓶充气后，把发射器对准目标，扣动扳机即可发射锚钩进行攀登。

第四季

暗河遇险

An he yu xian

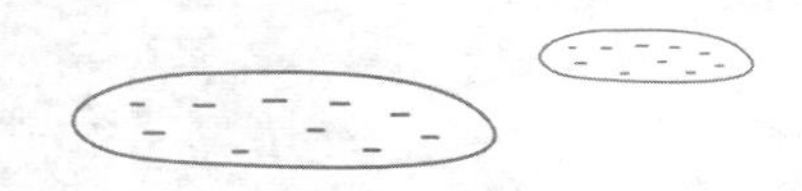

第二十五章 溶洞奇观

罗峰发射完锚钩发射器，一试绳子足够紧绷，便抓住绳子迎着水流的阻力，一步一步攀援而上。下面路小果四人站在水坑里，全如落汤鸡一般。洞坑里水位上涨得很快，眼看水面就要漫到嘴唇的位置，却忽然停止上涨了。原来是这水涨到一定高度后，漫过水坑，往虫洞的各个岔洞分流而去，否则，他们四人只能在水下闭气，等待罗峰救援了。不过那样的话将会危险得多，因为王教授、明俏俏水性不好，难免会因闭气不长而在水下窒息。

罗峰顺着绳子上爬进入暗河后，使出全身力气避过下冲的水流浮出水面，呼吸了几口新鲜空气。待他站定后，才发现这暗河水并不深，只到他的胸部，水流也很缓慢。他心中暗喜，不敢歇停，站在洞口使出浑身力气，往上拉动系在身上的绳索，不到10秒钟，就把明俏俏拉出水面。

明俏俏不识水性，呛了几口水，露出水面，正惊恐不定地咳嗽时，才发现河水只到自己脖子。两人合力又把路小果拉出水面，路小果站定以后，三人又一起把王教授拉出水面。最后，罗小闪被拉出水面时，五人几乎全都筋疲力尽，好在没有出什么意外，都安全进入暗河。

五人在暗河里高兴得欢呼雀跃，三个少年相互拥抱着庆祝这短暂的成功。罗峰不敢松懈，用探照灯往四处照射了一番，发现这暗河并不宽，两岸到处是裸露的岩石，他选择了一处近一点的登陆点，带领大家向河岸走去。

上了河岸的岩石，五人一边休息，一边谈论在虫洞的惊险经历，都对能安全逃离虫洞感到庆幸，路小果想起了那两只怪虫，不由得说道："也不知道那两只虫子现在怎么样了？"

明俏俏答说："也许这河水灌满了虫洞，它们早被这河水给淹死了。"

路小果说："那可不一定，这怪虫可不傻，会坐在那里等水将自己淹没吗？说不定它早爬出洞外，逃到沙漠里去了。"

"要是这样那可惨了，这怪虫岂不是又要害人？"明俏俏担心地说道。

王教授在边上笑道："你们都不用多操心，这怪虫死不了，也不一定会逃出洞外。你们要知道，由于压强平衡的关系，这暗河的水只能灌到虫洞和暗河平齐的位置，就不会再往上升了，怪虫完全可以在往上一点的位置，重新打洞，只要避开水就行了。"

三个少年都点头认同王教授的想法，这时，见罗峰举起了探照灯，他们都借用探照灯的灯光观察起暗河的环境来。只见这暗河上方的溶洞呈半圆的拱形结构，高六七米，河面宽约50米，可并排走十几辆汽车。

溶洞顶部悬挂着数不清的白色钟乳石，它们一根一根，长短不一，如冬天里屋檐下凝冻而成的冰柱，又像一把把悬吊着直插入地的利剑。

溶洞的下方和两侧洞壁有大量的奇形怪状的石笋，高矮不一，有的像佛塔，有的像纺锤，有的像崎峭的山峰，还有的像坐禅的弥勒佛，煞是有趣。依附在洞壁上的则如盘根错节的古树，让人心生敬畏。

远处水面上升腾着一层雾气，盘旋缭绕，灯光被石笋反射，散发着五颜六色的光芒，五人置身其中，犹如到了仙境，又如身处于光怪陆离的外星秘境。

五人对这溶洞的壮观外形和离奇的构造惊叹不已。王教授一边感慨，一边自言自语地说道："钟乳石和石笋一般都生成于石灰岩组成的山地溶洞中，大多分布在喀斯特地貌地区。没有想到这大沙漠的地底下也有这样的奇观，真是令人惊奇。"

路小果一边发着感慨，一边问王教授："王阿姨，这钟乳石和石笋形状这么古怪，是怎么形成的？"

王教授答道："这呀，是因为溶洞里有大量的石灰岩，石灰岩的主要成分是碳酸钙，当遇到溶有二氧化碳的水时，会发生化学反应生成溶解性较大的碳酸氢钙；当遇热或压强突然变小时，溶解在水里的碳酸氢钙就会分解，重新生成碳酸钙沉积下来，同时放出二氧化碳。洞顶的水在慢慢向下渗漏时，水中的碳酸氢钙发生了反应，有的沉积在洞顶，有的沉积在洞底，日久天长，洞顶的形成钟乳石，洞底的就形成石笋。"

王教授又讲了一些关于钟乳石的知识，五人休息了将近半个小时，开始讨论下一步的行动方案，到底是往暗河上游走，还是往下游走。关于这个问题，形成两派不同的意见，王教授说："我认为我们应该向暗河的下游前进，因为暗河是从地势高的地方流向地势低的地方，一般是有出口而无入口，我们总不能放着出口不找，而去找并不存在的入口吧。"

罗峰则认为应该向暗河的上游走，他认为王教授对暗河的认识只适用于山区的溶洞，在沙漠里情况不同，如果往下游走有可能走一个月也找不到出口，到那时他们早已经饿死了。相反，如果往上游走的话，生还的机会可能要大一些。因为假如这暗河发源于罗布泊南边的阿尔金山的话，他们很快就能到达源头，即使暗河没有入口，也有可能在经过山涧的时候出现暴露于地面的地缝，那时候，他们就可以走出这暗河了。

三个少年看着两个大人争执，不知所从。最后罗峰建议以少数服从多数的原则做出决定。明俏俏听从王教授的意见，罗小闪听从老爸罗峰的意见，临到路小果表态时，她忽然想起了爸爸路浩天以前告诉她，在暗河洞穴探险的“迷路三原则”：一是往水源上游走，二是顺着反风向走，三是往干燥的地方走。于是，路小果选择了听从罗峰的意见。

路小果的表态起到决定性的作用，于是，王教授不再争执，听从了罗峰的意见，五人沿着河岸，踩着高低不平的岩石和石笋向暗河上游进发。

暗河里溶洞四通八达，相互交错，它的复杂程度无法想象。黑暗的环境、雷同的场景往往使人难以辨别方向，即使是刚走过的路也容易记混。因此洞穴探险一定要有准备，一边前进一边设立标志，步步为营。不仅要时常四下观察地形地貌，还要注意辨识主洞和岔洞，记忆水流的方向，在每一个分岔口建立明显的标示——如叠石塔，甚至做草图，以降低迷路的几率。

走到一岩隙处，路小果借助罗小闪的手电灯光，发现一小股白色乳液样的液体从岩隙里流出来，在几米远处又潜入地下消失。路小果好奇地用手捧起白色乳液，发现这乳液的浓度较高，就像白乳胶一样。她走到王教授面前问道：“王阿姨，你看看这是什么液体？”

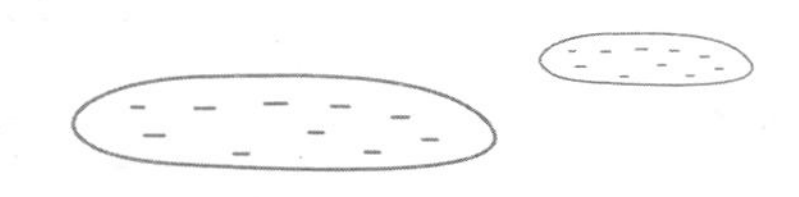

第二十六章 五彩暗河

王教授用手指沾了一点，放在鼻子下闻了闻，也不禁啧啧称奇道：“可以肯定的是，这乳液的成分是碳酸钙，但呈如此白色乳汁状的液体碳酸钙，我不仅从专业书籍上没有看到过，而且没有听说过，确实令人称奇。”

明俏俏问道：“王阿姨，什么是碳酸钙呀？”

罗小闪脱口讥笑道：“明俏俏你真笨，连这都不知道吗？碳酸钙就是石灰，是一种建筑材料，盖楼都用这个。”

王教授点点头说道：“碳酸钙是地球上比较常见的物质，存在于岩石内，也是动物骨骼或外壳的主要成分。碳酸钙是重要的建筑材料，在工业上用途也很广泛……”

王教授接着说：“不过，碳酸钙对眼睛有强烈的刺激作用，对皮肤也有中度刺激作用，所以，路小果你还是赶紧把手洗洗吧，千万别弄到眼睛里去。”

大家听了王教授的话，都哄笑起来，路小果闻言，吓得赶紧跑到暗河边洗起手来。路小果刚洗完手正要站起身

时，突然听见“哗啦”一声，她面前不远处的河水里猛地翻起一个巨浪，一条长约4米多，形似鳄鱼、通体墨绿色的生物突然从水中跃起，张开尖尖的血盆大口向路小果扑了过来。

“妈呀！”路小果吓得尖叫一声，后退两步，跌坐在地。眼看这不明怪物就要扑到路小果跟前，说时迟，那时快，后面的罗峰在大惊之下瞬间打开探照灯的强光，那不明怪物被强光一照，惊惧之下，力道顿失，跌落在路小果面前的水中，溅起一阵巨大的水浪。

罗小闪慌忙将路小果拉了起来，急速后退了几米。那怪物似怕极了强光，竟潜入水中向远处游去。

王教授惊讶又带着疑惑的语气自言自语道：“奇怪，这暗河中怎么会有这种生物？”

罗小闪认定这不明生物就是鳄鱼，也跟着王教授惊呼道：“就是呀，这暗河里怎么会有鳄鱼？”

王教授纠正道：“这可不是鳄鱼。”

“不是鳄鱼，那是什么？”

“我看这很像一只虾蟆龙。”

“虾蟆龙？”

三个少年都是第一次听说这种动物的名字，不解地看着王教授。王教授接着解释道：“你们一定很少听说这种动物，这虾蟆龙又名虾蟆螈或乳齿螈，它的整体外观虽然看起来很像一只鳄鱼，但它其实属于一种头部巨大的，被称为大头鲵类的离椎亚目两栖动物，也是两亿年前三叠纪晚期最大的动物之一。在远古时代，它主要生活在沼泽池塘中，靠捕食鱼类生活。它可能也吃像小恐龙一样的陆地动物。”

“吃恐龙？”罗小闪吃惊地张大了嘴巴，他没有想到这个怪物虾蟆龙这么厉害，连恐龙都敢吃。王教授接着解释道：“我是指虾蟆龙能吃比较小的恐龙，霸王龙一类的巨无霸它不仅不敢吃，恐怕反过来还要被它们吃掉。”

路小果问道：“王阿姨，虾蟆龙也是一种史前生物吗？”

王教授点头答道：“对，这确实是一种史前古生物，我也正在怀疑，在6500万年前的白垩纪发生行星撞击地球事件，导致了中生代末白垩纪生物大灭绝，这种史前生物到底是如何躲过这场灾难活到现在的。”

路小果忽然想起了三年前在雅鲁藏布大峡谷的恐龙谷遇到恐龙的事，说道：“难道这虾蟆龙也是因进入地下暗河产卵而躲过6500万年前的那一劫？”

王教授对路小果赞许地点头说道：“不错，我也是在这样想的，看来目前也只能这样解释了。”

明俏俏忽然说道：“要是这虾蟆龙碰到蒙古死亡蠕虫，两个不知道谁更厉害。”罗小闪说：“那还用猜吗？当然是蒙古死亡蠕虫厉害了，它能喷毒液还能放电，这虾蟆龙可只会用牙齿咬。”

明俏俏摇摇头反驳道："我看不一定，虾蟆龙可不是人类，不一定惧怕蒙古死亡蠕虫的武器。"

路小果比较支持明俏俏的观点，她对罗小闪打趣地说道："罗小闪，你说蒙古死亡蠕虫厉害，按照逻辑推理，你既然能给蒙古死亡蠕虫开膛破肚，那你也一定能给虾蟆龙来个开膛破肚啦！"

罗小闪豪气冲天地说道："只要你路小果敢把虾蟆龙的嘴抱着，我就敢给它来个开膛破肚。"

大家都被罗小闪机智而幽默的话逗得大笑起来。罗峰提醒大家道："这怪物既然是两栖动物，说不定什么时候还会到岸上偷袭我们，这里太危险，大家还是赶紧离开这个地方，以免再被这怪物袭击。"

四人闻言，赶紧跟着罗峰向一个远离暗河的溶洞走去。走了几百米，拐到一个宽敞的洞厅，洞内凉气袭人，大厅里积满了水，冰凉刺骨。明俏俏忽然惊叫道："哎呀，这水怎么是红色的？"

大家借着罗峰的探照灯灯光一看，见地面的水果然是棕红色的，再往四周一看，只见四周岩隙里流出来的都是红色黏稠状液体，把地面的水给染红了，成了一条条血色的小溪，看着恐怖瘆人。

王教授用手指沾了一点，放在鼻子下闻了闻，惊奇地"咦"了一声。罗峰忙不明情况，担心地问道："怎么

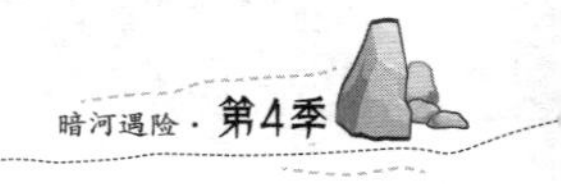

了，教授？”

只见王教授笑道：“没什么，我只是觉得奇怪，这大沙漠下竟然掩藏着一个硫铁矿。”

“为什么说是硫铁矿？”

“你看，这红色的液体有一种硫黄的刺鼻味，说明含有硫，同时还有一种腥味，说明含有铁，所以我敢断定这里蕴藏着一个硫铁矿，而且似乎储量还不小呢。”

“硫铁矿的开采价值大吗？”明俏俏大概受路小果的影响，对矿物竟然也产生了兴趣，向王教授问道。路小果见状抢先一步答道：“硫铁矿又叫黄铁矿，是地球上分布最广泛的硫化物矿物，在各类岩石中都可出现。市场价格低廉。黄铁矿是提取硫和制造硫酸的主要原料，同时它还是一种非常廉价的古宝石，在19世纪的英国，人们都喜欢佩戴这种具有特殊形态和观赏价值的宝石。”

王教授对路小果丰富的矿物学知识很是赞赏，开玩笑地说道：“路小果，你对地质和矿物这么感兴趣，赶明儿上大学了，来我们学校吧，做我的学生，我做你的导师怎么样？”

“好啊！”路小果惊喜地答道，“说好了王阿姨，可不许反悔哦！”

王教授哈哈笑道：“我愿意，你那个研究生物的老爸还不一定愿意呢，万一他让你跟他学生物呢？”

“那我就先跟我老爸学生物，再跟你学考古和地质学。”

“好，好大的志气！你这个学生我收了。”

在这种恶劣的环境里，这一大一小两人的乐观心态，感染了大家，一路气氛逐渐活跃起来，说笑不停。

出了这个洞厅，五人从一个仅能容一个人穿过的洞口，又进入一个洞厅。没有想到这里又是另一番景致，厅里有一条深沟，里面是黑色的河水，沟深不可探。在黑色河上游左边，从另一个洞穴里流出黄色的河水，把河床染得一片金黄，其景十分壮观。再进入第四个大厅里，大家发现里面又出现一条没有任何颜色的暗河，河水与普通的泉水一样，无色无味。大家被这五颜六色的河水惊得目瞪口呆。

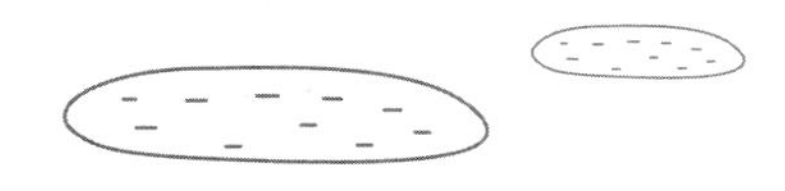

第二十七章 遭遇虾蟆龙

加上先前的乳白色河水，一个溶洞里居然有五种不同颜色的暗河，真是世所罕见！而且直观上看，这五条暗河几乎互不相连，不知道它们从哪里流来，又从哪里流走，着实令人啧啧称奇。

再看这洞厅，满洞里好像刚发生过地震一样，到处是几米至十余米深的裂口，乱石嶙峋，稍不注意就会一脚踩空，掉入深沟里。洞内钟乳石琳琅满目、颜色形态各异，绚丽多姿，梯田石幔美不胜收；红、白、黑三色石花似天女散花；石禽、石兽、石佛、石猴惟妙惟肖。

大家却无心欣赏这溶洞美景，心里都升起一团迷雾：这溶洞里的五颜六色的暗河水究竟是怎么形成的呢？大家都在等着学识渊博的王教授给出一个答案。王教授仔细地一个一个查看后做出了初步分析。她说道：“就如我刚刚说的，红色暗河水与山中的铁矿有关，黄色的水可能跟硫有关，因为硫是黄色的，硫铁矿是红色的。溶洞里的红色和黄色暗河水可能是地下水从硫铁矿埋藏区经过，被污染后流进溶洞里的；同样黑色暗河水可能是地下水从煤矿埋藏区经过，被污染后流进溶洞里。”

经过王教授一解释，大家才恍然大悟。路小果惊叹道：“我们中国真是幅员辽阔、矿产丰富啊，连大沙漠下都埋藏着这么多的矿产资源。”

王教授洗干净手，扶了扶眼镜说道：“是啊！真让人吃惊，这大沙漠简直就是一座宝藏！”

五人不敢多做停留，别过五彩暗河，穿过洞厅继续向前走。溶洞本没有路，只有一些相互交错的岩石和石笋，非常难走。又走了几百米，溶洞忽然抬升，变得陡峭起来，石笋像一级一级不断上升的台阶，层次分明。

大家正在艰难地上台阶时，忽听路小果大叫道：“我好像听到一些响声，大家听听是什么声音？”

路小果一嚷，大家都停止脚步，凝神细听起来，一听之下，果然前方有“轰隆隆”的声音传过来，虽然不是很响，但却入耳清晰。

“天啊！不会是什么怪物吧？”明俏俏首先担心地嚷，生怕再遇到什么恐怖的怪物。罗小闪说：“别是要地震吧！”

罗峰笑道：“别猜了，是瀑布的声音！”

“老爸，别开玩笑了，这暗河里哪儿来的瀑布？”罗小闪根本不相信罗峰的话，在他的印象中，瀑布一般都出现在悬崖峭壁之上，在这地下几百米的暗河溶洞里怎么会有瀑布呢。

罗峰笑道："不信你就自己看吧。"

罗小闪仍不相信，于是加快脚步，手脚并用向高处攀去，想一探究竟，大家也加快了脚步跟着前行。又上行了几十米，在灯光的照耀下，大家眼前豁然开朗起来。在他们的眼前忽然出现一个几十平方米的大水潭，再往上看，只见一条银白色的水练从高处垂直倾泻而下——果然是一条瀑布。

这瀑布宽约十几米，有五六层楼那么高，水流下泻至水潭，水花四溅，发出"轰隆隆"的巨大声响。水潭四周绝壁高耸，石笋林立，再也没有通道通向别处。也就是说，他们已经没有路可走了，如果他们再想前行，必须攀上这瀑布边上的绝壁才行。

罗峰在水潭四周的石笋上转悠了几圈，发现这潭水深不可测，崖壁凹凸不平，虽可攀岩，但必须借助绳索等工具才行。罗峰估量了一下形势，如果借助绳索，罗小闪和路小果攀上崖顶应该问题不大，胆小的明俏俏可能有点问题，困难最大的恐怕要数王教授了，这个儒雅、文气的知识分子肯定不会攀岩。

王教授看着这十几米高的陡崖峭壁心中一惊，问道：

“老罗，我们是不是必须得攀上这石崖？”

罗峰点头说：“是的。”

“这……我恐怕……”王教授面露难色，罗峰见状安慰道：“不过你不用担心，我会帮助你上去的，我们有这个。”

罗峰说着取出自己的锚钩发射器和绳索。王教授笑道：“老罗，你可真是有心之人，到这大沙漠来竟还准备着这些东西。”罗峰一边准备锚钩发射器一边说道：“有备无患嘛，别忘了，我可是搞消防的，靠这些家伙吃饭呢。”

罗小闪在一边对罗峰坏笑道：“老爸，这次……你总不会再阻拦我了吧？”

大家被罗小闪的话弄得雨里雾里，不知所云。罗峰一解释，大家才明白，原来罗小闪喜欢冒险，爱好攀岩运动，每次都纠缠罗峰，让他教自己攀岩，但这项运动危险性极大，稍有不慎，就会有生命危险，再加上罗小闪年龄尚小，他妈妈又一直反对，所以罗峰一直不敢教他。

但是目前这个状况，就算不想让罗小闪攀岩怕是也不行了。罗峰无奈地说道：“今天不爬也不行了，但是我得警告你们三个，这可不是做运动，没有保护措施的，所以一定要小心！等会你先上去探探情况，路小果和明俏俏接着上，我帮助王教授最后再上去。记住，大家一定要注意安全。”

罗峰话还没说完，罗小闪已经跃跃欲试了，主动为自己拴好腰间的绳索，只等罗峰发射锚钩了。

罗峰安装好锚钩，一手用探照灯照着洞顶，找准位置对着崖壁上端的洞顶扣动了扳机，只听“嗖”的一声，锚钩如一条黑色的游蛇，快速向洞顶蹿去，锚钩的绳索正好够长。

固定好了锚钩，罗峰试着拉了拉绳索，感觉还算牢固，便示意罗小闪上去。罗小闪得到命令，像一只欢喜的猴子，跑到崖壁脚下，手拉绳索，脚蹬崖壁，“噌噌噌”几下就蹿出三米多高。这罗小闪果然是天生的攀爬高手，绳索在他手中就如中了魔法，比爬树还要快许多，不一会他的身影就消失在黑暗之中。

安全起见，罗峰一直和他喊话，互传信息。大约几分钟后，罗小闪忽然没有了回音，罗峰又喊了几声，罗小闪还是没有回答，又用手电照了照，上面黑幽幽的什么也看不到，下面四人一下慌了神，明俏俏和路小果也帮着呼喊，还是没有回音。

罗峰的心直往下沉，同时又懊恼不已，真后悔让罗小闪先上去了，还是应该自己先上去探探路才对，怎么能让一个孩子先去试探呢？

罗峰一边自责，一边准备徒手攀爬，他要赶紧先上去看看到底发生了什么。他刚走到洞崖脚下，突然身旁传来

一声巨大的水响。他回头一看，发现原来是水潭中央翻起了一阵巨浪，两只体形巨大的虾蟆龙正张着大嘴向潭边他们站立的位置游过来。

罗峰一惊，这两只虾蟆龙一下子让他处在了一个两难的境地，崖顶上自己的儿子生死不明，这边又来了两只凶恶的虾蟆龙要袭击大家，这可如何是好？

其实这个念头只在他的脑海中闪现了一下，他内心早已有了决定：这个时候还能顾得着罗小闪吗？还是先击退虾蟆龙救了路小果他们再说吧。

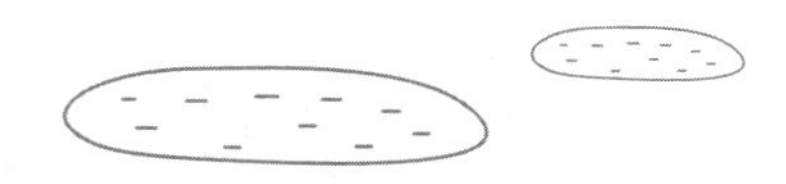

第二十八章 绝壁逃生

想到这里，罗峰迅速转身向路小果他们靠拢。罗峰虽然一心想击退虾蟆龙，手中却没有威力大的武器，只有一把匕首，唯一有威力的武器是罗小闪身上的电警棍，可惜却被罗小闪带上了崖顶。

无奈之下，罗峰还是用老办法，先把探照灯的强光打开，对准虾蟆龙照去，右手握着匕首做好防守姿势。那虾蟆龙被强光一照，来势顿缓，但却似乎并未把罗峰放在眼里，只停顿了几秒钟，便又向罗峰一行人游过来。

罗峰见两只虾蟆龙气势汹汹，怕难以力敌，立即护着路小果他们不停后退。两只虾蟆龙见对手后退，气焰更甚，呼呼地爬上水潭岸边的岩石，眼看距离罗峰四人只有不到五5米了，正在这危急关头，忽听见崖顶传来罗小闪的呼喊声：“老爸，我把绳子丢下去了，你们快上来。”

罗小闪上了崖顶以后，因为在岩石旁边发现了一些令他惊喜和惊奇的东西，只顾着跑去看那些东西了，所以并

不知道下面正发生了什么事。他的声音却让罗峰的心放下了一半，罗峰知道儿子暂时安全，立时精神一振，立即护着三人向那崖壁脚下的绳索靠近。

他对路小果和明俏俏说：“我来拦住虾蟆龙，你们两个赶紧自己攀上崖顶，速度要快！”

路小果赶紧拉着绳索，脚蹬崖壁，向上爬去。可是一个十几岁的女生，没有经过专业训练能有多大臂力？还好，有崖壁上突兀的岩石作辅助，不然恐怕爬3米都困难，更别说十几米的高度了。

这边罗峰看着是干着急不出汗，只能眼看着两只虾蟆龙向自己扑过来。罗峰一手举着探照灯，一手拿着匕首，准备迎战。那虾蟆龙在暗河的黑暗环境里时间长了，视觉出现退化，对灯光似乎并不是很敏感，为首的那只竟然对着罗峰直扑了过来，罗峰闪身躲过，那虾蟆龙竟然用粗壮的尾巴又横扫过来，罗峰一跃而起，再次躲过虾蟆龙的袭击。

这只虾蟆龙两次袭击落空，震怒不已，巨嘴一张，又向罗峰扑了过来，罗峰再次闪身的同时，手中匕首刺向这虾蟆龙的上颌顶部，只听见“嗤啦”一声，罗峰感觉匕首像划在石头上一样，刀刃根本无法入肉。罗峰没有想到这虾蟆龙的皮肤如鳄鱼皮一般，坚硬无比，他有点胆寒了，心中暗忖，如果这样缠斗下去，难免要被这两只怪物所伤，不知这怪物的薄弱部位是哪里。当他转头看路小果时，发现她才爬到洞崖的一半，不禁着急地催促道："路小果，加油啊！爬快点，不然你就见不到你罗叔叔了！"

他喊完又对王教授问道："教授，这怪物全身坚硬无比，刀枪不入，你可知道它的'软肋'在哪儿？"

王教授闻言答道："这种生物我不太了解，但我知道鳄鱼的薄弱部位是眼睛和鼻孔，还有颈部，你可以试试。"

罗峰听了王教授的话，感到哭笑不得。王教授虽然给了他答案，但说了等于没有说，因为这三个部位全在这怪物的嘴边上，嘴本身就是它的武器，想在它的武器上找空档偷袭，无异于虎口拔牙。

又缠斗了几分钟，另一只虾蟆龙见它的伙伴久攻不下对手，有点着急了，也加入围攻罗峰的阵列中。这下罗峰顿时感觉有点招架不住了，他一边躲闪一边退却。两只虾蟆龙见罗峰退却，士气更盛了，同时向罗峰爬过来。

罗峰正手足无措之时，忽听见身后传来"嗤嗤"的声音，原来是明俏俏见罗峰出现危险，取出了自己背包里的手持救援信号弹，对准虾蟆龙点燃了。

一声爆响之后，通红的弹丸带着一团火焰飞向其中一只虾蟆龙。这虾蟆龙一生下来就在这不见天日的暗河溶洞里，哪里见过这种武器，也像蒙古死亡蠕虫那样张嘴咬住弹丸，那弹丸在虾蟆龙嘴里"嗤嗤"地燃烧起来。

咬住弹丸的虾蟆龙被那火焰烧得痛苦不已，怒吼怪叫

着冲下水潭，没入水中。另一只虾蟆龙见状，不敢再战，也悻悻地退入水潭。

“好险！”罗峰看着两只虾蟆龙退入水潭，用右手袖子揩了揩额头的汗水，心中暗自庆幸，要不是明俏俏的这个信号弹，自己恐怕真要命丧这怪物口中了。

王教授在边上不住赞扬明俏俏的机警和敏捷，明俏俏谦虚地笑道：“我也是跟路小果学的，她上次用这个击退了蒙古死亡蠕虫，我想着这怪物也一定怕这个东西吧，所以就用了。”

罗峰也走过来对明俏俏竖起大拇指笑道：“俏俏越来越机灵和勇敢了，叔叔佩服！”明俏俏不好意思地笑道：“罗叔叔你一个人斗两只虾蟆龙，才真正让我们佩服！”

三人说着，抬头再看路小果时，已经看不见她的身影了，正要喊她时，却听上面传来罗小闪的声音：“路小果已经上来了，我要丢绳子了。”

话音刚落，绳子已经坠落下来。罗峰给明俏俏绑好绳子，在王教授的加油鼓励下，明俏俏只犹豫了一下，便坚定地向洞壁走去。

明俏俏经过这几天的历练，胆子渐渐变大了，要是在平时，她是绝对不敢爬高的，不过罗小闪和路小果的成功给了她信心，使她变得勇敢起来。

人在有信心的情况下，身上的力量是会放大的，你看这会儿明俏俏多坚定、多勇敢啊，爬行的速度比路小果还要快，不到三分钟就爬到崖壁的一半了。

罗峰在下面对王教授笑道："这小丫头以前胆小如鼠，没想到现在变化这么大。真是让人刮目相看啊。"

王教授说道："环境是会改变一个人的，就像一只小老虎，只有放在山林里历练，才有可能成为百兽之王，养在笼子里只能成为一只宠物。现在的孩子，不能只学书本上的知识，必须到大自然中去历练，才能成为全面发展的人才，我看这一点你做得很好啊！"

罗峰笑笑道："主要是这几个孩子自己有这种想法，我们当然全力支持了。"

两人说着，再抬头看时，已经看不见明俏俏的身影了。又过了两分钟，绳子垂了下来，明俏俏在上面兴奋地喊道："罗叔叔，我已经上来了，你们快接着上吧。"

罗峰答应了一声，刚要给王教授绑绳子，突然听见身后传来"呼呼"的声音，他回头一看，不由得大吃一惊。

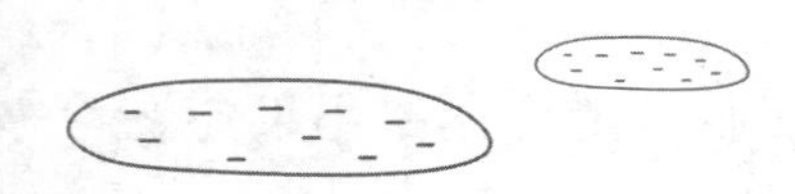

第二十九章 透明吸血蝙蝠

原来是那两只虾蟆龙贼心不死，缓过劲后又想爬上岸来偷袭罗峰。王教授见虾蟆龙张着巨嘴向两人扑过来，顿时吓得尖叫起来。

罗峰顾不得再为王教授拴绳子，手持匕首与两只虾蟆龙对峙起来。虾蟆龙虽然有心攻击，却因为刚刚吃过一次亏，也不敢造次，只是张着嘴等待着，伺机进攻。

罗峰心中暗自着急，因为他和王教授已经背靠崖壁，无路可退，如果两只虾蟆龙同时攻击过来，他真不知道该怎么应付。他一边与虾蟆龙对峙，一边教王教授如何把绳子系在自己身上。王教授心中恐惧，手忙脚乱，却总也系不住绳子。罗峰在这边看着心中着急，却只恨分身乏术。

两只虾蟆龙和罗峰对峙了一会，见罗峰也没有动作，有点急躁起来，似乎商量好了一样，一起向罗峰扑过来。

罗峰一边挥舞着匕首，一边想：刚刚对付一只虾蟆龙已经有点吃力，这两只齐上恐怕难以应付，看来自己今天

注定难逃这一劫，只怕要……

罗峰绝望的念头还在脑中盘旋，忽然耳边传来一阵“吱吱”的尖叫声，他抬头用探照灯一照，不禁大惊失色，在探照灯的光柱里出现了无数团白色的火焰，从溶洞远处向自己飞过来。

转眼间那一团团火焰就到了面前，罗峰再细看时，发现这根本不是什么火焰，而是一群浑身透明的，长相如蝙蝠一样的鸟类，它们通体透明，翅膀和蝙蝠无二，体内的经脉和骨骼清晰可见。罗峰从来都没有见过这种生物，不由得暗自称奇。

让罗峰感到更加惊奇的是，这两只虾蟆龙听到“透明蝙蝠”的叫声，似乎恐惧至极，竟然不再攻击罗峰，而是调转头向水潭爬去。

这些“透明蝙蝠”速度极快，一到近前，纷纷扑在两只虾蟆龙身上，不到10秒钟时间，两只虾蟆龙身上从头到尾已经趴附了几百只蝙蝠，看起来如透明玻璃雕塑一样。那虾蟆龙被“透明蝙蝠”攻击，似乎无力再爬动，只是在地上不停地翻滚着，样子十分痛苦。

罗峰和王教授从来没有见过这种场面，都惊骇不已，愣在当场。

“透明蝙蝠”好像蚂蟥一样吸附在虾蟆龙身上，任凭虾蟆龙如何翻滚，却没有一只掉落。不久，“透明蝙蝠”

身上忽然起了变化，全部由透明慢慢变红，直到全身变成透明的红色。

“吸血蝙蝠！”罗峰忽然高声惊呼，他忽然明白了这些“蝙蝠”身体变红是因为吸食了虾蟆龙身体内的血液，这诡异而恐怖的场面他长这么大也是第一次碰到。

王教授纵使博学多闻，也从未见过种这种以吸血为生而又全身透明的生物，内心惊惧不已，她上前拉住罗峰的衣袖，紧张地说：“老罗，我们赶紧走吧，等这怪物转过来吸我们的血就麻烦了。”

罗峰也对这“透明吸血蝙蝠”感到恐惧，闻言立即转身为王教授和自己拴好绳子，背着王教授向崖壁高处攀爬。

爬到一半时，罗峰再回头往下看，只见那些“透明吸血蝙蝠”已经飞走了，两只虾蟆龙四脚朝天、一动不动地躺在那里，身体干瘪，如两只泄了气的玩具。看来，“透明蝙蝠”已经吸干了两只虾蟆龙身上的血液，只留下两具虾蟆龙的尸体。

罗峰仍对这些以吸血为生的动物心存惧意，问王教授道：“教授可知道这些看着像蝙蝠一类的东西是什么生物？”

“没有见过，”王教授摇摇头，“不仅没有见过，连听都没有听说过，它们的外形和吸血的习性的确很像蝙蝠，但通体透明的蝙蝠资料上却没有记载。”

“连你都不知道这些生物，说明地球上还没有发现，看来是一个新的物种了。”

“也许是蝙蝠的一个分支吧，在长期的暗河环境中演变、进化成现在的模样。蝙蝠只是翼手目动物的一个总称，是生物界唯一一类演化出真正有飞翔能力的哺乳动物，目前世界上有900多种。它们中的多数还具有敏锐的听觉定向系统。一小部分蝙蝠食素，大多数蝙蝠以昆虫为食，至于吸血蝙蝠，在中国目前还没有发现，但在美洲的热带地区倒是有一种吸血蝙蝠以哺乳动物及大型鸟类的血液为食，偶尔也吸食人血。”

“还真有吸血蝙蝠啊，我还以为都是传说呢。”

王教授笑道：“只是极少的一部分才吸血，但却被人类给恶魔化，美洲很多关于‘吸血鬼’的传说，都来源于吸血蝙蝠。不过我感觉这群蝙蝠对人类好像并没有兴趣，不然这几百只蝙蝠完全可以分出一部分来袭击我们俩。”

两人一边攀爬，一边谈论着关于蝙蝠的问题，不知不觉间就到了崖顶。三个少年早在一边等着，见罗峰背着王教授上来，连忙帮着拉起王教授。

罗峰解开并收起绳索，又给三个少年讲了下面发生的惊险一幕，三个少年对这“透明吸血蝙蝠”极感兴趣，却遗憾没有近距离观察到。路小果问王教授说：“王阿姨，这蝙蝠为什么只吸食虾蟆龙的血，却不攻击人类呢？”

王教授答道：“我也有点纳闷，从理论上讲，它们应

该也吸食人血，但为什么没有袭击我们？我想就像我们人类一样，在一个环境里，吃惯了一种食物，当我们猛然见到一种从来没有见过的食物时，我们可能也不敢吃，估计就是这个原因，我们才逃过一劫。”

“那它们的身体为什么是透明的呢？”明俏俏也对王教授提出了自己的疑问。

王教授接着答道：“一般来讲，身体透明的动物，都是因为他们的血液里面没有色素细胞呀。我想这是受暗河特殊的环境影响，长期进化的结果。透明的目的是为了隐形，这样它们就不容易被捕食，也方便捕食别的猎物。在我国很多暗河溶洞里都有一种浑身透明的鱼，我们叫它‘透明鱼’，还有透明的蝌蚪，我想都是一个道理吧。”

罗峰这时插话道：“王教授说的有道理，水族馆里还有很多身体透明或半透明的动物，如箭虫、透明比目鱼、透明虾、面条鱼、海蜇、水母等，无色就是最好的保护色，使敌人在自然环境下不容易发现它们。”

罗小闪有点吃惊地看着罗峰：“老爸，你怎么也对生物了解这么多？这也不是你的专业呀？”

罗峰哈哈一笑：“前段时间在电视上看动物世界学到的，我是现学现卖！”

大家全都被罗峰的幽默逗得大笑起来。罗小闪忽然扯着罗峰的衣袖说：“老爸，你快过来看看我们发现了什么！”

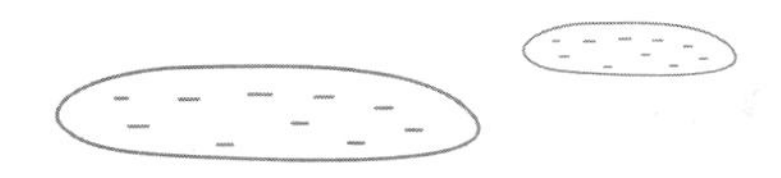

第三十章 神秘的子弹壳

罗峰看着罗小闪一脸神秘的样子，满脸疑惑地跟着他走了过去。罗峰一边走一边用探照灯四下照射，这才发现这崖顶上竟然这么宽敞，足有两间屋子那么大，一侧有一个黑洞洞的溶洞通向远方，另一侧竟然有一个餐桌那么大的长方形石笋，光滑平坦。

只见罗小闪走到那光溜溜的石笋旁，蹲下身子从地上捡起一个东西，递给罗峰说道："老爸，你看看这是什么？"

罗峰接过罗小闪手中的东西一看，不由得大吃一惊，罗小闪递给他的竟是一枚长满绿锈的铜质子弹壳。原来罗小闪第一个攀上崖顶之后，一下就看到了这个长方形的石笋，被这个石笋吸引，好奇的罗小闪竟忘记了跟下面的四人打招呼，就奔这石笋来了。又忽然发现了石笋脚下的子弹壳，感觉奇怪，便在那里揣摩起来。怪不得罗峰叫他他都没有听见，原来跑到这里研究起这子弹壳来了。

罗峰一接过子弹壳，就看出来，这是一颗半自动步

枪子弹的弹壳，正准备细看，却听罗小闪已经报出了这个弹壳的型号："老爸，我一上来就发现了这个东西，我看了，这是口径7.9毫米短管毛瑟步枪子弹的弹壳。"

"使用这种子弹的毛瑟枪是河南巩义市兵工厂仿制的，称'二四式'，也叫 '中正式'步枪。"罗峰赞许地点点头，并补充了关于这个子弹壳的枪支信息，又仔细看了这弹壳一会，他便陷入沉思之中。他在想，这种步枪是20世纪初第二次世界大战时才出现在中国的，在这个生活着史前动物的古老溶洞里，竟然会出现近代的东西，这也有点太不可思议了。

罗峰手心里托着这个弹壳，半天没有一点头绪，难道他们五人不是这暗河溶洞里的第一批来客，之前还有人来过这里？如果真是这样，实在是太让人难以置信了。

"罗叔叔，这个弹壳是不是说明可能有人曾经到过这里？"路小果的声音打断了罗峰的思绪，罗峰点点头说："不是有可能，是一定有人来过这里，因为这弹壳绝不会自己飞到这里来。"

"这个弹壳也说明来这里的人一定是军人，"明俏俏也学会了运用推理的方式来判断一件事情，不过她的推理遭到罗小闪的激烈反对，他说："那可不一定，也许是土匪呢，别忘了，新中国成立前大西北可是出过很多土匪的。"

“你们的分析都很有道理，不过单凭一枚弹壳很难下结论，我们还得再在溶洞里找找看还有没有其他线索。”

大家激烈的争论虽然没有一个明确的结果，但不管怎样，弹壳的发现并不是什么坏事，反而可能是好事。因为假设这里之前有人来过这里，说明在这附近一定有出口，那么他们五人找到出口的希望就大大增加。

想到这里，罗峰信心倍增，抬手看看手表，然后大声说道：“我们从进入虫洞到现在已经连续奔走了二十多个小时，现在外面正好是夜晚，这崖顶上正好适合宿营，我们现在立即扎营休息，八个小时后我们继续顺着溶洞寻找出口。”

大家听罗峰这么一说，都卸下背包，取出帐篷，各自扎营。帐篷扎好后，他们都感觉疲惫不已，吃了一些东西便各自睡去。

路小果刚睡下不久就听到罗小闪在外面打着手电筒敲她的帐篷：“路小果，你睡了没有？”路小果打开帐篷，让罗小闪钻了进来。罗小闪坐下后，拿出自己的iPad，打开递给路小果看。

“这是什么？”

“和那枚弹壳有关的东西。”

原来军事迷罗小闪在自己的iPad上下载了一部《军事百科全书》，他一直在关注着这枚弹壳，所以刚刚查询了一些资料让路小果看。路小果浏览了一遍，才发现罗小闪让他看的是有关新中国成立前新疆军阀的资料。这上面介绍了从清朝末期直到解放，在新疆的军阀的发展和演变历史。

资料介绍，民国时期有一个叫盛世才的军人，作为国民党军参谋部一名作战科长调入新疆，经几年施展权谋，攫取了新疆最高统治权，独裁专断，称霸新疆十几年。盛世才上台之初，实际只控制省城一带，当时新疆还有占据北疆和伊犁的其他军阀势力，而盛世才通过手腕获得了苏联的支持，苏联不断给盛世才提供军事援助和经济援助，使盛世才上台后很快站稳脚跟，进而巩固了他在新疆的统治。直到1944年，盛世才离开了新疆到重庆赴任，后来随国民党去了台湾。

“这些和我们捡到的子弹弹壳有什么关系呢？”路小果把iPad还给罗小闪，有点不明白罗小闪的意思。

“怎么会没有关系？你想想，盛世才统治新疆这么多年，他搜刮了那么多民脂民膏，总不能随身带着吧？”

“你什么意思？你是说盛世才把他的家产都藏在了这大沙漠？”

“不错！”

“即便是这样，我还是想不通他和这子弹壳有什么关系。”

“有关系呀，网上有谣传说，盛世才在大沙漠的地下建立了一个秘密军事基地，说不定这溶洞就通着他的军事基地和藏宝地，子弹壳说明什么？有子弹壳就说明有武器，有武器就说明有军火，有军火就……”

“停停停，”路小果打断罗小闪的话，当头给他浇了一盆冷水，“罗小闪，就凭一个子弹壳，你就能推理出一个军事基地和宝藏来，这也太离谱了吧，你的想象力可真够丰富的，我看你可以去做福尔摩斯的接班人了。”

“算了，不信拉倒。”罗小闪见路小果根本不相信他的猜测，自觉无趣，翻身离开了路小果的帐篷，出来后又扒开帐篷，回首笑道：“不信咱们走着瞧！”

路小果没有理会罗小闪荒诞不经的推理，蒙头睡去。不知过了多长时间，隐约中，她忽然被一阵凄厉的尖叫声惊醒。

第五季

秘密军事基地

Mi mi jun shi ji di

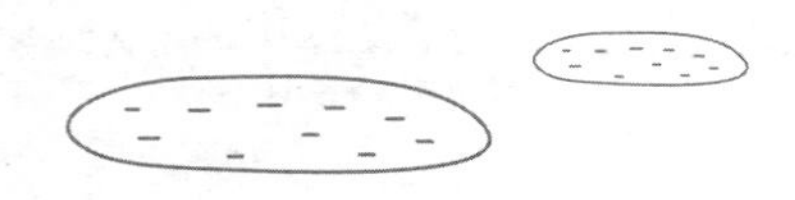

第三十一章　森森白骨

路小果在梦中惊醒，抬头发现帐篷外已经有了光亮，原来是罗峰听到尖叫声后，已经迅速地打开探照灯，冲出自己的帐篷，向那声音寻去。

路小果慌忙起来，打开自己背包里的手电筒，发现王教授和明俏俏也已经出了帐篷，唯独罗小闪不见了，她诧异地问道：

“罗小闪呢？”

“不知道啊!”明俏俏茫然地看着二人，摇了摇头。王教授在边上接着答道：“恐怕这叫声就是罗小闪发出来的。”

“走，看看去！”路小果拿着手电筒就向左边的溶洞冲去，王教授和明俏俏随后跟上。前面不远处，能隐约看到罗峰的探照灯的光亮。

溶洞的一侧是暗河水流，一侧是高低不平的石笋和岩石。走了几十米，罗峰的灯光忽然不见了，路小果四下照射了一番，发现前面向右出现了一个岔洞，因为直行的方向看不到罗峰的灯光，她猜测罗峰一定进了右侧的这个岔洞。于是，一行三人也拐进了岔洞，又走了大约几十米，又向右分出一个岔洞来，洞是方形的，地面平整，不像其他的溶洞布满石笋和岩石，明显有人工开凿的痕迹，从洞内隐约传来人说话的声音。

路小果听出是罗峰和罗小闪的声音，便和王教授、明俏俏二人向洞内走去。这洞很是奇怪，越往里走越窄，直到仅能容一人通过，过了最窄的地方，忽然开阔起来，像进入一个巨大的洞厅。罗峰正拿着探照灯和罗小闪说着什么。见路小果三人进来，罗峰停止了和罗小闪的交谈，转身对王教授语气凝重地说道："教授，你看我们发现什么？"

王教授顺着罗峰的灯光看去，一看之下，不禁面色大变，脱口惊呼："骸骨！"

"天呐，这么多骨头？"明俏俏和路小果也不禁吓得叫出声来，明俏俏吓得紧紧抓住路小果的手，向路小果身后躲去，不敢直视。

在罗峰的灯光照射处，赫然躺着无数人骨，还有骷髅，横七竖八地交叠在一起，场面恐怖至极。

原来，罗小闪从路小果的帐篷出来以后，对路小果不相信自己的推断很是不服，躺在床上翻来覆去的，很长时间也睡不着，迷迷糊糊睡了一觉之后，终于忍不住一个人

拿着手电筒悄悄地往溶洞深处走去，他要找出证据来证明自己的猜测，好让路小果信服，误打误撞就走到这个堆满骷髅的洞厅里来了，那声尖叫就是他发现这些骷髅时发出来的。

“这里怎么会有这么多骸骨？他们是怎么死的？”王教授惊魂未定，向罗峰问了一句。罗峰没有回答，而是又向左前方走了几步，照着脚下，对王教授说：“你们来看看，还有这个。”

“子弹壳！”王教授又惊呼了一声。

在罗峰的脚下竟然躺着一堆金属子弹壳，足有数千枚之多，路小果看着这堆子弹壳，大惑不解：“难道这些人是被枪打死的吗？太残忍了。”

王教授皱着眉头自言自语地说道：“这些人到底是什么人？是谁杀死了他们？为什么要杀死他们？”

罗小闪接着回答道：“我已经仔细看过，从这些人腐烂的衣服布料看，应该是普通老百姓，杀死他们的应该是军人，因为从这堆子弹壳可以看出杀死这些人的武器是捷克式轻机枪，子弹口径7.9毫米，射速每分钟550发。在新中国成立前，捷克式轻机枪在我们中国的军队中比较普遍，能装备这种武器的基本上都是正规军队。”

“你是说某个军队的军人杀死了这些手无寸铁的老百姓？真是残忍至极，毫无人性。”王教授一边扶着自己的眼镜，一边发泄着对这些不知名字的刽子手的愤懑和不满。罗峰问道：“教授是研究考古学的，可能看出这些人都是些什么人？”

王教授蹲下身子，从背包中拿出一个放大镜，借着灯光对着尸骨仔细看了一番，说道：“从这些尸骨骨盆的形状和高矮来看，死者应该都是一些青壮年男性。只是有一点我觉得很奇怪。”

“奇怪什么？”

“你看啊，老罗，”王教授指着那些人骨说道，“你们说这些人是被枪打死的，按说他们死后骨架应该是完整的才对，可是这些人骨呈零散分布，杂乱无章，毫无规律，没有一具完整的尸骸。”

“那又说明什么呢？”

“老罗，你知道我是搞考古的，以我的经验，在这沙漠里的地下，空气干燥，又与外界空气隔绝，按理说这些尸体软组织要等到许多年以后才能完全腐烂分解。你知道许多年是什么概念吗？也就是几十甚至上百年，还有可能永远都不会腐烂，而成为干尸，所以这骨头怎么会分开呢？没有道理呀！难道……是被这洞里什么其他东西故意弄的？”

王教授没有说“其他人”，而是说“其他东西”，让大家顿时感到毛骨悚然起来。如果说这个洞里还有其他人就好了，他们就不愁走出这地下基地了；但如果是“东西”，会是什么东西敢故意把这死人骨头都搞乱了？确实让人捉摸不透。

路小果对王教授的分析产生了兴趣，对王教授竟能从一具尸骨看出死者的性别和年龄感到很神奇，问道：“王阿姨，你是怎么看出这些死者的性别和年龄的？”

“这可是一门学问啊，”王教授站起身来答道，“一般说来，男女骨骼，以盆骨的性别特征最明显，差异最大。男性骨骼比女性骨骼粗大些、长些，骨面要粗糙些，凹凸多些，骨质要重些。至于判断年龄，主要从牙齿的磨损程度、骨盆的耻骨联合形态特征和颅骨骨缝的愈合程度综合评定，推断出死者年龄。这些死者大部分头颅的骨缝清晰可见，颅骨顶部横行的冠状缝、纵行的矢状缝、后枕部的人字缝和两颞部的蝶颞缝均未开始愈合，而枕蝶骨的基底缝已愈合；再从死者牙齿的磨损程度观察，除它的切牙均轻度磨损外，第一磨牙、第二磨牙的咬合面牙尖(牙釉质)大部分被磨平，说明大部分的死者的年龄都不超过35岁。而且，他们生前基本上都存在着营养不良和过度劳作现象。”

“王阿姨，营养不良和过度劳作你又是怎么看出来的？”路小果又对王教授饶有兴趣地追问，越来越感受到考古学的神奇和博大精深。

“因为我从死者四肢骨上发现，他们都患有骨质疏松症，而且不少都有骨折的情况，这在医学上被称为‘疲劳骨折’，就是人在长时间过度劳作以后，骨头发生断裂的现象。我看到这些现象，才敢下这样的断语。”

王教授说完，又抚着路小果的肩膀说：“你要是对我研究的学科有兴趣的话，长大了别忘记考我的研究生呀！”路小果高兴地点了点头。

“教授，都这个时候了，你这个伯乐还不忘记寻找千里马呀！”罗峰在旁边听了王教授的话，开了一句玩笑，接着分析道，“如果我估计不错的话，他们应该是被这里的军人抓来挖洞的苦力壮丁。”

“既然他们都是一些苦力，为那些军人干了活，那些军人应该感激他们才是，为什么还要杀死他们？”明俏俏语气中抒发着对这些死者的同情，同时又表达着对这些残忍军人的愤怒和不满。王教授答道：“按照我们以往考古的发现，在古代帝王墓中往往有集体杀死苦力和工匠的现象，我们称为‘陪葬’，一般是为了保存墓葬的秘密不被泄露出去，这些劳力被集体枪杀不知道又是为了什么。”

罗小闪自言自语地说道：“难道说，这个洞里也埋藏着不为人知的秘密？”

罗峰转身对四人说道：“不管怎么说：这些发现对于我们目前来说是一件好事，至少我们发现了人迹，虽然是

骸骨，但我们找到出口的希望越来越大。我们的食物和水虽然还算充足，但我的探照灯电力快耗完了，你们各自的小手电筒加起来也只能使用48小时，如果在两天之内还找不到出口的话，我们就会有大麻烦。我们现在立即回去清理我们的装备，然后再返回这里寻找出口。”

五人在罗峰的带领下，按原路退回宿营的崖顶，各自整理好装备，又走到那个堆满白骨的洞厅。

情况果然如罗峰所预测的那样，在洞厅的左侧最深处，有一个两米高，仅容一人通过的方形洞口。罗峰带领路小果四人按前后顺序进入洞内，走了大约几十米，忽然往右拐了一个90度的弯，又走了几十米，忽然又向左一拐，眼前忽然出现了一个下行的台阶，走下台阶，罗峰用探照灯往四周一照，眼前的一幕，让他和王教授及三个小伙伴们都惊呆了。

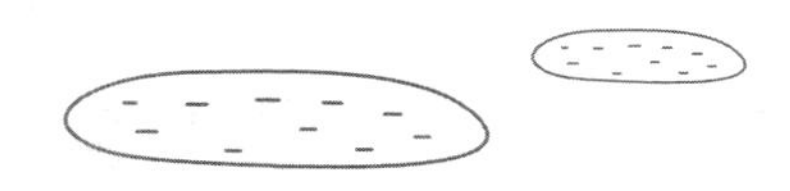

第三十二章　秘密基地

在他们面前出现了一个巨大的洞厅，顶高达六七米，足有两个足球场那么大。洞厅四四方方，全部由钢筋水泥构筑而成。最让他们震惊的是罗峰的探照灯的光线里居然出现了一架飞机。飞机是那种老式战斗机，下面三个轮子，机头上有一个巨大的四叶螺旋桨，机身全部被涂成藏青色。他们的视线越过飞机，看到正对着他们的那一侧厅壁边上停放着一排坦克；左侧靠洞壁整齐地垒着许多木质箱子；右侧洞壁停靠着一排大炮。

五人目瞪口呆地走下台阶，来到洞厅的中央，罗峰用手摸了摸战斗机的机翼，发现上面布满了灰尘，透过灰尘可以看到机翼的外三分之一处印有一个蓝白相间的“青天白日”标志图。

“怎么样？路小果同学，这回你相信我说的了吧，服气了没有？”罗小闪来到路小果面前得意地说道。

“相信什么？你们俩在打什么哑谜？”明俏俏不知

道罗小闪昨晚找路小果的事，有点莫名其妙。罗小闪回答道："我昨天告诉路小果这里有一个秘密军事基地，路小果还不相信。"

明俏俏惊讶地看着罗小闪："你昨天就知道这里有个秘密军事基地？罗小闪你简直太厉害了。"

罗小闪故作高深地对明俏俏说："我可不是瞎猜的，我是根据昨天在崖顶石桌下发现的那颗子弹壳推理出来的……"

"罗小闪还推理出这个秘密军事基地是大军阀盛世才建的呢，厉害吧？"路小果不等罗小闪把话说完，就抢着把罗小闪想说的话说了出来，意思是先给他戴个高帽，以免他又嘲笑自己。

"盛世才又是谁？"明俏俏问。

"盛世才是新中国成立前统治新疆的一个大军阀头子，"罗小闪说完，又得意地问罗峰，"老爸，我的猜测没有错吧？"

罗峰答道："这确实是一个秘密军事基地，从这飞机上的标识看，应该隶属国民党，从这个军事基地的地理位置和规模来看，的确是盛世才建的可能性大一些，恐怕也只有他才有这个实力。"

明俏俏不解地问道："罗叔叔，这盛世才既然是一个大军阀头子，肯定已经称霸一方了，为什么要花这么大力气在这大沙漠里建一个军事基地？他有什么目的呢？”

“老爸，我认为盛世才一定是为了隐藏他的家产才建立的这个军事基地，也就是说，这里既是一个军事基地，同时也应该是一个埋藏宝藏的地方。”

罗峰虽然感觉罗小闪分析得有一定的道理，但那毕竟只是一种猜测，并没有相关的证据，所以他也没有发表意见。却听明俏俏夸张地长大了嘴巴，说：“什么？罗小闪，你说这里还有宝藏？哈，那我们岂不是要发大财了。”

罗小闪讥笑道：“明俏俏你真是个财迷，你老爸挣的钱已经花不完了，你还在乎这些财宝吗？再说即使有财宝，在这大沙漠里，你能带得出去吗？”

明俏俏气鼓鼓地说：“我又不是真的想要这些宝藏，说说还不行吗？”

罗峰和王教授都被两个小家伙的斗嘴逗笑了，忽见路小果扭头大喝一声：“谁？！”

大家都被路小果这一喝吓了一跳，罗峰连忙用探照灯向路小果的身后照去，却什么也没有看到，他问道：“怎么了小果？”

“我看到好像有个影子在我们身后闪了一下。”

路小果的话，一下子让现场的气氛变得紧张了起来，明俏俏首先吃惊地大嚷：“啊，路小果，你不会是眼花了吧，我们怎么没有发现啊？”

路小果答道：“我也不是太确定，就感觉有个影子在身后晃了一下就不见了。”罗峰接着说道：“不管路小果是不是看花了眼，大家还是要小心，我看这基地里也透着一点古怪，你们全都跟在我后面走，以防有机关什么的。”

王教授忽然说道：“老罗，既然这是个军事基地，就应该有其相应的配套设施，比如：这么多人在地下建这样一个基地，他们在哪儿吃喝拉撒？通风口在哪儿？他们是如何照明的……”

王教授话还没有说完，罗小闪就抢着说：“老爸，他们建这么大一个基地一定会用发电机来发电照明，我认为我们首先应该找到他们的照明设备，然后再寻找出口，以防我们在这里提心吊胆的。”

罗峰点头赞同，在他的带领下，五人开始沿着大厅四周墙壁寻找起暗门通道来。果然在洞厅的四角位置，他们依次找到了厨房、餐厅、厕所及发电机房，却没有找到通风口和控制室。幸运的是发电机的油是满的，基本上有八成新，从上面的文字来看，是美国制造的。

对于特种兵出身的罗峰来说，摆弄发电机是小事一桩，不到五分钟，发电机就“突突突”地响了起来，罗峰又把闸刀往上一推，大家忽觉眼前一亮，发电机房及整个洞厅的大厅里一片灯火通明，大家围着大厅四周又重新查看了一遍，数了一下，有坦克车20辆，火炮15门，迫击炮30门，木箱里装的枪支和弹药不计其数，粗略估计也有3000多箱。

罗小闪看着这些崭新的却落满灰尘的军械武器，叹息道："天啊，这么多武器，都能装备一个师了吧。"

罗峰笑道："在新中国成立前，装备一个集团军也足够了。"

罗峰撬开一个木箱，里面装着一挺崭新的日本99式轻机枪；又撬开一个木箱，看到里面装的是被中国人称为"盒子炮"的仿毛瑟手枪。罗峰取出一挺机枪，试了一下枪栓和子弹匣，传出"哗啦哗啦"的脆响，看着很顺手的样子，旁边的罗小闪馋得眼珠子都快掉下来了，他心中痒痒，忍不住伸手在旁边的木箱子里取出一把"盒子炮"把玩起来。

"老爸，我能不能带一把'盒子炮'玩玩？"

"不行，"罗峰严厉地制止道，"这东西可不是玩具，你又从来没有开过真枪，弄不好会出事的。"

罗小闪又把玩了一会才无奈地放下手中的"盒子炮"。父子俩就现场摆设的各种武器又查验了一番，罗峰一边看，一边给罗小闪讲解。

这父子俩说着一些军事术语，路小果、明俏俏和王教授三人都听不太懂，王教授提醒道："老罗，现在电也有了，我们当务之急是找到出口，走出这基地，你对此有什

么看法呢？”

“是的，我同意教授的意见，我相信这基地一定有通往沙漠外的通道，我们现在就开始寻找出口。”

“老爸，我还没有找到盛世才的宝藏呢，等我们找到宝藏再找出口出去吧。”罗小闪生怕自己错过寻找宝藏的机会，他以前看过不少探险小说，宝藏对于每一个探险者来说，都具有巨大的诱惑力。当然，罗小闪肯定不是为了发财，而是为了满足自己的那颗好奇心。好奇的不止罗小闪一个，还有路小果和明俏俏，她俩也嚷道：“是啊，罗叔叔，我们也想看看盛世才的宝藏是什么样的。”

小孩子有好奇心，也无可厚非，但对于研究考古学的王教授来说，从古墓里挖出宝藏文物是司空见惯的事，所以她不像三个孩子那样好奇。她见状着急地说道：“你们几个孩子怎么不知道轻重缓急，是宝藏重要还是生命重要？”

王教授话音刚落，却听得罗峰对着她的背后大喝一声：“谁？站住！”

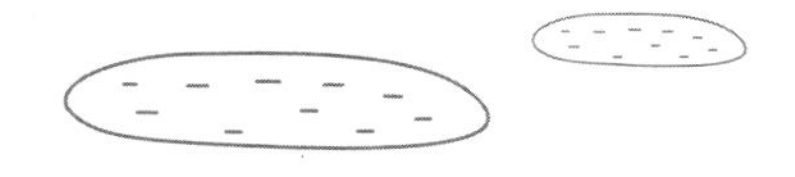

第三十三章 恶灵魅影

王教授吓了一跳，还没有反应过来，却见罗峰一个箭步从她身边掠过，向她身后追去。四人见罗峰追去，虽不明白罗峰追的是什么，却都跟着罗峰奔跑起来。他们本来是站立在大厅垒枪支弹药的那一侧，罗峰追击的方向却是餐厅的那一边。

罗峰的腿脚何等之快，一眨眼就把路小果他们甩在了后面。等到路小果冲到餐厅门口的时候，罗峰已经不见了，路小果大吃一惊，她与罗峰前后相差也就两三秒钟，好端端一个人怎么会眨眼间就消失不见了？

路小果细看这餐厅，面积不小，里面密密麻麻摆满了杂物，旧木箱、破木板、废铁皮、旧铁丝不计其数。堆放杂物的角落比较黑暗，看不清楚，路小果不敢再向前，被罗小闪一把扯到一边。罗小闪向前走了几步，大声喊了一句：“老爸！”

“罗叔叔！”

“老罗!”

路小果、明俏俏和王教授三人也跟着喊了起来。喊声过去之后，房间里依然静悄悄的，路小果以为自己眼花了，正要退出餐厅，忽然从左侧黑暗的角落里窜出两个黑影，直向路小果的身子“扑”过来，准确地说应该是撞过来，因为黑影是背对着路小果的。

罗小闪本来站在路小果的右边，见有东西袭击路小果，本能的反应使他迅速地将路小果拉了一把，躲过了两个黑影的撞击。两个黑影撞击落空，失去重心，双双倒在地上。大家定睛一看，顿时吓得倒退三步，惊得说不出话来。原来这黑影一个是罗峰，另一个居然是一只体形巨大，貌似野狗，又有点像狼的怪物。这怪物少毛而全身乌黑，眼珠通红，嘴里长着一排獠牙，耳朵大而长，且竖立着，四肢粗壮，比普通的狼狗要大两三倍，就如一只变异了的狗怪。

罗小闪见怪物欺负他老爸，哪里肯依？情急之下，顾不得多想，从背包里取出电警棍就要往那狗怪身上击去。王教授忽然喝止了他：“小闪，不能用电警棍！”

这罗小闪也是被危险弄昏了头脑，竟然忘记了电警棍是用电的，击倒了怪物的同时，恐怕罗峰也同样要遭殃。幸好王教授提醒了他。

“罗小闪，快让开！”罗小闪还没有反应过来，只听见一声闷响，狗怪的脊背实实在在地挨了一棍。原来是路小果在地上拾起一根木棍，对着狗怪的脊背打了一下，无奈路小果力气太小，这一击对那狗怪没有造成致命伤害。罗小闪急了，伸手夺过路小果手中的木棍，再次高举抡下来。又听得一声闷响，那狗怪狂叫一声，一溜烟地钻进杂物堆里不见了。

罗峰一脸狼狈地站起身来，说道："这畜生真有力气，差点咬断我的喉管，王教授可知道这畜生是什么东西？"

王教授摇了摇头，皱着眉头答道："还真没见过这种生物，看外形像野狗一类的动物，但块头比野狗大多了，看它的凶恶程度堪比藏獒，但长相又与藏獒相差甚远，自然界里实在找不出特征和它相符的动物。"

路小果忽然对罗小闪说："罗小闪，你看这怪物像不像'赛尔号'里面的'恶灵兽'？"

"是啊，可别说，看那怪物恐怖的怪模样，还真有点像'恶灵兽'。"

"我也感觉有点像'恶灵兽'！尤其是它的眼睛和牙齿。"明俏俏也抢着说道。

"这'恶灵兽'不知道在这基地里吃什么，才得以生存的？"路小果直接就称呼那怪物叫"恶灵兽"了，她对这样一只动物竟然能在这秘密基地里生存下来，感到迷惑不解。

明俏俏说："这基地与暗河溶洞相通，会不会是它到溶洞里捕食其他动物？”

“不可能！”王教授一口否定了明俏俏的观点，说道，“暗河溶洞里的生物自有它们的一套生态系统和食物链。再说，暗河里的生物不是在水中游，就是在空中飞，这怪物要是靠它们生存，早就饿死了。”

王教授说完，忽然又想起了那个堆放劳工尸骨的洞厅，那些劳工被枪杀后，尸骨混乱，难道和这狗怪有关吗？看来，这基地的秘密远不止我们看到的这么简单。想到这里，她对罗峰说道：“老罗，我怀疑，这被路小果称为‘恶灵兽’的怪物绝对不止一只。”

王教授的话并没有让罗峰感觉到意外，倒是三个少年都惊得跳了起来，明俏俏惊呼：“什么？还有其他的‘恶灵兽’？王阿姨，你说的是真的吗？妈呀，太恐怖了！”

明俏俏边说边往人群中间挤，仿佛“恶灵兽”随时都会跳出来袭击她似的。罗小闪对明俏俏说：“别怕，俏俏，我会保护你的！”说着又把嘴巴附在明俏俏耳朵边，小声私语，“告诉你俏俏，我有枪！”

“真的吗？”明俏俏惊喜地睁大了眼睛，她竟然没有发现罗小闪偷偷地藏了一把枪，这个机灵鬼是如何瞒过大家的？

路小果隐隐约约听到一点他们俩说话的内容，用佩服的目光看了罗小闪一眼，没有声张，那意思是：罗小闪，真有你的！两个大人却懒得理会他们的悄悄话，王教授说："老罗，为了安全起见，我建议尽快寻找出口离开这里，以免再遭到那怪物袭击。"

罗峰点头表示同意，并走到之前撬开的存放枪支的那个木箱子旁边，取出一支日本99式机枪，装满子弹，又在腰里别了几个填满子弹的弹匣，说："大家都跟着我，罗小闪殿后，一定要小心戒备！"

罗峰说完，掂着机枪带头向大厅右角的一个通道走去，四人陆续跟上，罗小闪在最后，又偷偷地拿了两匣手枪子弹，装在裤兜里。

罗峰带领大家进入的是通向厨房的通道，通道不长，走了几十步便进入厨房，里面空间很大，估计有一百多平方米，锅、碗、瓢、勺一应俱全。罗峰在厨房四周的洞壁上仔细瞅了一遍，并未发现有什么通道或机关，正要撤离时，忽听见背后传来"呜呜"的嚎叫声。

第三十四章 干尸背后的秘密

罗峰大惊，转身一看，果然是被路小果称为“恶灵兽”的怪物朝他们五人奔过来了。不过，这次不是一只，而是一群：两只大的，四只小的，一共六只。罗峰把路小果四人拉到自己的身后，端起机枪，就要扫射。

路小果忽然拉住罗峰的手臂说道：“罗叔叔，不要伤害它们！”

罗峰听到路小果的话时，扳机已经扣动了，收手不及，一梭子子弹射了出去，不过枪口对准的是头顶的方向。只听见“梆梆”几声金属撞击声，头顶砂石簌簌而落。

六只“恶灵兽”听到枪声，忽然停下前扑的身子，龇牙瞪眼与五人对峙起来。罗小闪生气地问路小果：“路小果，你为什么不让我爸打它们？”

路小果答道：“其实是我们先冒犯了它们，它们并没有什么罪过，它们攻击我们也是出于动物的本能反应，我们现在处于强势地位，为什么非要赶尽杀绝？它们也是几条生命。”

王教授也被路小果的话感染，生出怜悯之心，接着说道：“老罗，我看路小果说得很有道理，能不杀生还是尽量不要杀生，能和平共处不是更好吗？”

罗峰苦笑了一下：“但愿你们俩的善心能换得好报！”说完，枪口又对着地板“突突突”扫了一梭子，子弹没入土中，溅起阵阵沙尘，直吓得六只“恶灵兽”步步后退。或许是见对手并无伤害自己之意，它们竟全部掉头慢慢撤走。

罗峰也没有想到这六只畜生这么快就撤了，抱着枪一时愣在了那里。明俏俏悠悠地说：“看来这些‘恶灵兽’读懂了我们的善意！”

“那也不见得，说不定是它们害怕我们手中有武器呢？”罗小闪仍然不相信这些凶恶的怪兽会对他们友好，和明俏俏唱着反调。

王教授说：“不管它们是为什么退走的，只要它们不再伤害我们，我们就尽量不要伤害它们，我们现在的目的是找到出口，走出这沙漠，其他的都是次要的。”

罗峰无奈地叹口气：“好吧，就听你们的！我们现在继续去其他地方寻找出口。”

罗峰抬脚正要出去，身后的罗小闪忽然指着前方地板的方向叫道：“老爸，你看，这是什么？”四人听到罗小闪的叫声，都低头向地上看去，只见在罗小闪前方3米远的位置，有一片地面已经凹陷，出现一个碗口大小的黑幽幽的洞口。罗峰记得原来这个位置和别的地方一样，是没有洞的，大概是刚才机枪扫射到这个地方，打烂了覆盖洞口的木板，才露出这个洞口。

罗峰用手扒开洞口附近的浮土，渐渐露出一个不到一平方米大小的木板，他掀开木板，露出一个比脸盆还要大的洞口。往下一看，黑洞洞的，什么也看不到，好像一个巨大的地窖的入口。罗峰打开探照灯，往里面照了一下，忽然吃惊地后退了两步。

“怎么了，老罗？”王教授见罗峰反应如此强烈，也吃了一惊，连忙问道，“洞里有什么？”

“几具尸体！”

“尸体？”

“而且是已经变成木乃伊的干尸。”罗峰加重了语气答道。

“啊？木乃伊？”罗小闪说着就要趴在洞口往下瞅，“我看看！长这么大我还没有见过真正的木乃伊呢。”

“我也想看看木乃伊。”“我也要看！”

三个少年都从来没有见过真正的木乃伊，好奇地趴向地窖的洞口，想看看木乃伊究竟是什么样的。罗峰后退几步，为三个少年腾开地方，然而，让罗峰想不到的是，还不到一秒钟时间，三个人全扭头蹲在地上狂吐起来。

原来，借助探照灯的光线，出现在他们眼前的是三具狰狞可怖的干尸。王教授是搞考古的，这种场面对她来说司空见惯，所以她倒是没有什么反应，而是对罗峰说道：“这厨房里出现一个地窖已经够离奇的了，里面居然还有干尸，的确有点意思。老罗，我们下去看看吧。”

罗峰犹豫了一下，望向三个少年，意思是问他们三个要不要下去。罗小闪虽然感觉那干尸恐怖恶心，但他是个好奇心极强之人。他想，或许这秘密基地的秘密就藏在这个地窖内，无论如何也要下去看看，再说难道活人还怕死人不成？

想到这里，罗小闪对罗峰点了点头。路小果也是个争强好胜的丫头，见罗小闪同意下地窖，自然也不甘落后，也对罗峰点点头。只有明俏俏一脸几乎要哭出来的表情，虽然没有表态，谁都看出来她是一百个不情愿下到地窖里去。罗峰见状故意说道：“咱们四个下去看看，俏俏在上面望风，别让那‘恶灵兽’再来袭击咱们。”

罗峰这么一说，让明俏俏立即跳了起来，她捂着嘴使劲地摇摇头：“不行，不行，我也下去。”很明显，干尸再恐怖，有那么多人陪着，也比一个人孤零零地留在上面面对“恶灵兽”要好啊。

罗峰把绳索固定好之后，五人按顺序依次下到地窖。

罗峰先找到电灯开关，打开电灯。一看之下，大感意外，原来这地窖里面里居然还套着四个房间，地窖的豪华程度令人咂舌，地面和墙面全用大理石铺就，餐桌、茶几、沙发、酒具、茶具一应俱全，用金碧辉煌来形容也不为过。

三具干尸一男两女，都是坐在椅子上，面容平静，无丝毫挣扎之状。王教授指着三具干尸说道："老罗，你刚刚说这是'木乃伊'，我要为你纠正一下，这并不是'木乃伊'。并不是所有的干尸都称为'木乃伊'，这三具只是普通的自然干尸。"

罗峰不好意思地说道："这个我是外行，我只是信口开河而已。"路小果于是接着问道："王阿姨，那自然干尸和木乃伊有什么区别吗？"

"当然有了，"王教授一边围着干尸转圈，一边说道，"干尸，顾名思义，就是干燥的尸体。通常情况下，人体死亡之后，体内细胞会开始自溶过程，细胞中的溶解酶释放出各种蛋白水解酶，使生物大分子逐步降解为小分子。除这一自溶过程外，还受到各种腐败分解，这是一个自然过程。干尸分为人工干尸和自然干尸两种，自然干尸是指那些未经人工处理，主要由于埋葬环境干燥导致尸体脱水而自然形成的干尸。比如新疆的楼兰出土的古尸就是自然干尸。人工干尸就是我们通常所说的木乃伊，是指在人工防腐情况下可以长久保存的尸体。"

“古埃及为什么这么奇怪？人死了埋进坟墓不就好了，为什么还要把他做成木乃伊？”路小果虽然明白了木乃伊和自然干尸的区别，却对人们这样做的目的十分好奇。

“那是因为古埃及人笃信人死后，其灵魂不会消亡，仍会依附在尸体或雕像上，所以，法老王死后，均制成木乃伊，作为对死者永生的企盼和深切的缅怀。”

王教授的一番回答，让三个少年对干尸有了更加深入的了解。罗峰的心思却不在这上面，他一直在观察这三具尸体，这时他问王教授道：“教授可能看出这三个人的死因？”

其实，王教授也一直在观察这三具尸体的情况，她答道：“如果我推测不错的话，他们都是死于药物中毒。”

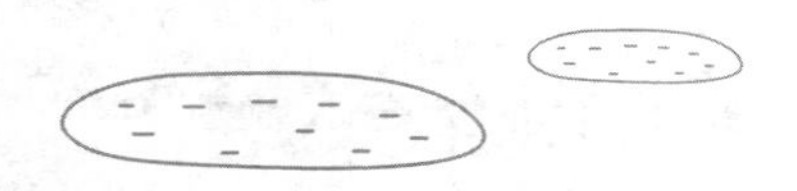

第三十五章 基地谜团

“死于中毒？教授为什么这么说？”罗峰奇怪地问。

“很简单，”王教授指着其中一具男性干尸的手掌笑道，“他的手中拿着一瓶药啊，再说他们死得这么平静，没有挣扎，说明生命结束得非常之快，除非喝某些药物，才会这样。”

罗峰四人低头一看，果然发现那男性干尸手掌之中握着一个棕色的小瓶子，上面已经没有任何标签文字。罗峰对王教授赞许地说道：“还是教授观察事物细致入微呀！但是教授可知道有什么药物能让人死的这么平静？”

王教授平静地答道：“这种药物多了去了，除非化验这药瓶，否则是无法查出来的。”

两人正说着，忽然听到罗小闪惊喜的叫声：“老爸，快来看！”原来罗小闪趁大家在听王教授说话之际，已经悄悄推开一个套间的房门。

四人顺着罗小闪推开的门看去，都惊讶得说不出话

来，即使说出现在他们眼前的是一座金山也不为过。金条整整齐齐地码满整间屋子，在灯光的照耀下，反射出金灿灿的光芒，耀眼而夺目。

大家从来没有见过这么多黄金，一时间都呆若木鸡。

“发财了！”罗小闪看着一屋的黄金，喃喃地说道。

“妈呀！莫不是在做梦吧？”明俏俏张大嘴巴，半天不舍得合拢。

“说你俩是财迷还不服气，你以为这黄金是你的呀？”路小果看着罗小闪和明俏俏的表情，不屑地调侃着。

王教授笑道：“是啊，路小果说的对，这些东西再多都是国家的，我们无权动一分一毫。再说钱财多了也未必是好事，外面这三个人不就是例子吗？他们守着一堆黄金却死在这里，没受其利反受其害。”

三个少年都点头称是，罗峰在边上说道：“教授，我们还是再到其他房间找找看有没有其他线索，我老觉得这三个人死得有点蹊跷。”

“是啊，守着一堆黄金却自杀，让人有点想不通啊！”路小果也觉得这三具干尸疑点很多。

于是，在罗峰的带领下，他们逐个房间仔细检查，终于在一个卧室的床上发现了一个泛黄的日记本，日记记了一百多页，到1950年1月的一天却戛然而止。罗峰大致地看了一遍，终于揭开这个秘密军事基地的所有疑团。原来，这本日记的主人叫齐雨田，估计就是那具男性干尸。齐雨田是新疆军阀盛世才的岳父邱宗浚的副官。1945年5月17日，齐雨田和盛世才的两个部下蒋德裕、臧景芝串通杀害了邱宗浚全家，造成了曾经轰动一时的“盛世才家族血案”。齐雨田和蒋德裕私下关系很好，蒋德裕又是盛世才的得力干将，从1940年开始，便由他全权负责修筑这个秘密军事基地，这个军事基地是盛世才为防止自己倒台而准备的退路，同时也是他隐藏自己搜刮来的金银财宝的地方。

作为盛世才的亲信，蒋德裕深得盛世才信任，而齐雨田又深得蒋德裕信任。血案发生后，齐雨田同两个姨太太携带两只宠物狗和大量钱财逃到这个秘密军事基地，而蒋德裕却被国民党抓到军事法庭，处以死刑。齐雨田本来与蒋德裕相约一同逃到这基地，却因蒋德裕被抓，他只能独自跑到这大沙漠的基地里来。为了独吞金银财宝，他又设计杀害了带来的部下，但他和两个姨太太对这基地机关不太懂，不小心触发了基地闭合机关，却怎么也打不开了。于是，齐雨田和两个姨太太在消耗完了所有的食物和水之后，绝望地自杀了。

事情的原委基本弄清楚了，基地的谜团也迎刃而解，但罗小闪还有一点想不通，于是问罗峰道：“老爸，我有一点疑问，据我所知，盛世才在修建基地后，不仅没有死，而且一直活到新中国成立后，逃到台湾，为什么他没有自己启用他的军事基地呢？”

“那只能说明一个问题，盛世才的金银财宝并没有藏到这里来，他在1948年被调到重庆任职后，也许这个基地对他就失去了利用的价值。”

“罗叔叔，我刚刚听到齐雨田的日记里提到两只宠物狗，是不是和那几只‘恶灵兽’有关呢？”路小果接着问。

罗峰答道：“按照齐雨田日记上所说，确实带了两只宠物狗，但没有说是什么狗，如果说你们所说的‘恶灵兽’就是那两只宠物狗的话，这也太匪夷所思了。”

“是啊，”罗小闪接着说，“是什么让他们变成今天的恐怖模样？即使发生变异也太快了点吧。”

明俏俏忽然说：“是不是这狗吃了那些劳工的肉以后变成这样的啊？”

“不会，”王教授摇摇头说，“人的肉和其他动物的肉在本质上没有什么差别，应该和这个无关。一般说来，动物发生变异，是受环境影响最大。比如经常食用受化学试剂和药品污染的食物，或者经常接受某种射线的照射，都能使自身细胞发生变异，导致畸形。”

听了王教授的话，罗小闪自言自语地说：“在这基地里到底有什么东西能使动物发生变异呢？”

“这个，老罗你应该知道，在军事设施里，有什么可以污染环境的东西？”

罗峰沉思了片刻答道："要说现代的军事设施，确实有很多可以导致环境污染的武器，比如核武器一类的，但是在新中国成立前，咱们中国还没有核武器呀！"

"老罗，你想过没有？如果不是核武器的成品，而是原料一类的东西呢？"王教授提醒罗峰。罗峰一拍脑袋，恍然大悟似的说道："对呀，盛世才是没有核武器，他野心这么大，要是进口外国的呢，比如苏联从1941年就开始研究原子弹，而盛世才和苏联一直保持着很要好的关系，完全可以从他们那里进口制作核武器的原料……"

"老爸！"罗小闪不等罗峰说完，就抢着说道，"如果那'恶灵兽'真的是因为受到核污染才导致变异的，那我们现在站在这基地里岂不是很危险？我们是不是也要发生变异？"

路小果说："罗小闪，我怎么听你说话感觉心惊肉跳的？你是不是认为我们被污染了，也会变成'恶灵兽'那样的怪模样呀？"

"哎呀！我可不要变成这么恐怖的样子！"明俏俏捂着脸说。

王教授笑道："即使真的有核污染，也没有这么可怕，毕竟我们接触的时间短。但也不能侥幸，我们还是应该尽快找到出口才是。"

罗峰点点头，继而又皱着眉头说："从齐雨田的日记里看出来，这基地的机关已经闭合了，他不能找到打开基地的机关，我们能找到吗？”

罗小闪忽然说道：“我有办法了！”

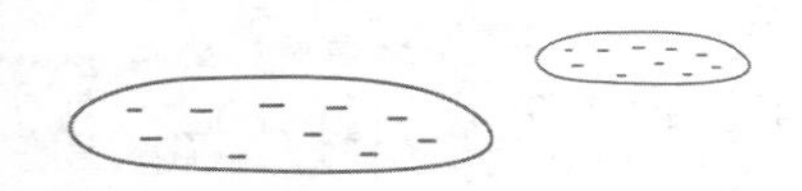

第三十六章　飞机的作用

“你有办法？”罗峰和路小果等四人惊诧莫名地看着罗小闪，都不敢相信这话是他嘴里说出来的。

罗小闪答道：“是啊，其实说出来也很简单啊，我们这里不是有武器弹药吗？我们把手榴弹什么的集中起来，然后把这基地炸个大窟窿，不就可以出去了？”

路小果哭笑不得地看着罗小闪说：“罗小闪，你这可真是一个不错的主意，可是你想过没有，如果我们都能想到，齐雨田能想不到吗？他为什么不这样做？”

“是啊，我也纳闷呢，这么简单的法子，他为什么想不到呢？”罗小闪喃喃地说道。

罗峰笑说：“那是因为，想要把基地炸开，需要很大威力的炸弹，这样会殃及整个基地，等把基地炸开了，恐怕他自己也死翘翘了。”罗峰的话把大家逗得大笑起来，罗小闪为大家出了一个行不通的主意，有点不好意思起来。王教授却说道：“我倒觉得罗小闪的主意并非不可行。老罗我问你，如果炸弹爆炸后，最终会怎么样？”

罗峰答道：“最终炸弹的冲击波和气浪会冲开基地最薄弱的地方，把沙漠炸一个大洞，然后，沙子再把基地填平。”

王教授又问：“以你的经验，一个基地最薄弱的地方会是哪里？”

“当然是通风口了，那里是与外界直接相通的地方。”

“那么，我们能不能避开炸弹的冲击波，借助气浪的力量，从通风口冲出去？”

“这个……”罗峰想了一会，摇摇头说，“不行，不行，这样做太危险，和自杀几乎没有什么区别。”

明俏俏忽然插了一句：“我们带着绳索，就不能从通风口爬出去吗？”

罗峰笑道：“据我所估计，这基地距离地面至少有十几层楼那么高，通风口一般四壁光滑，爬出去比登天还难。”

罗小闪说：“我们说了半天，现在连通风口都没有找到，等找到通风口再说吧。”王教授接着说道：“罗小闪说得不错，我们还是等找到通风口，看具体情况再说吧。”

于是，在罗峰的帮助下，一行人全部顺着绳索爬上地窖。为了节约时间，他们分成两组寻找通风口。罗峰和胆小的明俏俏一组；罗小闪和路小果、王教授三人一组。

这基地的结构非常复杂，上下有阶梯相连，横穿有隧道相通，但有一个总的规则，那就是所有的房间都是围绕着

中间停飞机大炮的大厅而建。在停着大炮的那一面，罗小闪三个上了几十级台阶之后，终于找到了控制室。

起先，他们并不知道那是控制室，但罗小闪看到房间里有几台机器，发现上面还有很多红红绿绿的按钮和仪表盘，另外对着大厅的那一侧墙体是透明的，可观察整个基地的情况，罗小闪估计这里一定是控制室。

一看找到了控制室，罗小闪就得意忘形起来。罗小闪想：那齐雨田不懂，我罗小闪就一定不懂吗？那齐雨田怎么能跟我罗小闪相比？我就不信找不到开启基地的机关。

罗小闪虽然还不知道那些按钮代表的具体含义，但他知道一个普遍的规律，那就是红色的一般表示禁止，不能按，黄色的表示警告，不能随便按，绿色代表安全，可以按。知道了这个规律，他大胆地按下了一个绿色按钮。刚按下去，忽然听到下面大厅里传来一阵巨大的轰鸣声，罗小闪和路小果、王教授都吓了一跳，往下面大厅一看，发现声音是飞机的螺旋桨发出来的，原来这个按钮是控制飞机的按钮。

飞机的螺旋桨越转越快，紧接着，堆放弹药箱那一侧洞壁，忽然一阵嘎嘎作响，两扇隐藏在洞壁中的铁门忽然自动打开，向两边滑去。露出一个方形的向上的通道。

那螺旋桨的风力越来越大，竟把那一箱箱的弹药吹得飞了起来，直向那通道里飞去，到通道后，贴在通道的洞壁上，如被胶水粘在洞壁上一般。轻一点的木屑，全都如风筝一般从通道里飘了出去。

“通风口！我找到通风口了！”罗小闪兴奋地如发现新大陆一般回头对路小果和王教授大喊大叫着。但是路小果却发现了不对劲，因为她看见那飞机竟然动了起来，三个轮子在慢慢地向前滑动。

“罗小闪！”路小果对着罗小闪大喊了一声，并用手示意他往下看。处在兴奋中的罗小闪扭头一看，见那飞机竟要冲向通风口，吓了一跳。再往旁边一看，他老爸罗峰正在向他们交叉挥舞着手臂，示意他们关闭飞机螺旋桨呢。

原来，罗峰听到响声后，也跑了出来，他一看，飞机竟然发动起来，吃了一惊，抬头看到罗小闪在楼上正兴奋地跳，就知道是他搞的鬼，他连忙大喊并示意罗小闪关闭飞机螺旋桨。幸运的是飞机并没有冲出多远，因为它的三个轮子上都有一条铁链子，被固定在地上。

罗小闪这才慌忙关闭了按钮，飞机的螺旋桨慢慢地停了下来，接着，通风口处的铁门也自动闭合了。

罗峰在下面示意他们下来，罗小闪他们组于是转身向控制室外走去，刚走出两步，忽然听到走在前面的路小果惊叫一声。

原来，是两只“恶灵兽”站在控制室的门口，虎视眈眈地看着他们三个。罗小闪带着讽刺的口吻对路小果说道：

“路小果同学，这就是你的好心换来的‘好报’吗？”

路小果对于这两只“恶灵兽”的到来也颇感意外，对于罗小闪的讽刺只能忍气吞声。罗小闪怕“恶灵兽”忽然攻击路小果，掏出别在腰带上的盒子炮，嘟囔了一句：“你自己先找上我们的，可不要怪我！”抬手对准两只“恶灵兽”就扣动了扳机。

“慢着！”王教授忽然大喝一声，挥手要拦罗小闪，却已经晚了，只听得“砰！砰！”两声枪响，一粒子弹射中一只“恶灵兽”，另一粒子弹被碰飞，打在一台机器上，机器的一个红灯忽然闪了起来，发出“嘟……嘟……嘟……”的警报声。

王教授为什么忽然要拦罗小闪开枪呢？原来，她忽然发现其中一只“恶灵兽”的嘴里咬着一个东西，而且她看出这两只“恶灵兽”的眼神里并没有恶意。罗小闪之所以看着它们虎视眈眈，是因为罗小闪在心里厌恶这‘恶灵兽’，再加上它们丑陋的外表给人一种充满恶意的假象，让人感到害怕。

王教授发现异常，想拦住罗小闪却已经晚了，一只“恶灵兽”中弹倒在血泊中，另一只见状匆忙逃走。王教授走近倒在地上的那只“恶灵兽”发现它还在喘气，在它的嘴里衔着一个金黄色的金属物件。王教授从它嘴里取出那金属物件，看起来竟像一把老式的钥匙。

“难道，这就是那把开启基地出口机关的钥匙？”王教授看着手心的金属物件自言自语地说道。

“试一下不就知道了？”罗小闪疑惑地从王教授手中接过钥匙，在这几台机器上搜寻着相对应的锁孔。终于在闪着红色警报的那台机器的正面中间位置找到一个孔，一插之下，严丝合缝，三人大喜。

可是，等罗小闪拧那钥匙时，却没有任何反应。三人正百思不得其解之时，却见罗峰和明俏俏气喘吁吁地跑了进来。

罗峰一见闪烁的红色灯光，脸色大变，嘴里蹦出让人心惊肉跳的两个字：

“糟糕！”

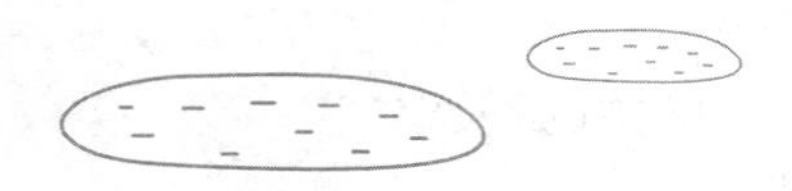

第三十七章 千钧一发

罗峰一进来就看见这台机器上闪烁的红色警报，他暗叫不妙，因为他知道在军事设施中，发出红色警报一般代表最高级别的危险。他再看警报灯旁边的一个仪表盘，更是吃惊，因为那仪表盘指示的不是其他，而是时间，指针指向的数字为两格，距离终点还剩下13格数字。也就说，这是一个倒计时报警器，说明距离某个时间还剩下13分钟了。

罗峰嘴里的“糟糕”两个字就是在他看到仪表盘下的四个字时喊出的，因为那四个字是“自动毁灭”。

这说明，刚刚被王教授碰飞的那颗子弹正好击中那台机器，很不幸地触发了自动毁灭程序。

罗峰拿过罗小闪手中的钥匙，看了一下，说道：“这确实是开启基地机关出口的钥匙，不过遗憾的是刚刚罗小闪的子弹触发了基地自动毁灭程序，这钥匙失效了，而且我们只剩下13分钟了。罗小闪呀罗小闪，说不让你玩枪，你总是不听，这次玩大了吧？”

罗峰的话让大家的心全都猛地一沉，仿佛感觉到世界末日将要来临一样。

王教授满脸歉意地说："老罗，不怪小闪，他也是为了保护我和路小果，都怪我，要不是我拦他，也不至于出现这样的事。"

路小果忽然插话道："我看大家不要再纠缠这个问题了，时间不多了，赶紧想办法逃出这基地吧！"

王教授问罗峰道："老罗，难道没有办法结束这自动毁灭程序吗？"

罗峰摇摇头说："在军事设施中，自动毁灭程序一旦启动，往往无法停止，再说我们对这些机器又不熟悉，剩余时间又太短，除非那个设计机器的工程师亲临现场，否则无法停止。"

明俏俏忽然说道："我们把这台机器砸烂也不行吗？"

大家被这丫头逗得差点笑出声来，却见罗峰依旧摇摇头说："没有用的，程序一旦启动，指令已经发到各台执行机器的终端，就算把这台机器炸得粉碎也没有用，除非我们能把连接指令的每个炸弹都拆掉。"

明俏俏兴奋地叫道："罗叔叔，拆炸弹是你的强项啊，我们现在就去找炸弹，把那些炸弹都拆掉呗。"

"傻丫头，我们已经没有时间了，"罗峰扭头看看那倒计时器说，"还剩下10分钟了，如果在10分钟之内想不

到逃出的办法，我们只能葬身在这大沙漠下了。”

罗小闪挨了罗峰一番批评，一直在埋着头不敢说话，这时，忽然抬头插话道：“我想到一个办法！”

大家都惊喜地看着罗小闪，仿佛在汪洋大海中忽然抓住一根救命的稻草。路小果说：“什么办法？快说说看！”

罗小闪面向大家说：“刚刚我老爸说这基地最薄弱的地方是通风口对不对？”

大家都点头说是。罗小闪接着说道：“那么，这基地最后爆炸时，是不是气浪最后要从通风口排出去？”

大家又都点头说：“对呀！”

罗小闪又面向罗峰问道：“老爸，那一箱弹药和我们的体重相比哪一个重？”罗峰不明白罗小闪忽然问这是什么意思，答道：“一箱弹药和我的体重应该差不多吧，比你们应该重一些。”

“你们刚刚看到了，当飞机螺旋桨高速旋转时，那些装弹药的箱子都飞向了通风口，如果我们人站在那螺旋桨跟前，会怎么样？”

“当然也会和那些弹药箱一样，飞向通风口，像壁虎一样贴在那洞壁上了。”明俏俏抢着答道。路小果已经猜出罗小闪下面想说什么，接着往下说道：“你接下来，是不是想让我们先借助螺旋桨的风力，吹到洞壁以后，向上爬行一段，然后再借助爆炸的气浪，像冒烟囱的灰尘一样，飞出通风口？”

“说得太对了！路小果，”罗小闪一拍巴掌说道，“不过，要等到螺旋桨高速旋转后再去通风口的话，人会像飞刀一样冲向洞壁，势必会对我们的身体造成伤害，所以我们需要提前在通风口贴着洞壁站定后再开启飞机起飞按钮，这就需要留一个人在启动飞机起飞按钮后，再去通风口，这个人选谁呢？”

罗峰大声骂道：“臭小子，这还用选吗？当然是我了。”

“不！”罗小闪忽然口气坚定有力地说，“这个人是我，而不是你，老爸！”

“胡说！”罗峰呵斥道，“不准任性啊！”

罗小闪神色中透着一丝坚毅，挺胸说道：“老爸！你就给我一次机会吧，事情是我办砸的，我一定要将功补过，为大家做一件事，相信我，老爸，我一定会成功的，一定不会有事的。”

“不行！”罗峰神情变得更加严厉，似乎有点生气了。

“老爸，你要是不答应让我留在最后，我就不走了，我要死在这基地里。”

罗峰严厉而冷峻的眼神中透过一丝温暖，刹那间他的眼角润湿了。他不知道他此刻应该为他的儿子感到难过，还是为他骄傲。他无奈地叹了一口气，用手拍了拍罗小闪的肩膀说：“好！我答应你，不过你一定也要答应我，要

活着走出这基地！我要你发个誓！”

罗小闪拳头举到头顶，大声说道：“我发誓，一定活着走出这沙漠基地。”

大家每人都和罗小闪对击了一下掌，罗峰抬腕看看手表说：“离基地爆炸还有5分钟时间，大家快快跟我走。罗小闪，你两分钟后按下飞机起飞按钮，记着，按下后，赶紧下到通风口，一定要快，如果下来及时的话，说不定风力还不大，还有不受伤的机会。”

罗小闪点点头，看着罗峰四人的身影消失在控制室门口。当他的眼光触到那只躺在地上的“恶灵兽”时，心中忽然生出一丝愧疚。如果不是他刚刚太冲动，这只“恶灵兽”就不会死，而且他们也可以通过这钥匙毫无危险地离开这军事基地，哎，都怪自己太鲁莽！

罗小闪懊恼地叹息一声，看看那计时器，已经只剩下3分钟了，再看看罗峰四人，已经冲到通风口处，靠着洞壁站定，只等他按下按钮了。

罗小闪眼睛一闭，果断地按下了飞机起飞按钮，只听见一阵嗡嗡声传来，再看那飞机的螺旋桨，已经慢慢转起来了。

罗峰在通风口对罗小闪打着手势，示意他赶快下来。罗小闪会意，抬脚就向控制室外走去，刚出了控制室，准备下台阶时，一件意想不到的事发生了。

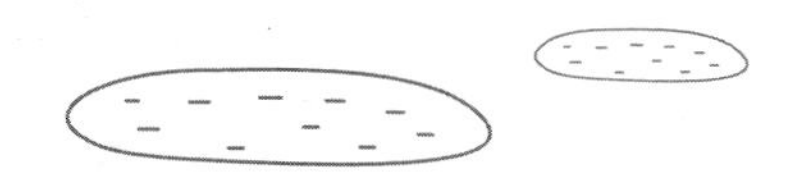

第三十八章 逃出生天

罗小闪走出控制室第一眼看到的竟然是那只刚刚逃走的“恶灵兽”，它正站在台阶的中央，通红的眼睛里喷出愤怒的火焰，龇着獠牙瞪着罗小闪。

这只“恶灵兽”来复仇了！罗小闪心中这样想着，右手已经不自觉地伸向腰间，那里是别着他的盒子炮的地方。可当他的手指触到枪柄的时候，他的眼前忽然出现了王教授拦他时，另一只“恶灵兽”中枪的那一幕，他的手忽然又缩了回来。

到底该怎么办？开枪，还是不开枪？罗小闪心里挣扎着，在进行着剧烈的思想斗争。

如果开枪打死这只“恶灵兽”，那么他的心里将会更加内疚；如果不开枪，自己是万万斗不过这怪物的，最终定会死在这怪物口中。

罗小闪就这么犹豫着，可是对面的“恶灵兽”却已经等不及了，它见罗小闪迟迟没有动作，以为他没有厉害武

器，胆子便大了起来，后肢下蹲，如拉弦之弓，作势欲扑。

眼看罗小闪就要伤在这“恶灵兽”的利齿之下，说时迟，那时快，就在“恶灵兽”一跃而起的那一瞬间，只见一道白光闪过，接着罗小闪就听见一声惨叫，那只“恶灵兽”忽然从半空落下，哀号不已，在它的前肢之上居然插着一把军刀的刀柄。罗小闪认得这正是爸爸罗峰的瑞士军刀。

罗小闪惊喜地扭头向台阶下看去，只见罗峰正站在台阶下面，朝他招手：“小闪，快下来，没有时间了！”

原来，罗峰进入通风口以后，迟迟不见罗小闪下来，心系爱子，心中着急，趁着风力还没有把自己吹起来，他便顶着风，跑出通风口，来接应罗小闪，见罗小闪竟被“恶灵兽”拦住，危在旦夕。情急之下，顾不得许多，便抽出马靴上的瑞士军刀向那“恶灵兽”掷了出去。

罗峰特种兵出身，投掷飞刀对他来说是拿手好戏，基本不会失手，在投掷时由于心理受路小果和王教授的影响，所以手下留了情，军刀只是扎向它的前肢，否则它早已一命呜呼了。

罗小闪见爸爸罗峰到来接应自己，惊喜不已，他顾不得再理会那受伤的“恶灵兽”，一连几个跳跃，蹦下台阶，与罗峰手拉着手奔向通风口。

控制室和通风口一个在飞机的尾端，一个在飞机的前端，中间有两个足球场的宽度，等到他们跑到通风口处时，罗峰看看手表，只剩下30秒钟时间了。也就是说，如果他们父子俩不在30秒钟之内冲进通风口，并贴着洞壁爬升到一定的高度，就会被爆炸的冲击波震伤或震死。

到通风口时，还不能直接进去，如果直接进去，也会被飞机螺旋桨的风力吹飞，撞到洞壁上，一样会受伤。

到达通风口边缘时，罗峰心中已有了主意，他快速地从包中取出锚钩发射器，对准最下面一个装着弹药的大木箱，射了出去。

然后，罗峰一只胳膊夹起罗小闪，一只胳膊缠住绳索，往通风口冲去。一进入风道，罗峰和罗小闪两个就被那螺旋桨吹得飞了起来，罗峰慢慢放松绳索，直到父子俩双双贴在洞壁上。然后，罗峰割断绳索，两人如壁虎一般贴在洞壁上，手脚并用，向上猛爬，爬了约有五层楼高时，抬头一看，路小果、明俏俏和王教授就在他们头顶的位置，罗小闪高兴地大喊了一句："我们追上你们啦！"

话音未落，忽听得一声巨大的闷响，自通风口底部向上传过来，同时洞壁如地震一般抖动着、摇晃了一阵。紧接着一股排山倒海般的气浪，自脚底向头顶直扑过来，五人顿时感觉胸腔如遭人拳头猛击，呼吸暂时停止，身体如被风吹起的气球一样，随通道里的气流向天空飞去。从通风口飞出以后，他们又如五个断了线的风筝一般坠向不远处一座高耸的沙丘。在他们飞离通风口不久，一股浓烟和火焰冲天而

起，继而那通风口处的沙丘，在爆炸波的冲击下，如大海里的波浪一样，几个翻滚和起伏之后归于平静。

还好是落在沙丘上，如果是落在砂石上，他们不摔死恐怕也得重伤。

短暂的昏厥，让路小果刚睁开眼睛的时候，犹如做了一个梦，地下发生的一幕幕好像电影快进的镜头一般，在她的大脑里一闪而过，直到耀眼的阳光刺痛了眼睛，她才发现自己躺在一个沙丘之上。在她的旁边，横七竖八地还躺着罗小闪、明俏俏、王教授和罗峰四人——还好，一个都没有落下。

“哎呀！活着真好！”尽管炙热的阳光，滚烫的沙子快烤伤了皮肤，明俏俏醒来后的第一句话还是发出了这样的感叹。劫后余生的罗小闪也感叹道：“我也是第一次发现，原来太阳竟是如此可爱，如此亲切。”

“没有想到，我们真的成功了！”路小果感叹道，王教授接着说道：“是的，这说明这世界上没有做不到的事，只有想不到的事，只要我们敢想，就有成功的可能。”

罗峰给大家说了罗小闪在最后两分钟的遭遇，路小果和明俏俏一阵唏嘘，王教授说：“小闪同学，虽然你的心是好的，但你不开枪是不对的，你最后应该还击才对。”

罗小闪有点糊涂了，明俏俏也有点糊涂了，问道：“王阿姨，我有一点不明白，同样是面对“恶灵兽”，为什么罗小闪第一次不应该开枪，而后一次就应该开枪？”

王教授答道：“绝大部分动物攻击人都出于一种本能反应，并不是它们故意为之，也就是说，它们在主观上没有“恶”的本性，只是受生活环境所迫；而我们人类则不同，在处于强势地位的情况下，用自己手中的武器故意猎杀动物，这是很不应该的。就比如我们面对一个小偷，当小偷没有主动攻击我们时，我们就不应该把他打死，只需要制服他就行；而当小偷故意威胁我们的生命安全的时候，我们就可以还击，这叫正当防卫。这就是为什么罗小闪第一次不能开枪，而第二次可以开枪的原因。”

明俏俏又说道：“其实，罗小闪打不打死那只‘恶灵兽’又有什么关系呢？它们最终的结局还不都是一样，都要死在这基地里面。”

“那当然不一样了！”路小果说，“对于一件坏事，虽然你做与不做对结局没有影响，但影响的是你自己的内心。就好比一棵树苗，就算它注定要被风吹折，如果你先把它弄折，虽然对结果没有影响，但对于你自己的良心来说，做与不做是大不一样的，你说是不是罗小闪？”

罗小闪不好意思地笑道：“你们说得太高深了，我不太懂，我只是觉得，虽然我差点被那‘恶灵兽’吃掉，但是因为我没有开枪，所以我的心里现在很轻松；如果我开枪打死了它，我的心里一定会留下一个心结。”

路小果说："行啊，罗小闪，进步得挺快的！"

王教授也点点头，她为罗小闪的悟性和变化感到由衷的高兴。

此刻的罗峰可没有像他们四个那样清闲，他捡起沙丘四周散落的行李物品，整理完毕，清点了一下大家的东西，发现他们的食物大概还能坚持五天，水因为在暗河有补给，所以很充足，大概能坚持八到十天。

罗峰看了一下手表，时间大约是下午七点，离天黑还有两个小时左右，太阳已经不是那么毒辣了。他在想下一步怎么办，该往哪儿走呢？

当他的手习惯性地摸向自己的裤兜时，心里忽然咯噔了一下，不禁暗暗叫苦：坏了！

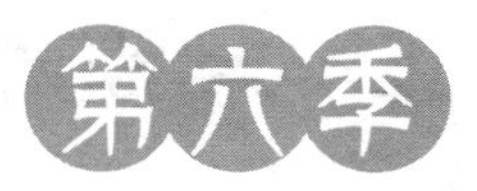

死亡之海

Si wang zhi hai

第三十九章 初入死亡之海

罗峰为什么叫苦呢？原来当他准备在裤兜里拿出GPS定位仪时，才发现裤兜里空空如也——GPS定位仪不知道什么时候丢了！难道是刚刚在从基地向外奔逃的过程中丢失了？他不死心又把背包翻了个底朝天，还是没有找到，此时他才确信，自己的GPS定位仪确实不见了。

另外四人见罗峰慌慌张张地寻找着什么，顿时也都惊慌起来，知道真相后，明俏俏丧气地说道："惨了，罗叔叔，那可是我们唯一的一台GPS定位仪呀！"

路小果倒是一点都不担心，表情轻松地说道："罗叔叔，不要紧，我们不是还有指南针吗？GPS 没有发明出来的时候，古人不是也能凭经验走出沙漠吗？"

王教授说："路小果同学，你们有所不知，在沙漠里，GPS就如我们的眼睛，没有了它我们就是盲人骑瞎马，危险系数大大增加。"

罗峰面色沉重，一副很懊恼的样子，说："关键是如果我们有了GPS，就能知道自己的确切位置，知道该往哪个方向走，也可以知道离我们最近、最安全的地方在哪儿。现在好了，两眼一抹黑，真的跟瞎子一样了。”

罗小闪说：“老爸，其实我们也不必这么悲观，我们的食物和水都很充足，赶到罗布泊镇增加补给应该没有问题。”

“是啊，罗叔叔，我记得我们是过了八一泉后，开始下车徒步的，按照我们前天步行的路程加上在虫洞、暗河行走的距离估计的话，应该到了‘彭加木纪念碑’附近，至少也应该处于和它平行的位置，如果我们返回汽车营地的话，在路程上要比到罗布泊镇远得多，再说，那两只“死亡蠕虫”还没有死，要是再碰上它们岂不麻烦？所以，我建议先到罗布泊镇，我们只要正直向西，不久就应该可以到达那里。”路小果也是一个乐天派，非常拥护罗小闪的观点，而明俏俏呢，也觉得路小果说得有道理，他们都觉得这沙漠也没有什么可怕的，不就是热和渴吗？哪儿有虫洞和暗河可怕呀？阳光虽然很毒辣，但至少给了他们安全感。

罗峰点点头，他觉得路小果说得并非没有道理，估算一下，它们确实距离罗布泊镇要近一些。但他和王教授可没有三个小家伙这么轻松，他们都知道这沙漠的厉害，其实他们并非悲观，而是万事做最坏的打算，做最好的努力。基地已经被沙漠埋葬，GPS丢了就永远不可能再找回来了。罗峰

看看快要落山的夕阳，对王教授说道：“教授，天快要黑了，我们也累了一天多了，我建议找一个合适的地方早点扎营休息，好好休整一下，明天继续赶路。”

他们五人向西又走了几百米，眼看着太阳慢慢落山，他们终于找到一个适合扎营的地方。有过沙漠旅行经历的人应该知道，沙漠由于其特殊的环境条件，露营时与其他地区露营有很大区别。一般夏季在沙漠露营有三个原则：一是营地要选在避风的地方，防止流沙的掩埋，这类地方往往是在沙丘之中的平地上；二是扎营严防毒蛇、毒蝎一类的有毒动物，不可扎在红柳、胡杨树等植物附近，因为在有植物的地方，往往寄生着一些毒虫，如在塔克拉玛干沙漠中，有一种“塔里木蜱”，通常生活在红柳和胡杨树下，这种“蜱”携带一种病毒，人一旦被咬后，往往会得一种致命的病——塔里木出血热，在十几小时内死亡；三是沙漠中昼夜温差很大，白天的阳光会把人烤得皮肤红肿，夜晚的寒凉则犹如冬季，所以必须准备防寒的服装。

当然路小果他们扎营的地方并没有什么植物，所以“塔里木蜱”是不用防的，但毒蛇、毒蝎却不可不防。钻进自己的羽绒睡袋以后，路小果思绪连篇，毫无睡意，自从进入沙漠以后发生的一幕幕如电影一般在自己的脑海里播放着。路小果想，自己放着家里舒适的生活不过，跑到这大沙漠来冒险，值得吗？如果因此而丢掉性命，会后悔吗？她又想到了彭加木，想到了余纯顺，想到了老李叔叔，这可怕的罗布泊，神秘的罗布泊，她到底有着怎样的魅力，吸引着一代又一代人前来冒险？这噤若寒蝉的生命禁区，到底施展着什么样的魔法，让人们不惜付出自己的生命而来拥抱她、亲近她？

如果彭加木、余纯顺和老李叔叔他们还活着，他们会后悔吗？他们一定不会后悔，因为罗布泊是他们的事业，罗布泊是他们的理想，罗布泊是他们探索路上的一座高峰、一面旗帜……

当路小果再次醒来的时候，她看了一下iPad屏幕上显示的时间是5点30分。她拉开帐篷，一阵凉风吹了进来，让她打了个寒战。还是在睡袋里暖和，于是路小果又在帐篷里赖了半个多小时后才起来。清晨的沙漠里没有什么景色，唯有看大漠日出。

湛蓝的天空下，一轮红红的太阳缓缓越过东边的沙丘，虽然缓慢，但此刻却能让人感觉到温暖；虽然她触不到你的身体，但会触及你的灵魂。

六点的时候，王教授也醒了。沙漠里赶路要趁早，罗峰叫醒了还在贪睡的罗小闪和明俏俏。大家迅速地吃过早餐，收拾装备，开始按照指南针指示的罗布泊镇的大致方向前进。

由于在进虫洞的时候，他们所有人全部丢失了拐杖，

再加上他们的背包也很沉重，所以前进的速度很慢，九点的时候，他们才前进了不到10千米。而这个时候，太阳已经很毒辣了，沙漠里的气温噌噌地往上升。

当大家都汗流浃背，气喘吁吁的时候，罗小闪喊着饿了，要停下吃东西喝水。王教授却拦住他说："如果你不是特别饿的话，我建议你最好别吃东西。"

"为什么？"罗小闪大惑不解地问道，王教授的话让他感觉不可思议，"吃点东西可以补充体力，走起来更有劲，这有什么不妥吗？"

"是啊。王阿姨，我也饿了，也想吃东西呢，"明俏俏也乘机说道。

王教授答道："这是我多次出入沙漠得来的经验，在沙漠里行走时尽量不要吃东西，或尽量少吃，因为身体在缺水的情况下，会从各个器官组织中吸取水分来消化食物，消化任何食物都要消耗体内的水分，尤其是高蛋白食物，它们会增加身体的热量，加速体内水分的流失。所以在我们还不能保证自己的补给的情况下，还是尽量要节约用水……"

"王阿姨，我们的食物和水准备得很充分啊，再说到罗布泊镇也就一天多的路程，我们有必要这样计算吗？"路小果也对王教授的"小气"有了意见，因为她也是又饿又渴，想吃点东西。

王教授笑道："我知道你们很不理解，那么，我且问你们，你们谁能保证我们不会迷路？谁能保证我们在一天多的时间能顺利到达罗布泊镇？罗小闪你能吗？路小果你能吗？老罗呢，你能保证吗？"

罗峰摇摇头说："我可不能保证！"罗小闪、路小果面面相觑，只好打消了吃东西的念头，毕竟他们还没有到饿得走不动的境地。

"你们快看！野骆驼！"明俏俏忽然指着远处一个沙丘叫道。

大家顺着明俏俏手指的方向看去，果然见到前方不远处，两只野骆驼正在站在一个大沙丘顶上，面向他们朝沙丘坡下猛跑。

在这大沙漠里碰到几只野骆驼本来也是很常见的事，但王教授总感觉有点不对劲，这野骆驼干吗要跑呢？而且还是面向着他们，按理说这野骆驼怕人，见到他们应该朝远处跑才对。

"不好！"王教授忽然大喊一声，把其他四人吓了一跳。路小果心想，这王教授今天是怎么了？碰到几只野骆驼也一惊一乍的，又不是什么豺狼虎豹，有什么好怕的？

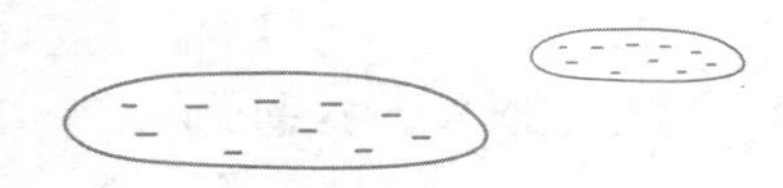

第四十章　惊心动魄黑沙暴

正当大家感到莫名其妙的时候，就见王教授眼神中透着少有的惊恐与不安，手指着野骆驼的方向说："沙暴就要来了，我们快找地方躲避。"

大家都朝两头野骆驼不约而同地看过去，见那沙丘之上晴空万里，太阳炽热而刺目，哪儿有什么沙暴？罗小闪笑道："王阿姨，这天高气爽的，哪儿有什么沙暴啊，你看花眼了吧？"

王教授尚未来得及回答罗小闪的话，就见那沙丘之上的天空忽然暗了下来，太阳眨眼间被一片乌云掩盖住。

接着，他们都感觉迎面吹来的风渐渐大了起来，开始时只是衣袂飘飘，继而衣服猎猎作响起来。沙丘上风刮来的方向出现一道黑色的风沙墙，在快速地移动着，越来越近。远远看去高耸如山，极像一道城墙，让人触目惊心。

几人再抬头看时，那两只野骆驼已经跑到一个大沙丘的迎风坡面伸长四肢躺在沙滩上，大家都为野骆驼的行为感到不可思议，为什么它不到沙丘的背风面躲避沙暴，而是迎着风躲避？

对于躲避沙暴的技巧，除了王教授之外，其他四个人都没有什么经验，因为他们都是第一次碰到沙暴。有经验的人都知道，在沙暴来临时，千万不要到沙丘的背风坡躲避，否则有被窒息或被沙暴埋葬的危险。骆驼比较有经验，它会跑到沙丘的迎风面，侧卧下来，而且它会随着沙子的埋伏不断地抖动，这样，就不至于被沙子埋了。如果人躲在骆驼后面，也要随之动一动，这样也就不会被沙子埋了。

“是黑沙暴！老罗，快！快带孩子们到那野骆驼身后躲避！”王教授语气急促，声音中透着极大的恐慌。大家都知道王教授有经验，心中疑虑顿消，向那两只野骆驼冲去。

罗峰怕大家走散，随即迎着风大声喊道：“大家快手牵着手，跟我走！”随即，五人的手拉在了一起，猫着腰在暴风中艰难地向前行走着。随着风力的加大，吹起的沙石打在他们身上，让他们疼痛难忍。无奈之下，罗峰只好让他们全部趴下，带头匍匐着前进。

本来他们离野骆驼也就几十米的距离，却用了平时几倍的时间，才走到两只野骆驼的身边。

这时，天开始渐渐发黄，由黄变灰，狂风大作，飞沙走石。一条滚动翻卷的黑色云带从地平线上缓缓逼来，天

色终于完全暗了下来。他们仿佛听到有金戈铁马在耳边奔腾，看到有巨雷在眼前闪击，就像到了世界末日一样。随着迎面扑来的沙子越来越多，浓密的沙尘铺天盖地，遮住了阳光，霎时间，黑白颠倒，天地不分，五步之内看不见任何东西，就像在夜晚一样。

罗峰摸索着将四人分别藏于两只野骆驼的背后，自己才随便找了一个空档趴下不动了，等待着风沙一点一点将自己掩埋……

不知过了多长时间，黑幕在半空中慢慢消失，野兽一样的嘶叫声渐渐离去，越来越远……

路小果正觉得呼吸困难，快要窒息的时候，忽然感觉有个人在拉自己的手，她自己也随即使了一把劲，努力地从沙堆中站了起来，才发现，沙子已经埋到自己的大腿了，拉自己起来的人是罗峰。拉起路小果，罗峰问道：“你没事吧，小果？”

“没事，好着呢！”路小果拍拍身上的沙子，口鼻之中并没有灌入太多的沙尘。

路小果转头一看，两只野骆驼只露出头和脖子以上的部分，身子以下全埋进沙里，罗小闪和明俏俏已经不见了，王教授正从沙堆里探出上半截身子，努力地钻出沙堆。

找不到罗小闪和明俏俏，罗峰有点着急了，在野骆驼周围又喊又扒地寻找起来，路小果和王教授见状也连忙一

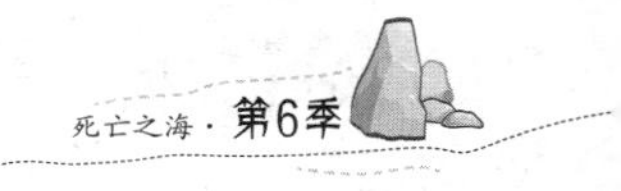

起帮着扒拉沙子。

罗峰记得自己明明让他们俩和王教授一起躺在同一只野骆驼的肚子后面，现在王教授找到了，偏偏找不到他们俩，真是让人匪夷所思，难道他们俩被暴风给刮走了？还是被沙子埋在很深很深的地方？如果被沙子埋了，情况就有点不妙了，时间过了这么久，恐怕早已窒息了。

罗峰想到这里，心情悲伤，几乎瘫倒在沙滩上。正在他绝望的时候，忽然听到路小果高兴地大喊："罗叔叔，快看那里！"

罗峰顺着路小果手指的方向看去，果然见到前方10米远的地方有一片衣角露在外面，正是明俏俏的衣服。罗峰三人连忙跑上前去，扒开沙堆，拉出明俏俏，接着又把罗小闪从沙堆里拽了出来，这时才发现，罗小闪已经没有呼吸了。罗峰慌忙将罗小闪口鼻中的沙子清理了，再平放在沙滩上，做起心肺复苏术来。

做了不到一分钟，就见罗小闪猛咳了一声，苏醒过来，几人又帮着给他灌了几口水，才恢复正常。

听明俏俏讲了以后，大家才明白他们俩为何被风暴吹到这里。原来，罗小闪和明俏俏趴在那只野骆驼肚子后面以后，明俏俏忽然发现自己的背包带子在奔跑中松开了，她坐立起来，想把带子系好，却正好赶上风暴最猛烈的时候，吹走了她的背包，明俏俏为了保住背包不被风暴卷

走，自己也被风暴卷了起来。旁边罗小闪见状急了，起身一把抓住明俏俏的手臂。谁知这风暴力道奇大，竟将明俏俏和罗小闪两人一起卷了起来，滚了几十圈，被沙子给埋了，怪不得在野骆驼周围怎么找也找不到他们，原来是被风暴卷走了。

五个人清理完身上的沙尘，又清点了自己的装备，回头找那野骆驼时，才发现两头野骆驼早已不见了踪影。王教授感慨地说道："幸亏我们碰到了这两只野骆驼，不然肯定被这沙暴害死了，你们看！"

王教授手指着这沙丘周围，接着问大家道："你们发现我们站立的地方有什么变化没有？"

四人这才认真地观察起来，他们吃惊地发现，这周围的环境全变了。他们躲避风暴的地方原是一个沙丘的下坡，现在竟然变成了沙丘的顶端；他们背后的沙丘，竟然消失不见，变成了一处洼地。神奇的沙暴竟让这沙漠的面貌完全改变，沙丘变洼地，洼地变沙丘，足可见这沙暴的可怕。

五个人整理好装备，准备再次出发时，罗峰忽然发现自己的指南针居然也丢失了。这突如其来的变故让五个人顿时茫然无措起来，因为自从GPS 丢失以后，这指南针可以说是他们的最后一根救命稻草。本来沙暴之前他们还知道一个大致的方向，沙暴一过，眼前沙漠的面貌全变，他们方向感顿

失，根本分不清东南西北了。

罗峰急得团团转，王教授安慰道："老罗，不要惊慌，就算我们迷失方向了，到了晚上还可以利用北极星判断方位，白天可以依靠太阳辨别方向。"说完她抬头看看太阳接着说道："不过现在接近中午，太阳在头顶，不好辨别，我建议我们先跟着野骆驼的蹄印前进。"

路小果问道："为什么要跟着野骆驼走，万一它们走的是相反的方向，岂不糟糕？"

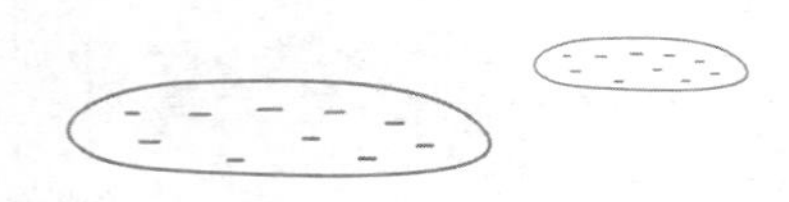

第四十一章 诡异怪藤

王教授答道："在迷失方向的情况下，我们跟着野骆驼至少可以保证不会缺水。因为野骆驼虽然很耐饥渴，但它们的日常活动范围通常不会离水源太远。常常沿着固定的几条路线觅食和饮水。"

路小果随即附和道："我觉得王阿姨说的有道理，在迷失方向的情况下，我们跟着野骆驼走应该是最佳的选择。"

五人最后达成一致的意见，循着野骆驼的蹄印追赶起来。由于刚刚刮过沙尘暴，沙漠上野骆驼的蹄印清晰可辨，寻找起来不费吹灰之力。一路追踪了两个小时，却始终没有见到野骆驼的影子，五人又渴又饿，便搭起一个遮阴帐篷，就地休息并吃起东西来。

休息的时候，罗小闪笑道："看来这野骆驼并不是出来散步的，我们一路紧赶慢赶，还是追不上它们。"

王教授说道："追不上，我们也没有必要硬追，只要跟着它们的脚印走就行了。"罗峰抬头看看太阳说道："幸好野骆驼走的方向是西边，我们还不至于走冤枉路。"大家知道罗峰已经根据太阳的位置辨别出大致的方向，心中都宽慰了不少。

休息了近半个小时，罗峰提议继续前进，一路向西，尽快赶到罗布泊镇，补充给养。大家整理好装备正要抬脚走人的时候，就听明俏俏突然叫道："你们看，那是什么？"

众人随她的手指望去，看到远处的沙地上有一团蠕动的绿色藤类植物。

"好像是一株什么植物！"能在沙漠中见到绿色植物确实是一件不容易的事，罗小闪说完，好奇地站起身子往那绿藤走了过去。等走近了，才发现那藤条绿色中稍带黑色，拇指般粗细，表面光滑，可是里边却长满了数不清的倒刺。

这时，绿藤突然松开来，渐渐伸展。罗小闪这才看清藤条之中竟然裹着一只动物的尸体。尸体干枯惨白，没有一丝血色。他正惊讶地观看动物的尸体，没有觉察到绿藤已经悄悄地伸出几根藤条，慢慢地向他的脚部移动。

罗小闪发现脚边的绿藤时，觉得非常惊奇，他用脚尖碰了碰绿藤，觉得很有趣。但接下来的一瞬间发生了让他意想不到的一幕，绿藤一碰到罗小闪的脚尖时，立刻蛇一般地缠住他的脚踝，并用倒刺死死地勾住。紧接着，其他的藤条迅速向罗小闪的身体缠绕过来，顷刻之间便将他裹

得严严实实的。

罗小闪发出一声声惊叫，大家急忙赶了过来。只见罗小闪拼命地挣扎，试图从藤条中解脱出来。可是他越是挣扎，藤条缠得越紧。眼见那一根根倒刺就要刺入罗小闪的肉中，忽听得罗峰大吼一声，拔出随身携带的军用匕首，闪电般挥向那绿藤。

只听得“啪啪啪”几声，罗小闪胸前的几根绿藤已经应声而断。大家立刻赶上前来，手忙脚乱地扯掉罗小闪身上剩余的藤条，帮助他脱离绿藤的包围。慌乱之中，路小果竟也被一条绿藤缠住了一只脚。所幸的是缠她的绿藤只有一根，并没有其他的藤条向她缠过来。即便如此，她还是花了好大的力气才抽出脚来。一阵钻心的疼痛自脚上传来，她低头看时，发现脚上有两个血孔往外汩汩冒着血。

再看罗小闪的身上和脚上也有好几处血孔，在汩汩地冒着鲜血。巨大的痛苦让罗小闪牙关紧咬，脸色苍白，额头冒虚汗。

“快打开急救包。”

听到罗峰的话，明俏俏和王教授急忙打开急救包，取出消毒碘伏、纱布和云南白药，明俏俏帮助罗峰为罗小闪处理和包扎伤口，王教授为路小果处理和包扎伤口。

路小果的伤势尚无大碍，但罗小闪的伤势要重得多，不过幸运的是都伤在皮外，未触及筋骨、内脏。罗峰一边为罗小闪处理伤口，一边说道："没有想到这沙漠里也有这种东西。"

王教授诧异地问："老罗你见过这种植物？"

罗峰答道："我们在雅鲁藏布大峡谷的森林里见过一种类似的叫'恶魔之树'的植物，应该和这怪藤是同类。"

"是的，"路小果点点头说，"我们那次在雅鲁藏布大峡谷里见到的'恶魔之树'确实和这个很像，只不过没有这怪藤的倒刺罢了。这怪藤全身长满倒刺，比那'恶魔之树'还要恐怖得多。"

王教授接着说道："是的，我以前也听别人说过这种植物，应该和你们所说的'恶魔之树'同属一个科目吧。以前还听说生长在印度尼西亚爪哇岛上的奠柏树，也能伤人。据说这奠柏树高八九米，长着很多长长的枝条，垂贴地面。有的像快断的电线，风吹摇晃，如果有人不小心碰到它们，树上所有的枝会像魔爪似的向同一个方向伸过来，把人卷住，而且越缠越紧，使人脱不了身。树枝很快就会分泌出一种黏性很强的胶汁，能消化被捕获的'食物'，动物粘着了这种液体，就会慢慢被'消化'掉，成为树的美餐。当奠柏的枝条吸完了养料，又展开飘动，再次布下天罗地网，准备捕捉下一个牺牲者。我们现在见到的这种藤类我也是听人传说，从没有见过它的真面目，没有想到竟如此厉害。"

明俏俏问道："王阿姨，你知道这种奇怪的植物属于什么科目吗？"

王教授答道："这个问题得问路小果同学了，她这么精通生物学，应该知道吧。"大伙听完王教授的话，都把脸转向路小果，路小果答道："这个，我了解的也不多，据我所知，肉食类植物在地球上并不常见，绝大多数都隶属于猪笼草科、茅膏菜科和狸藻科三个食肉植物科，它们要捕食动物是因为这些植物大多都生长在土壤贫瘠的地带，由于缺乏营养，所以它们不得不捕食动物以补充某些元素。"

"原来是这样啊！"明俏俏点点头，"是不是就像一些得了异食癖的人，它们吃土、砂石什么的也是为了补充体内的一些元素？"

路小果说："不完全一样，异食癖患者除了补充元素的原因外，大部分还是心理因素导致。"

罗小闪接着说："这么稀奇而又恐怖的植物，肯定很罕见，我们带一些回去做标本吧！"

王教授接话道："罗小闪说的很有道理，我们应该把这怪藤带一点回去，让我的植物学家朋友们研究一下。老罗，把你的匕首借我用一下，我切一段放包里带回去。"

罗峰取出匕首说："还是我帮你们弄吧。"等罗峰站起身来，走向那袭击罗小闪的绿藤时，更加古怪的事发生了。

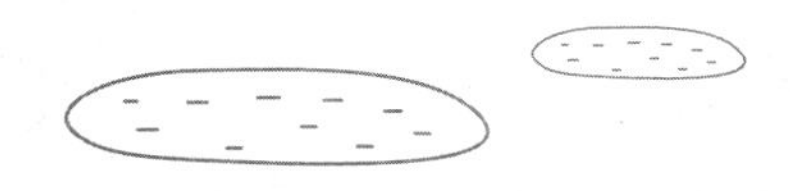

第四十二章　海市蜃楼

罗峰居然发现找不到这些绿色的怪藤了，他左右前后都找了一遍，也没有发现怪藤的影子，就连刚才被他砍断的怪藤也找不到了，沙滩上除了一具动物的尸体和一摊血迹外，再也没有其他东西，那绿色怪藤就如凭空消失了一般。

大家都以为那怪藤被罗峰砍成几截，一定枯萎了，然后被太阳烤焦了，谁知竟然活着，而且还会移动，大家都目瞪口呆。

在感觉不可思议的同时，大伙心里也不禁生出一股寒意。罗小闪的伤口敷了云南白药以后，疼痛大减，这时忍不住说道："我现在怀疑，这大沙漠的多起神秘失踪事件是不是和这怪藤有关呢？"

罗峰摇摇头说："不会，所谓失踪，就是连尸体也见不到，但这怪藤袭击人畜以后，会留下一个干枯的尸体，应该和它们无关。"

明俏俏仍是惊魂未定，催促道："我们还是赶紧离开

这里吧，这里真的好恐怖。”

罗小闪却装作无所谓的样子：“没有什么恐怖的呀，被那怪藤缠着就好像《西游记》里面孙悟空被捆仙绳捆住一样，很好玩的！”

明俏俏露出惊恐的表情，咂咂舌：“恶心死了，要是那怪藤缠的是我，我怕自己天天夜里都会做噩梦。”

路小果笑：“罗小闪，人家是得了便宜还卖乖，你怎么吃亏了也卖乖？”

罗小闪嬉笑道：“我在做好事呢，消除一下她的恐惧，免得她晚上做噩梦。”

说笑之间，五个人整理好装备，准备出发。罗峰扶着罗小闪，王教授和明俏俏扶着路小果，好在他们都是皮外伤，对于一般行走并无大碍，扶了一会儿，他们俩都可以自己单独行走了。

又走了两个小时，罗峰看看表，已经下午三点多了。野骆驼的脚印还在向远方延伸，但罗峰感觉方向有点偏了，不是正西方。于是建议大伙儿不再跟随野骆驼的脚印走了，而是按照自己判断的方向行走。由于没有指南针，大家也没有什么好主意，只能听罗峰的意见。不知不觉走到天快黑了，王教授有点失望地说：“本以为今天可以见到‘彭加木纪念碑’，看来是没有希望了。”

罗峰笑道：“一块石板而已，看了又能怎么样？”

王教授正色道："那是你的想法，老罗，我可不这么想。大航海时代以来，科学探险活动对人类历史屡屡产生决定性的推动作用。哥伦布的探险连接了新旧大陆，进而催生了世界近代史；达尔文的探险最终促使他发表进化论；库克船长的探险使我们知道澳大利亚和南极大陆的存在……令人遗憾的是，如此恢宏壮美的探险活动中，竟没有中国人的身影，即便是后来的"中亚腹地"探险活动，也几乎全为西方人包揽，直到1980年6月，彭加木率领考察队史无前例地纵贯了罗布泊湖底。这是当年瑞典大探险家斯文·赫定无法完成的任务，他为此差点丧命并中途退出——彭加木的意义，在于他以生命为代价，填补了中国探险史的空白。"

罗峰用敬佩的眼神看着王教授笑道："你们知识分子看问题就是和普通人不一样，一个在沙漠里失踪的科学家，竟被你说出这么一大番道理来。"

"那当然了，彭加木不仅是我在研究领域内的老前辈，更是我们探险爱好者心中的一面旗帜。为了科学，敢于深入死地，这是传统民族精神中鲜见的新品格。我们民族从来不乏舍生取义之人，但义士们心中的这个'义'，往往关乎世道人心、礼义廉耻，属于人文范畴，从来没有想到过科学本身也有大义。"

王教授充满浩然之气的一番话，说得三个少年频频点

头，佩服不已。

路小果还没有等王教授说完就打断她的话，接着说道："王阿姨说得太好了，我们有很多'人文烈士'，但除了彭加木等少数几个人外，'科学烈士'少得可怜。"

罗小闪接话说："路小果同学，你说，我们要是在这沙漠'牺牲'了，能称得上什么'烈士'？"

"就你？"路小果嗤了一下鼻子，"我看还是别想妄称'烈士'了，真要勉强弄个带'士'的称呼的话，最多也只能称为'便士'。"

众人被逗得哈哈大笑，罗小闪还傻乎乎地瞪大眼睛问："'便士'是什么？"

"'便士'你都不知道呀，罗小闪。"明俏俏捂着嘴偷笑道，"英国的货币单位呀，1英镑等于100便士，哈哈……"

罗小闪被路小果奚落了一顿，恼羞成怒，抓了一把沙子就来追路小果，路小果笑着跑开了。路小果跑着跑着，一抬头忽然发现前方出现了一个城镇，有参差不齐的高楼，蓝蓝的湖泊；四周是碧绿的草原，草原上还有成群的牛羊。

路小果一下子惊呆了，怎么也没有想到这么快就到了罗布泊镇，这罗布泊镇竟然如此之美，简直如人间仙境一般。

"到了，到了，我们到罗布泊镇了，你们看！"路小果手指着前方，转头对罗峰四人兴奋地喊叫着。

罗小闪和明俏俏也被这突如其来的景象惊呆了，愣了两秒钟，也在沙滩里向前奔跑着叫喊起来。

罗峰和王教授也感到非常意外，这罗布泊镇也出现得太快了，他们原以为才经过‘彭加木纪念碑’处，没想到一眨眼竟然到了罗布泊镇。

多日没有见到建筑物，眼前猛然出现这么一座美丽的城镇，让他们苦闷和单调的情绪一扫而光，心情立马变得舒畅起来。

然而，这种舒畅还没有保持一分钟，王教授就感觉到不对劲了，她从这个城镇的过于繁华看出了破绽。她虽然没有到过罗布泊镇，但她知道罗布泊镇绝对没有这么繁华，一个建在沙漠腹地的小镇，怎么可能有这么多高楼大厦，况且还有湖泊和草原？如果说这是塞北草原的小镇，或许她还能相信，说这是目前的罗布泊镇，和天方夜谭也差不了多少。想到这里，她对罗峰说：“老罗，快让他们停下来吧，这根本不是罗布泊镇，这是‘鬼城’！”

“你说什么？”罗峰吃惊地看着王教授，冷汗热汗一齐从脊背上流了出来，说话也有点结巴了，“鬼城？什……什么鬼城？”

王教授一看罗峰紧张的样子，笑了：“就是海市蜃楼呀！在某些偏僻的地方，被老百姓称为‘鬼城’。”

“海市蜃楼啊！”罗峰哑然失笑，为自己的孤陋寡闻不好意思起来，继而大悟似的点头，“怪不得看着这么真实呢！看来太过真实的东西反而不能太相信。”

“没有经验的人见到这沙漠蜃景往往会上当。”王教授往下接了一句。两人相视而笑，罗峰随即对三个少年的背影喊了一句：“喂！站住！你们不要追了，那是海市蜃楼！”

三人听到喊声诧异地停下了脚步，等罗峰和王教授走近了，路小果首先瞪着眼睛问道：“海市蜃楼？罗叔叔，你是说，这些都是假的吗？”

路小果三人以前在课本上也学过有关海市蜃楼的知识，他们也知道海市蜃楼是一种虚幻的景象，但他们从来没有真正见识过，所以当罗峰一说前面的景象是海市蜃楼时，他们都有点不太相信。

罗小闪更不相信，用手揉了揉眼睛说：“假的？老爸，你们会不会看错？这明明是真的嘛！明俏俏，你觉得这是假的吗？”

明俏俏叹了一句，答道：“我的妈呀！这海市蜃楼也太壮观了，这假的看着比真的还要真啊！”

王教授看着小伙伴们疑惑的样子，笑道：“这确实是海市蜃楼，如果你们去追寻它，是永远也追不到的，过不了多长时间它就会神秘消失。”

罗小闪边走边说：“听说这海市蜃楼是一种因光的折

射而形成的自然现象，属于沙漠里特有的奇观，没有想到让我们碰上了，真是幸运！”

路小果接着说道：“罗小闪你说得不对吧？海市蜃楼可不仅仅是在沙漠里才出现哦，我记得它还可能出现在平静的海面、大江江面、湖面、雪原、戈壁等地方，我说得对吗，王阿姨？”

王教授笑笑说：“路小果说得对，海市蜃楼可以出现在很多地方，不只是在沙漠。海市蜃楼是一种光学幻景，是地球上物体反射的光经大气折射而形成的虚像，又简称蜃景。发生在沙漠里的海市蜃楼，就是太阳光遇到了不同密度的空气而出现的折射现象。沙漠里，白天沙石受太阳炙烤，沙层表面的气温迅速升高。由于空气传热性能差，在无风时，沙漠上空的垂直气温差异非常显著，下热上冷，上层空气密度高，下层空气密度低。当太阳光从密度高的空气层进入密度低的空气层时，光的速度发生了改变，经过光的折射，便将远处的绿洲呈现在人们眼前了。”

明俏俏说：“这海市蜃楼真是骗死人啊，幸亏有王阿姨，不然我们一直追寻下去，就算渴死、累死也找不到这个虚假的城市。”

“是啊，”王教授笑道，“在古代，人们不了解科学，对海市蜃楼有多种误解。在西方神话中，蜃景被描绘成魔鬼的化身，是死亡和不幸的凶兆。我国古代的皇帝却

把蜃景看成是仙境，秦始皇、汉武帝曾率人前往蓬莱寻访仙境，还多次派人去蓬莱寻求灵丹妙药呢！”

“啊？这些皇帝也太傻了吧？”

王教授叹道：“也难怪，在科学不发达的年代，出现这样的笑话也不足为奇。其实，在我们日常生活中也经常发生这样的蜃景，只是一般人都不了解而已。”

罗小闪惊奇地问道：“我们身边也有吗？”

“是啊，这个老罗应该经常遇到，”王教授扭头对罗峰说，“比如你开着汽车在高速公路上奔跑的时候，白花花的太阳光炙烤着路面，只听见风的呼啸和马达的轰鸣，思维似乎停止了。突然！前方不远处浮现出一摊水，正在前方行驶的汽车也在水中映出一个清晰的倒影。但随着汽车的行驶，那摊水始终在前方，最后慢慢地消失。老罗，你是不是碰到过这样的事？”

罗峰恍然大悟地点点头：“啊，你别说还真是这样，以前开车碰到这种情况老以为是幻觉，今天经教授这么一说，才知道这种现象也叫蜃景。”

在王教授的提醒下，五人识破了海市蜃楼的虚幻现象，一路说笑着继续向西前进，向着他们认为是罗布泊镇的方向前进，天黑了宿营，白天又继续前进。又走了一天，依然没有见到罗布泊镇的影子。

罗峰一直认为他判断的方向没有错，然而他并不知道，他只依靠太阳和北极星判断出来的方位，已经出现了很大的偏差，渐渐偏离并错过了罗布泊镇，正向着罗布泊湖心的位置前进……

这种诡异与可怕就像一股悄悄涌动的暗流，随时都能把来到罗布泊的人吞噬。就像路小果一行，危险正在向他们步步紧逼，他们却丝毫没有察觉。其实路小果也知道很多关于罗布泊的种种诡异传说，这类文章在网络上比比皆是。在来罗布泊之前，路小果上网查了好几个晚上，对于那些不靠谱的传说，她总是嗤之以鼻。她只记得有一个亦真亦假的故事给她的印象比较深。

这个故事是一个网上一位姓赵的老司机讲述的，他为南疆某地区的勘探队开了一辈子的车，50多岁就内退了。他说的那件事发生在1992年。勘探队决定对罗布泊地区进行一次彻底的地质勘探。当时的罗布泊已经彻底干涸，真正成为寸草不生的不毛之地。勘探队当时派出了7名队员，两辆北京吉普，老赵就是其中一辆车的司机。

勘探过程很顺利，小队花了三天时间深入罗布泊腹地，取得了第一手的地质资料。但在回来的过程中，发生了意外。另一名司机开的车在高速行驶过程中为了躲避戈壁滩上的石块不幸翻车了，所幸里面的队员只是受了轻伤。但那辆老吉普却就此报废。由于老赵的车上已经放满了设备，人也坐满了，报废车上的三名队员是无论如何也挤不进来的。队长当机立断，自己与那三名队员一起留守在这里，由老赵和其他两名队员开车尽快到县里找一辆车接他们。为了减轻车的重量。老赵卸下了一些设备。在给留守队员留足了水与粮食后，老赵与其他两名队员赶紧朝县城开去。

由于报废地点尚在罗布泊腹地，开车去县城也要一天左右。老赵以最快的速度，朝目标赶去。走了两个钟头，老赵忽然看见前方不远处有一个人影。老赵吃了一惊，这不毛之地怎么会有人呢？那人所在的地方也是车子的必经之地，强烈的好奇心驱使他加足马力，朝人影开去。离得近了，老赵看清了，那竟然是一个老者！虽然现在赶路要紧，但在这种地方遇见人却不能不管。老赵下了车，对那老人喊了一声，老人看起来倒不劳累，轻快地走过来。老赵说："同志，你怎么一个人在这里啊？"那老人说："我是考察队的，出来找水，迷路了。"老赵心生怜悯，决定搭老人一程。老赵说："我们要去县城，你搭我们的车吧。"老者看起来既不兴奋，也不激动，平静地说："好。"

车上的人给老者腾出一个位置。老者上了车。那老者看起来很书生气，戴个眼镜。开车过程中，老赵问那老者来自哪里。老者说："上海。"老赵又问了一下他到这里来的原因，老者貌似话不多，只是简短地说来考察。老赵想老者可能是累坏了，也没再问。车上的队员给老者递了水，老者也没表现出很渴的样子，也就象征性地喝了几口。车上的人觉得有些奇怪，那老头不像是困在这里获救，倒向是来旅游，随便搭个便车。

路上老者一句话也没讲。车又赶了半天路。老赵与另两名队员要解手，于是就停了车。三人下了车，就留那老者在车上。三个人把尿都灌在了随身的塑料瓶里备用。在这不毛之地，尿也能救人啊。三人灌完了尿，准备上车。有个队员忽然叫出声来：老人不见了!老赵大吃一惊，赶忙过来一看，果然，刚才还坐车里的老人，不见了!

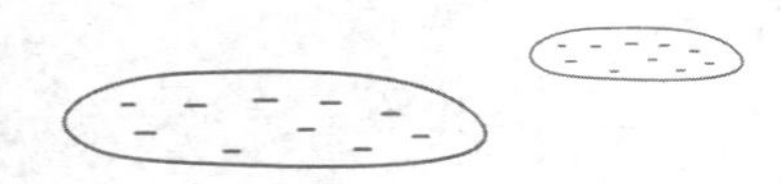

第四十三章 九种可能

老赵急忙吩咐队员四处找找，奇怪的是，方圆几百米都是开阔地，但那老人就如同蒸发了一样，让老赵觉得不可思议。这时已近下午，老赵觉得现在回县城找车救那四个队友最为要紧，于是决定：不找老者了，先回县城！

那天的晚上，老赵顺利地赶回县城，找了辆吉普车，又连夜赶回了罗布泊。在第二天的将近中午，救援的车辆找到了留守的队员。于是两辆车顺利离开了罗布泊，完成了勘察任务。

在车上，老赵就向队长汇报了见到老头又消失的情况。队长也是惊奇万分，并说回去一定向上级汇报。

回去后，这件奇事老赵一直念念不忘，多次找上级领导反映情况，但却屡屡不见答复。队长也汇报了，同样没什么结果。后来，老赵想起80年代的科学家彭加木在罗布泊失踪的案件，又看到彭加木的照片，他忽然觉得那老者的脸确实与这个失踪的科学家有几分相似，但又一想，科学家彭加木是在80年代失踪的，看到老者是在1992年，差了好多年呢。但老赵越想越觉得老者长得确实像这位科学家。要真是他的话，怎么解释呢？难道那科学家已经在罗布泊里游荡了近十年？

后来，路小果把这个故事说给罗小闪听了，罗小闪根本不相信："怎么听着像在讲一个鬼故事似的。"

路小果之所以现在想起了这个故事，是因为她现在也以为他们正在靠近彭加木的失踪地点，是彭加木的名字点醒了她，这个故事的情景和他们在雅丹魔鬼城里面遇到老陈头的情景太像了。

如果老陈头真的是生活在"平行世界"的话，那么彭加木有没有可能也进入了"平行世界"呢？如果不是，那彭加木又在哪里呢？

路小果忽然想起了网上盛传的彭加木失踪的九种可能：第一种说法是彭加木被外星人接走；第二种说法是彭加木逃往国外；第三种说法是彭加木被直升飞机接到苏联；第四种说法是他被与他有分歧的同事所害；第五种说法是他迷失方向找不到宿营地；第六种说法是他不幸陷入沼泽被吞没；第七种说法是他被突然坍塌的雅丹压住；第八种说法是他碰到了狼群；第九种说法是他在芦苇包中躲避炎热晕倒，继而被风沙掩埋。

路小果看了这九种说法，大部分说法被网友批为无

稽之谈。在未来罗布泊之前，她也觉得有些猜测是无稽之谈，但当她站在罗布泊的沙漠中之后，她的观点开始慢慢改变。从这几天发生的种种怪事来看，每一种猜测都有可能发生。

九种猜测中被网友认为最为荒诞的就是“彭加木被外星人接走”一说。后来路小果把这九种猜测给罗小闪看，罗小闪却觉得最有可能的就是“外星人说”。对于外星人的存在与否，罗小闪常说的一句话就是：我能拿出一百条证据证明外星人的存在，你却连一条外星人不存在的证据都拿不出来，你凭什么说外星人不存在？

路小果觉得罗小闪说得很有道理，宇宙如此浩瀚，星球数以亿万计，如果说只有地球有生命存在确实让人难以相信。对于地球人来说，任何一个外星球存在的生命都是外星人，而对于任何一个其他存在生命的星球来说，地球人也是外星人。地球人经历几千年的文明科学就发展到如此惊人的程度，很难说没有一个外星球的生物文明程度超过地球。

通过查资料，路小果还得知，人类有文字可考的历史至今不过5000年，但是7000年前的人类却建造了埃及金字塔；人类懂得穿上衣服的历史至今不过4600年，但是，大西洋海底却发现了1.1万年前的精致铜器。此外，世界各地还发现并证实了2万年前的铁钉、3万年前的壁画以及4万年前的牛羊骸骨中赫然穿过子弹的痕迹。很多事实证明了人类远在1.2万年前就有“历史”，而且较4000年前甚至今日更发达。最近从海底探测获得的资料显示，在古代哲学家的著作中被称为“奇迹”的亚特兰蒂斯，可能正沉没在百慕大三角的西方。由水中拍摄的照片和实地勘测可知，1.2万年前的人类已能举起数百吨的巨石了，其海底墙壁和海中道路的浩大精妙，不亚于今日成谜的7000年前的埃及金字塔。也许在1.2万年前，人类对宇宙的知识已经超过了今日；也许在三四万年前甚至十多万年以前，人类已经有了数次这种文明的高峰。我们仅仅可以知道地球文明史的高峰是人类创造的，但无法得知人类文明的进程。我们的地球已存在50多亿年了，而人类文明难道仅仅有5000多年的历史吗？

后来罗小闪告诉路小果，就连英国著名天体物理学家史蒂芬·霍金最近也发表声明，肯定了外星生命的存在，并警告说：“假如外星人什么时候拜访我们，我认为，结果会跟克里斯托弗·哥伦布首次登陆美洲差不多，那对于美洲土著人来说，并不太妙。”他认为地球之外几乎可以肯定存在外星人，但人类不要努力去寻找外星人，根据地球文明的发展历史，人类最好不要跟外星人接触，以免被外星人征服。

罗小闪是霍金的铁杆粉丝，霍金的此言论一出，罗小闪激动得几天都没有睡好觉。霍金的一句话就让罗小闪激动

了几天，但是此刻罗小闪却遇到了一件更让他激动的事。

罗小闪发现了一具“外星人”的干尸！

在任何时候的报纸上，一个关于“发现外星人尸体”的标题，都具有吸引人们眼球的爆炸性效果，罗小闪也是每次看到这样的新闻都激动不已，不过所有这样的新闻，最后基本都被证实是假新闻。现在可好，自己不仅发现了真实的“外星人”，还成了第一个目击者，他能不激动吗？

罗小闪开始并没有以为那是“外星人”的尸体，“外星人”的结论是最后根据王教授的话推断出来的。当时走在队伍最前面的罗小闪老远看到前面有一个黑乎乎的东西，一米多长，面部朝下。他以为是一个动物的尸体，因为到这沙漠一般都是成年人，成年人的尸体一般没有这么短的。

当他把这黑乎乎的东西翻成脸朝上时，不禁倒吸了一口凉气，天呐！这竟然是一具矮人的干尸！罗小闪连忙招呼王教授过来。

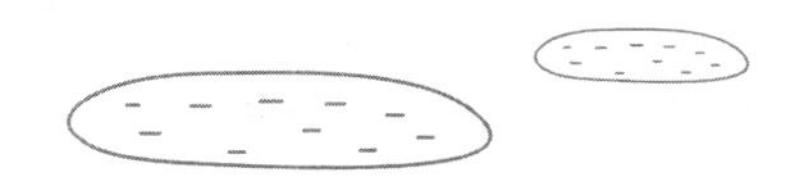

第四十四章　外星干尸

王教授过来一看，也大吃了一惊：这沙漠里怎么会有矮人的干尸？再看这干尸总共有一米多长，头骨、躯干、四肢完整，不是矮人又是什么？

她转头与罗峰对望了一眼，意思是问罗峰怎么看。罗峰耸耸肩说道："这不是我的专业啊，教授，我可不太懂。不过……"罗峰顿了一下接着说，"我看这沙漠惊现矮人的干尸，绝对不同寻常。"

王教授对罗峰的话不置可否，而是走近干尸，蹲下仔细勘察起来。

路小果也猫着腰，围着干尸转了两圈，脸上的疑惑越来越重，她忍不住问王教授说："王阿姨，我觉得这具干尸不太对劲。"

连路小果都看出来这具尸体不对劲，身为考古学家的王教授岂能看不出来，她赞许地看着路小果，笑着问道："你说说哪里不对劲了？"

路小果指着干尸的头骨说："你们看！这干尸的头骨巨大，但它的身体部分长度居然这么短，就我所了解的解剖学知识，正常人类，哪怕侏儒也不可能长成这副模样。"

罗小闪问道："会不会是不正常的人？比如畸形人。"

王教授摇了摇头："不可能是畸形人！路小果说得对，你们看，这干尸头骨不仅仅是大，而且形状怪异，上面深陷的眼窝比正常人的大很多，顶部有一块柔软的部分，类似婴儿出生时头顶没有骨质的'囟门'。嘴部长着两颗巨大的臼齿，而这种牙齿一般只有上了年纪的人才会长。"

罗峰这时忍不住好奇地问道："教授认为这干尸属于什么人种？"

王教授平静地答道："我认为这干尸不属于人类的遗骸，它们所具有的特征与地球上任何人种都不相符。"

"啊？"

四人都被王教授的话给惊呆了，张大了嘴巴看着王教授，一时都搞不明白王教授说这话的含义。还是路小果反应快，她不敢相信似的向王教授问道："王阿姨是说，这干尸来自于外星球？"

王教授还没有来得及回答，忽然听明俏俏大叫道："啊！我想起来了！"明俏俏半天没有发言，这时忽然大喊一声，把大家吓了一跳。罗小闪白了她一眼说："明俏俏，你别一惊一乍的好不好，你到底想起什么来了？”

明俏俏不理会罗小闪的白眼，说道：“你们发现没有，这干尸的头部与2008年公映的科幻电影《印第安纳琼斯：水晶骷髅王国》中的三角形水晶头骨十分相似。”

“什么水晶头骨？”王教授显然没有看过这部电影，对明俏俏说的名词非常陌生。罗小闪见状在一旁抢着回答道：“我看过这部电影，这部电影说的是外星人来到了地球，教了玛雅人知识，并帮助创造了玛雅文明，而这些外星人在他们自己的金字塔里收藏了不少来自不同国家不同文化的古迹。在这部影片中的三角水晶头骨是属于外星人的，且拥有超能力。我说得不错吧明俏俏？”

“不错！就是这部影片。”明俏俏点点头，又扭头问王教授，“王阿姨，你说这干尸会不会是外星人的？”

王教授笑道：“这个，还真不好说，反正据我判断，这干尸和地球上任何人类都不相符，至于是不是外星生物，必须得做了DNA鉴定以后才能证明。”

“DNA鉴定是什么？真有这么神奇吗？是和做亲子鉴定的那个DNA鉴定一样吗？”他们三个中，就罗小闪对外星人最为关心，机关枪似的一连问了三个问题。

王教授笑道：“不错，我说的DNA鉴定和做亲子鉴定差不多吧。DNA是一种分子，也是染色体的主要化学成分，同时也是由基因组成的。现代遗传学家认为，人类只

有一个基因组，大约有2~3万个基因。基因不仅可以通过复制把遗传信息传递给下一代，还可以使遗传信息得到表达。不同人种之间头发、肤色、眼睛、鼻子等不同，是基因差异所致。人类具有自己独特的基因组，和地球上所有其他动物都不尽相同，就连黑猩猩的基因组与人类的基因组之间也只有98.77%是相似的。所以，通过DNA鉴定，完全可以判定一个生物是不是人类。”

罗峰犹豫着说：“教授，那这具干尸，我们是带着还是怎么着？”

“算了吧！”王教授摆摆手说，“我们这个样子，自身都难保了，怎么带？还是等我们回去以后，上报有关部门再做处理吧。”

罗小闪连忙拿出iPad给干尸拍了几张照片，明俏俏说：“罗小闪，这干尸要是外星人，你可是第一目击者，你回去要是在网上发个帖子，准能在一夜之间火起来，你信吗？”

罗小闪得意地笑道：“嘿嘿，那当然了，到时候我的粉丝一定会唰唰地往上蹿，想不出名都难。”

路小果用恐吓的语气说道：“罗小闪你别得意，那干尸假如真是外星人，它的同伴要是发现你泄露它们的身份，不去找你才怪！”

路小果的话引得大家大笑起来，罗小闪却并无一点害怕的样子，反而笑道："正好啊，我是它们的粉丝，它们来了，我正好找它们要个签名。"

"罗小闪你可千万不要学那'叶公好龙'，等那外星人找你时，你可别吓得钻到床底下。"路小果的一句话又引得众人大笑了一阵，在罗峰的催促下，罗小闪收了iPad，五人才开始出发。

罗峰掐指一算，今天已经是他们从秘密基地出来的第三天了，也就是说，他们的食物和水顶多能再坚持两天，如果两天后他们再不能补充食水，将面临生命危险。罗峰不时地抬头看看太阳，心情越来越沉重！

王教授也早就怀疑他们的方向有误，因为，依照他们的速度，此刻应该到了罗布泊镇了，为什么总是不见建筑物的影子呢？她之所以没有提出来，是因为她知道罗峰也是一个有着丰富的野外生存经验的人，在判断方向上应该是信得过的。不过这时她终于有点忍不住了，问罗峰："老罗，我们的方向是不是有点不对劲啊？我们的速度也不慢，按照行程来算，应该到了罗布泊镇了呀！"

罗峰没有说话，而是心事重重地取出兜里的地图，一边走一边仔细地看了一会儿，答道："我们确实有偏离方向的可能，假如我们现在偏离了方向的话，向北偏是楼兰文物管理局的方向，向南应该是湖心和洛瓦寨的方向，教授认为我们是向哪一个方向偏离了？"

王教授摇摇头，表示无法判断。路小果接过话答道："我认为，我们如果偏离方向的话，偏向南方的可能性大一些，因为往北是白龙堆雅丹地貌，很容易认得出来，我们现在却一直走的是沙漠，说明一定是在向南偏离。"

罗峰点头表示赞同路小果的意见，又说道："看来我们的确偏离了原来的方向，这对我们来说是一个很不好的消息。我们的食物和水大概能坚持两天，我们在两天之内必须找到有人的地方增加补给。"

古墓惊魂

Gu mu jing hun

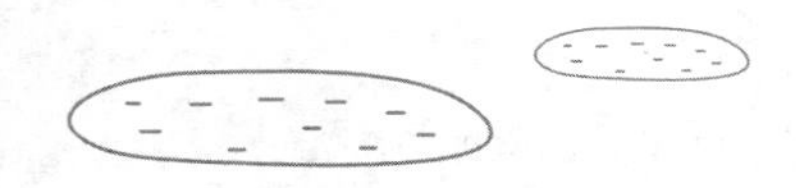

第四十五章 神秘的脚印

罗小闪紧赶几步，追上罗峰喘着粗气说："老爸！既然我们已经发现偏离了原来的方向，就应该纠正方向，向西北前进啊！"

路小果也很累，却在后面断断续续喘着气喊道："喂！罗……罗小闪，你说得不对吧？如果……如果罗叔叔判断不错的话，我认为我们……我们可能处在和罗布泊镇南北平行的位置，所以应该……应该向北走才能到达罗布泊镇，而不是……不是向西北。"

罗峰收起地图大声说道："教授，我觉得路小果分析得有道理，我们应该转向北方才能到达罗布泊镇，罗布泊镇是这里唯一能补给的地方，我们的食物和水都不太多了，不仅要节省着用，还要加快前进的速度。"

自他们弃车徒步沙漠以来，已经连续奔波了三天了。在沙漠里行走不比平原，在高温下徒步，又没有拐杖相助，使得他们的体力已经接近透支，要想加快速度谈何容易。

如果速度提不上去，那么他们到时候断粮断水的可能性非常大。根据罗峰的极限生存经验，一般情况下没水可以活四天，没食物有水可以活七天，但是如果人在沙漠里没有食物和水能存活几天呢？答案是一天——最多不超过两天，因为在沙漠中水分以及能量消耗明显加快，再加上体力透支和高温，存活的时间都要缩短。所以目前他们最大的威胁就是缺食物和水，尤其是水。

一群在沙漠里行走，又正好缺水的人，忽然看见沙漠里躺着几瓶矿泉水，那应该是什么表情，不用说我想大家也能够想象得到，而这样的事情现在就发生在罗小闪他们身上。准确地说，应该是罗小闪第一个发现的，他当时发出一阵极度惊喜的尖叫，向那几瓶矿泉水冲过去。

不过，遗憾的是，等他们全部的目光聚集到那几个矿泉水瓶上之后，才发现，瓶子里根本没有水，只是几个空瓶子而已。

这让路小果觉得有点失望，不过转念一想，这世界上本来就没有天上掉馅饼的好事，世上没有免费的午餐，这大沙漠里怎么可能有免费的矿泉水？一般人想到这里也许就作罢了，会继续赶自己的路，但路小果没有，她是个爱思考的学生，爱思考的人最大的优点就在于能透过事物的表象看本质。

路小果就是透过这几个矿泉水瓶看出了隐藏在它们背

后的信息。

她在想，这矿泉水瓶是塑料的，沙漠表面的温度最高可以达到70多度，一般的塑料如果长时间接触高温沙子的话，早应该软化，成为一堆塑料泥了。可是眼前这几个塑料瓶才轻微变形，说明这矿泉水瓶被扔在这里时间并不长，或许没有超过两个小时。这又说明使用这些矿泉水瓶的人并没有走远，最多和他们相距两个小时的路程。路小果想的是，或许扔这些矿泉水瓶的人能为他们指明罗布泊镇的位置，更或者这些人也是到罗布泊镇的探险者，还可以和他们一起搭个伴。

路小果把自己透过矿泉水瓶看到的信息告诉大家的时候，大家都一片赞同之声，王教授正准备又夸奖路小果几句，忽然听到罗小闪大叫道："你们看这有两行脚印！"

大家这才注意到，果然有两行杂乱的脚印向远方延伸而去，而脚印延伸的方向正是他们认为的罗布泊镇的方向。一行人大喜，这些人如果真是到罗布泊镇的话，正好可以追上他们和自己同行。即使不是同路，至少也可以为他们指明一个方向，如果这些人的水充足的话，说不定还可以"赞助"一点给他们。

"看这些脚印，应该是两个成年男子。"罗峰看着沙滩里的脚印，若有所思地说道。王教授又接着补充了一句："并且，还有一个是瘸子，走路有点跛。"

“啊，瘸子？王阿姨你好厉害！你是怎么看出来的？”罗小闪对王教授的话感到惊奇不已，从一个普普通通的脚印就能看出一个人是瘸子，这不是刑侦片里警察才有的技术吗，王教授怎么会呢？一定得学一学。王教授淡然一笑：“这属于痕迹学范畴，而痕迹学是和考古学息息相关的一门学科，所以这也算是我的专业呀！”

路小果又问：“那王阿姨，你还能通过这些脚印看出什么信息来？”

王教授又仔细看了看沙滩上的脚印，笑道：“我还看出来，这两个人其中一个是瘦子，身高在一米七五以上，跛脚的这个人个子矮，身体较胖。”

“哇！好神奇呀！“罗小闪夸张地叫着，语气中充满着崇拜，“王阿姨你是怎么判断的呀？教教我们呗？”

“我也要学！”“我也要学！”

“好！好！好！”面对三个少年的央求，王教授只能举手投降，“我可以告诉你们，但是你们要知道的是，这可不是三两句话能说清的问题，我只能说个大概。”

路小果三个使劲地点了点头，期待这王教授继续往下说。

“简单点说，首先判断男女，一般是通过脚印的大小，女性大概都在40码以下，以35至38码为多；男性则集中在40至43码之间。而且可以通过留下的鞋底纹印作为辅助判断，女性的鞋一般狭长，而男性的鞋一般较为宽平。

之所以能判断其中一个是跛子是因为，他的一个脚印只显示脚尖，没有显示脚跟的痕迹，这不就说明他是用脚尖走路吗？用脚尖走路肯定有生理缺陷，就是我们说的跛脚。再来，这个人的脚印间距小，脚印深，说明这个人个子矮而胖。同样的道理，另外一个人的脚印，脚印间距大，说明他的步伐大，通常来说，身高比较高的人步伐比较大，比较矮的人步伐比较小。而且他的脚印较浅，说明体重轻。身高的判断是根据脚印与身体的比例关系，一般情况下，成年人的身高与脚印的比例是七比一，但不包括儿童和老人。这个人是脚印在26厘米左右，所以我判断这个人的身高在一米七五以上。”

听王教授说完，罗峰笑道：“教授，我看你到公安局当个破案的刑警也绰绰有余了。”

王教授笑道：“痕迹学本来就是应用于考古和侦探等方面的一门学问，其主要目的在于通过事件发生后的内在或外在的痕迹，推断出导致这些痕迹发生的原因或过程。但我刚刚所讲的只是一个简单的推理过程，在我判断的过程中还要运用到很多其他繁杂的知识。”

路小果一直在津津有味地听王教授讲话，这时忽然说道：“痕迹学的确很神奇，我听说有一位叫李昌钰的美国华裔神探，精通痕迹学，他能通过罪犯留下的蛛丝马迹，让犯罪现场重建。”

明俏俏问道："什么是犯罪现场重建？"

王教授答道："所谓犯罪现场重建就是侦查技术人员在现场勘验和访问的基础上，运用痕迹学等各种科学原理，对案件现场进行还原，模拟罪犯实施的过程。"

明俏俏用怀疑的口气反问道："真的吗？有这么神吗？"

"的确是这样，李昌钰在美国还被称为'现场重建之王'、'当代福尔摩斯'，他侦办过的许多刑案，成为国际法庭科学界与警界的教学范例，其中包括美国著名球星辛普森涉嫌杀妻案、克林顿绯闻案等非常有名的案件。也就是说，通过痕迹学再结合其他学科的知识，不仅可以推断一个人的性别、年龄、身高、体重，甚至还能知道这个人有什么缺陷、从事什么职业、心里在想什么……"

"啊，这也太神了吧！"罗小闪夸张地张大了嘴巴，继而眼珠子一转，蹦出来一个主意，笑嘻嘻地对王教授问道，"王阿姨，那……你能不能通过这些脚印，看出这些人是干什么的？"

罗小闪的本意是看王教授说得这么神，想故意刁难一下王教授，因为王教授说的是李昌钰，她又不是李昌钰，怎么可能有李昌钰的本领？没有想到王教授看出来罗小闪的心思，她胸有成竹地笑道："我不仅推断出这两个人是干什么的，而且我还知道这两个人绝对不是好人。"

这一下，大大出乎罗小闪的预料，不仅他，连路小果、明俏俏和罗峰都吃惊地看着王教授，像是听到什么不可思议的事情。

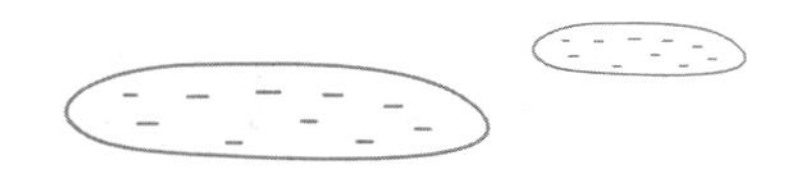

第四十六章 追踪盗墓贼

王教授看着四人吃惊的表情，知道他们难以相信，遂笑道："我知道你们不相信，不过，你们可以证实一下，反正追上他们两个也要不了多长时间，我们加快速度，估计天黑之前应该能赶上他们。"

路小果说道："你还没有告诉我们，这两个人到底是干什么的呢。为什么你就这么肯定他们是坏人？"

王教授蹲下身子，用手指在矿泉水瓶旁边的沙子上沾了一下，大家看到那沙子有一角硬币那么大一块，变成黑色了。王教授将手指放在鼻子下闻了闻，然后说道："我就是凭这个断定他们是坏人的。"

路小果凑近王教授的手指，只见在王教授的食指尖上沾着一点黄豆大小的黑色粉末状东西。罗小闪也凑过来闻了闻王教授的手指，却什么也没有闻到。路小果抬头问道："王阿姨，这是什么东西？"

王教授没有回答路小果，却对罗峰说道："老罗，你

应该知道这是什么东西。”罗峰也蹲下身子在王教授的手指刚刚沾过的黑色沙子上沾了一下，在鼻子下闻了闻，皱了一下眉头，脸色忽变，惊道：“炸药？”

王教授点点头道：“不错！正是炸药！”

“一定是这两个人装填爆炸装置时留下的，”罗峰又闻了闻手指尖上的黑色粉末，若有所思地自语道，“可是，他们在这沙漠里带炸药干什么？”

“当然是炸东西用的！”

“可是这沙漠里有什么东西能让他们动用炸药？”

“坟墓啊！”

“坟墓？！”罗峰惊呼，“教授的意思是……这两个人是盗墓的？”

王教授点点头，神色忽然变得沉重起来，说：“如果我猜得不错，一定是两个盗墓贼！”罗小闪不解地问道：“王阿姨你为什么这么肯定？”

“因为我曾经见过盗墓贼用炸药盗墓。”王教授眼望远方，似乎在回忆着什么，“之前我给你们讲过，十多年前我在小河墓地考古时，一伙盗墓贼不仅杀害了我的两个同事，洗劫了古墓，还用炸药炸塌了古墓，他们遗留在现场的炸药就是这种炸药，我印象非常深刻。所以，我敢肯定，在这沙漠里携带这种炸药的，必定是盗墓贼无疑！我刚刚说他们不是好人，也是这个原因。”

明俏俏用担忧的口气说："天啊！原来是两个坏蛋盗墓贼！我们还是不要追踪他们了吧？他们手中一定有武器，我们追上去，岂不是有危险？"

罗小闪用鄙视的目光看着明俏俏说："明俏俏，你要是怕死，就在这里待着，我们去！"之前他听王教授讲自己碰到盗墓贼的故事的时候，就对这些坏蛋恨得牙根痒痒，这回终于逮着机会教训这些家伙了，岂能放过？

"俏俏说的也不是没有道理，盗墓贼手中肯定有枪一类的武器，我们如果追踪下去确实有一定的危险，"王教授说着，转向罗峰问道，"老罗，你的意思呢？"

罗峰思忖了片刻说道："如果就这两个盗墓贼，我倒是不担心，关键是不知道他们还有没有其他同伙，如果他们还有同伙，手中又有武器，我和小闪尚能自保，就是担心到时候顾及不到你们三个……"

"我们不怕！"路小果忽然打断罗峰的话，挺胸说道，"罗叔叔你不用担心。我建议我们追踪下去，古墓是古人为我们留下的珍贵的历史文化遗产，我们作为他们的后裔就应该要保护祖先留给我们的文化遗产，眼看着这些盗贼在我们眼皮底下搞破坏，我们岂能坐视不理？"

路小果的一番话说得慷慨激昂，罗小闪听得热血澎湃，他紧握着拳头，大声说道："我支持路小果的意见！我们追上去，把这些可恶的盗贼痛揍一顿，然后扭送到派

出所，将他们绳之以法。”

明俏俏本来有点担心，这会儿也被路小果和罗小闪两个的情绪感染了，上前一步对王教授说道：“王阿姨，我也觉得我们应该追上去，保护祖国的历史文化遗产是我们作为公民的责任和义务，我们既然碰到了，就应该管一管。”

王教授和罗峰见三个少年热血沸腾的样子，不禁相视而笑。罗峰说：“好吧，既然大家意见统一，我们就沿着脚印追下去，不过，等和这些盗贼相遇之时，肯定会有危险，我希望大家都小心谨慎，凡事随机应变。”王教授接着说道：“最重要的一点，我们都要听从老罗的指挥，大家一定要团结一致，互帮互助。”

本来疲劳而又枯燥的沙漠徒步，在两行脚印的吸引下，变得生动有趣起来。两行脚印像两个待解的谜团，吸引着五个人一步一步向沙漠的深处——罗布泊的心脏地带徐徐前进。

一行五人，脚步比平时快了一倍，走走歇歇，歇歇走走，到天黑时，仍是只见脚印，不见人影，他们只好就地扎营，准备明天一早继续往前追踪。

第二天早上五点，罗峰就逐个叫醒大伙，五人匆匆吃过干粮，趁着太阳未升，又继续向前追踪。又走了两个多小时，冲在最前面的罗小闪忽然停了下来，大家正疑惑着要问罗小闪怎么回事的时候，忽听罗小闪惊奇地“咦”了一声，说："怪了！脚印怎么消失了？"

大家都往前看去，见前面果然没有了脚印，两行脚印在罗小闪站立的地方忽然消失，前面的沙滩像被什么忽然抹平了一样，路小果等另外四人也都被这忽然的变故弄糊涂了，两个人在沙漠里走着怎么会忽然间就消失了呢？难道这两个人也像彭加木一样，就这么神秘失踪了？

路小果不相信两个人就这么凭空消失了，她蹲在沙滩上，看着脚印消失的地方思考起来。王教授见状，故意问路小果："路小果同学，你怎么看？"

路小果考虑了一会答道："我认为脚印在这里忽然消失，存在这两种可能：一种是发生了沙暴，沙暴之后，风沙把脚印给掩埋了；另一种是人为故意把脚印给抹掉了。而我认为第一种可能性很小，第二种可能性要大一些。"

"路小果你为什么这么认为呢？"罗小闪问道。

"你们看！"路小果指着前方10米远的地方说，"从那里到我们的脚下的沙滩虽然表面看起来和其他沙滩没有区别，但是若细看的话，还是有差别的。"

罗小闪挠挠头说："什么差别？我怎么看不出来？"

路小果答道："自然形成的沙滩和人工伪装的沙滩是不一样的，你再仔细看看！"

罗小闪蹲下身子又仔细看了看，果然见面前的沙子像是被什么东西故意扫平了一样，不细看还真看不出来。

“他们为什么要这么做呢？”明俏俏还是不明白两个盗墓贼把自己的脚印抹掉是什么意思。王教授说：“他们抹掉自己的脚印当然是为了掩饰自己的行踪，从这可以看出这两位是经常盗墓的老手，经验丰富，行事十分小心。”

路小果问王教授道：“王阿姨，这么说盗洞入口就在这附近？”

王教授点点头，对罗峰说：“老罗，我估计盗洞应该就在这方圆百米以内，我们分成两组四处搜索一下，你我各带领一组。大家一定要小心脚下，发现情况立即示警。”罗峰听罢带着罗小闪和明俏俏向左边搜索而去，王教授带着路小果往右搜索。

搜索了20米，路小果忽然发现眼前出现一片奇怪的东西，她指着前方对身后的王教授说：“王阿姨，你看这些是什么东西？”王教授定睛一看，原来在他们眼前不远处的一个沙丘上密密麻麻矗立着十余根棱形、圆形、桨形的胡杨木桩，这些木桩多被砍成多面棱体。多棱形的木柱上粗下细，有的高度在1.5米左右，上部涂红，缠绕毛绳、固定草束；有的高达两米，其上涂黑，柄部涂红。在这些木桩之间散落着很多骨头，不知道是人的还是动物的。

“这里为什么有如此多的木柱立在沙丘上面？它们是做什么用的？”路小果一边问王教授，一边好奇地向木桩林里走去。王教授没有回答，只是警觉地看着这些木桩，

似乎在回忆着什么。

路小果见王教授没有回答，继续朝前走，她的脚刚跨过一个人头骷髅，忽然听到王教授在身后大惊着呼喊道：“路小果，小心！”

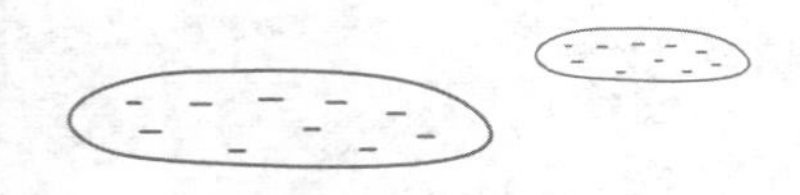

第四十七章 胖瘦二贼

王教授虽然眼疾口快，但还是晚了一步。只见路小果脚踩的地方沙子忽然塌陷下去，现出一个黑洞洞的洞口，洞口就像一个怪兽的大嘴巴，眨眼间就把路小果吞噬了。

原来这片沙子根本就是一块薄木板伪装起来的，路小果一脚踩空之后，身体立即失去重心，直直往洞内坠落下去。在她的头顶上传来王教授极端惊恐的呼喊声，但那呼喊声越来越远，直到被洞内的黑暗吞没。

洞口不大，洞身也不粗，路小果本能地张开双臂，再加上背上背包的摩擦作用，使得她身体有了缓冲。坠落的过程也不长，大概不到10秒钟，因为很快，路小果就感觉到脚下有一堆软绵绵的东西。路小果本能地用手摸了一下，她感觉应该是羽绒服之类的棉衣，棉衣下是沙子，正是这些东西的缓冲，才使得路小果没有受伤。

眼前漆黑一片，而且感觉迎面吹来冷飕飕的寒风，与地面上沙漠截然不同，如隔着两重天。路小果站定以后，才感到一阵恐惧向她袭来，她首先想到的是赶紧打开手电筒。还好，因为之前一直在用罗峰的探照灯，所以她的手电筒一直没有用，电力还很充足。

洞顶上隐约还能听到王教授、罗小闪等人的说话声，路小果一想到罗小闪他们一定在洞口商量着如何救自己上去，她就不是那么害怕了。她打开手电筒，眼前一亮，面前忽然出现一个椭圆形的通道，黑洞洞的不知道通向哪里。通道有半人高，成人弯着腰尚能前行。好奇心驱使着路小果，她忍不住猫着腰往里面走去，走了十几米，路小果忽然听到里面传来人说话的声音。

路小果吃了一惊，心想，莫非这真是一座沙漠古墓？说话的两个人就是王教授说的那两个盗墓贼？对了，王教授说这两个人是坏人，我可不能让他们发现自己。路小果想到这里连忙熄灭了手电，眼前又变得一片漆黑起来。

可是，当路小果再凝神细听那说话的声音时，竟听不到了，难道这两个坏蛋发现了自己？这可有点不妙！路小果正想后退，忽然发现前面出现一丝光亮。她忍不住又向前走了几米，不过这次她是屏着气，小心翼翼地前进的。

走着走着，通道忽然出现一个90度的右拐，拐过弯之后，光线越来越亮。又顺着光亮前行了十几米，视野忽然变得开阔起来，眼前出现了一个巨大的圆拱形大厅，大厅有五六米高，足有一个中等的学校操场那么大；在大厅的

中央，不规则地矗立着数十根巨大的白色石柱，石柱上雕刻着各种飞禽走兽和稀奇古怪的人像图案。在每一根石柱一人高的位置上都有两盏脸盆大的灯烛，灯捻巨大，燃烧的亮度竟不亚于一盏30瓦的钨丝灯。

在大厅的中央立着一个金字塔一样的透明建筑体，底部宽达十余米。路小果好奇地向离她较近的一个圆柱子走去，一时间竟忘记了刚刚听到有人说话的事。她靠近圆柱，伸出手想摸摸这圆柱是什么材质做的。她的手刚摸到石柱，就突然被一双铁钳般的大手抓住，接着从她左侧石柱闪出一个瘦高个的男人。路小果吓得尖叫一声，刚要挣扎，从她右侧石柱又闪出一个矮胖男人来，这矮胖的男人迅速抓住了她的右手。瘦高个和矮胖男人一左一右抓住路小果的手，路小果一个手无缚鸡之力的女学生，如何能敌得过两个成年男子，竟一时动弹不得。

瘦高个男人坏笑道："怎么样，老二，我猜得不错吧？说有人来了你还不相信！"

被瘦高个男人称为老二的矮胖男人说道："我还以为是咱们的同行呢，搞了半天，原来是个丫头片子，害得俺紧张了半天。大个，你说一个小丫头片子怎么会到这种地方来？该不会是还有同伙吧？"

被称为大个的瘦高男人说："管她有没有同伙，先绑起来，咱们再仔细审问她。老二，你去把绳子拿过来。"

矮胖男人不耐烦地说："绑起来往那一扔不就得了？免得耽误我们哥俩发财。"瘦子脸一绷，对胖子斥道："你笨呀！不审问一下，万一这小丫头有同伙在外面，岂不糟糕？"

胖子挨了瘦子一顿斥责，不高兴地一瘸一拐地走向不远处的工具包去拿绳子。这景象却让路小果吃了一惊：王教授的判断竟如此准确，这瘦高个和矮胖跛脚男人果然就是那两个盗墓贼！路小果眼珠一转，想出了一个主意，她对瘦盗贼喊道："两位叔叔你们抓错认了吧？我不是坏人，我只是一个来沙漠探险的学生！"

瘦盗贼轻蔑地看着路小果说："你不是坏人，可我们是坏人啊！你说你一个人来这大沙漠探险？鬼才信你！"

"真的叔叔，我不骗你，我们本来有几个人，我掉队了，然后在这里迷路了，不小心打扰到你们，实在对不起！你们放了我吧，我虽然不知道你们是干什么的，但我保证不会告诉别人，求求你们放了我吧。"路小果故意装作楚楚可怜的样子，试图通过自己的央求唤起两个坏蛋的怜悯之心。

"小丫头，看你伶牙俐齿的，休想蒙骗我们，你肯定还有同伙在外面。"胖盗贼手中拿着一捆绳索，一瘸一拐地走到路小果面前，说着就把路小果推到石柱旁边，让路小果背靠着石柱，然后他和瘦盗贼一左一右盘绕着绳索，

把路小果结结实实地和石柱捆在一起。

“放开我！放开我！”路小果一边来回挣扎着，一边叫喊着，“我不是坏人，我只是一个学生，两位叔叔，你们放了我吧！”

捆好了路小果，胖盗贼取出一把明晃晃的匕首在路小果眼前晃动着，吓唬道：“小丫头，快告诉我，你的同伙在什么地方？不然我……”

路小果暗忖，绝对不能把实情告诉这两个坏蛋，一旦告诉了他们，不仅让他们对罗叔叔有了防备之心，恐怕对自己也不利。于是，她又故意咧着嘴，装作很痛苦的样子叫喊道：“两位叔叔，你们弄疼我了！我已经跟你说了，我真的是一个掉队迷路的学生，你们怎么不相信呀！要是不相信，你们可以出洞去看看。”

胖盗贼显得有点不耐烦了，挥着拳头恶狠狠地说：“你还想骗我们，再不说实话，我可真的不客气了！”说着，胖盗贼就瘸着腿上前一步，举起拳头就向路小果脸上挥过来，眼看着拳头就要砸在路小果的脸上……

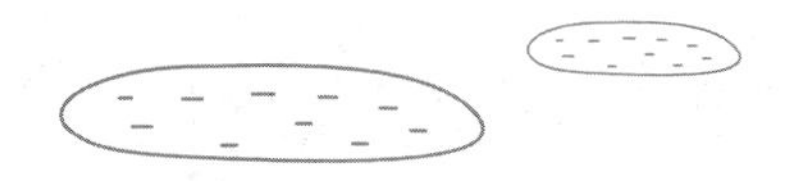

第四十八章 死里逃生

“住手！”忽然听得瘦盗墓贼在一旁斥道，“老二，你怎么总是这么心急？我们是来求财的，不要轻易伤人！等问清楚了再说！”

“你真是胆小怕事！”胖盗贼手挥到半空停了下来，似乎很怕瘦盗贼，心中不服却又不敢发作，只能闷闷不乐地退到一旁。瘦盗贼上前两步，走到路小果跟前，装作很和气的样子说：“小姑娘，胖叔叔吓唬你的，你放心，我们不会伤害你的，你只要跟我们说了实话，我们就放了你。”

路小果知道瘦盗贼在说谎，她也装作很诚恳的样子，带着哭腔哀求道：“叔叔，我真的，真的不骗你，骗你是小狗，我们一共五个人，我掉队而且又迷路了，才摸到这里的，求你们放了我吧！”

瘦盗贼犹豫了片刻，似乎有点相信路小果了，却听胖盗贼在一旁着急地嚷道：“我说大个，咱们费那事干吗？我们将她绑起来扔在角落里，让她自生自灭不就得了？”瘦盗贼听了胖盗贼的话，点点头居然同意了。路小果大

惊，这可如何是好？罗叔叔他们一定在想法救自己，必须得拖延时间才行。

胖盗贼见瘦盗贼点头，大喜过望，走过来厉声吓唬道："我再问你最后一次，你们到底有几个人？不说实话我立即把你嘴封着，扔在墙角，毒蛇咬你我们也不管！"

路小果把头一扬，胸一挺，面不改色心不跳地大声说道："我已经说了实话，信不信由你。你要杀要剐就来吧，怕死不是共青团员！"

瘦盗贼被路小果的样子逗得"扑哧"一下笑了。胖盗贼也被气得哭笑不得："哟嗬！挺有骨气的呀！老子连党员都不怕，还怕你一个共青团员？"

路小果正义凛然地说道："你们犯了盗窃国家财产的重罪，早晚会被抓进公安局，我劝你们还是乖乖去自首，免得被警察通缉！"

胖盗贼气急败坏地说："小丫头片子，不得了啦！竟然劝起我们来了！看来不让你尝点厉害，你是不死心啊！"说着，胖盗贼就抡起拳头向路小果的脸上挥过来。眼看自己就要变成熊猫眼，情急之下路小果忽然灵机一动，大喝一声："住手！我有话说！"

胖盗贼被路小果的喊声镇住了，拳头在半空停住了，他脸色一变，笑嘻嘻地说道："这就对了，早说不就完事了！你还有什么说的，赶紧说吧，说不定我会放了你！"

路小果冷哼一声道：“我劝你们还是放了我，否则你们就大祸临头了。”

“死丫头，你少吓唬我！”

“我实话告诉你们，在我身上装有卫星定位的电子追踪仪，我的同伴早晚会找到这里来的。我同伴中有一个武功高强，非常厉害，我劝你还是把我放了，不然他找来了一定不会饶你！”路小果这句话倒是真的，她本来不想说出电子追踪仪的事来，可是为了拖延时间，没有办法。

“什么电子追踪仪？在哪里？快说！”胖盗贼本以为路小果回心转意，要对他们说出实情，没有想到却说出一番吓唬他们的话来，有点生气，厉声问了一句。旁边的瘦盗贼却提醒道：“老二，还不赶快搜身？”

胖盗贼得到命令，伸手就要搜路小果的身，却听得路小果冷笑一声，道：“电子追踪仪？哼！只怕你们已经没有机会看到了！”

胖盗贼正在揣摩路小果话里的意思，却听见耳边传来“嗖”的一声，一道寒光闪过。接着胖盗贼“哎呀！”一声惨叫，一把军用匕首穿透他的手腕，顿时鲜血四溅，胖盗贼手中的匕首“啪”地掉在地上。

原来，路小果面对着地道口，早已看到罗峰四人悄悄来到地道口的墓室边缘，她知道罗峰有一手飞刀绝技，故意说了那句话分散胖盗贼的注意力。

瘦盗贼见同伴被背后飞来的飞刀所伤，顿时大惊失色，顾不得照顾胖盗贼，大喝一声，就向罗峰站立的位置猛扑过来，到了跟前，一招“黑虎掏心”，就向罗峰猛击过来。特种兵出身的罗峰，一身武艺，哪里会把这个瘦高个放在眼里？他站立不动，只等那瘦盗贼的拳头快到自己面门时，身子突然一错，避过他的拳头，铁钳般的右手闪电般地抓住他的手腕，向背后拧去。

罗峰本想一招制敌，哪知这瘦盗贼也有点身手，转身用左肘部从背后向罗峰的太阳穴撞过来，罗峰为了自保，只能松手。瘦盗贼反击奏效，得寸进尺起来，挥起一脚又向罗峰踢来，但却因为身体重心不稳，结结实实地摔倒在地上。

罗峰向前两步，准备趁势制服瘦盗贼，却不想这瘦盗贼忽然来了一招“兔子蹬鹰”，双脚猛向罗峰的腹部蹬过来，罗峰早有防备，又见这瘦盗贼贼心不死，气愤不已，有心要教训他一下。罗峰一边顺势抓住瘦盗贼的双腿，一边抬起右脚，向瘦盗贼的背部踢去。罗峰训练有素，这一脚下去何止千斤？只听见瘦盗贼一声凄厉的惨叫，身躯却径直飞了出去，滚出十余米远，昏了过去。

胖盗贼本想着瘦盗贼能帮他报仇雪恨，没有想到对手这么厉害，还不到两个回合就把瘦盗贼放倒了。惊惧之下，他不禁一瘸一拐地后退起来。罗峰用鹰隼一般的眼睛瞪着胖盗贼，冷声说道："是你自己束手就擒，还是要我动手？"

胖盗贼心中胆怯，却又不甘心束手就擒，转身就一瘸一拐地向洞厅的深处跑去。罗峰岂容一个瘸子在自己眼前跑掉，抬腿几个跨步，追上胖盗贼，胖盗贼根本不敢反抗，就泥巴似的瘫倒在地上求起饶来："大哥，我们哥俩有眼不识泰山，求你高抬贵手，放过我们吧！"

"无恶不作的家伙，还想要我放过你？"罗峰不理会胖盗贼的哀求，抽出胖盗贼腰中的裤腰带，将他双手腕捆得结结实实，然后径直走到路小果身边，抽出小刀，一边割断路小果身上的绳子，一边问道："小果，你没事吧？"

路小果摇摇头说："没事，我好着呢。"

这时，王教授、罗小闪和明俏俏都朝路小果围过来，明俏俏叽叽喳喳地问长问短，仿佛和路小果分别了许多年似的。

原来，路小果掉进盗洞以后，王教授喊了几声，见没有回音，她连忙呼唤罗峰三人过来救援，但已经晚了，大家围着盗洞，一时手足无措起来。王教授说："这沙漠盗洞有深有浅，最深者可达十几二十米，路小果掉下去定会受伤，这可怎么办？"

罗峰接话道："如果路小果大难不死，我们还是越早救援越好，这盗洞既然盗墓贼能下去，我们就也能下去，

我建议我们立即下去援救路小果。”

“老爸，我先下去！”罗小闪一马当先，说话间取出背包的绳索，就要下洞。好朋友有难，自己岂能旁观？明俏俏也不甘落后，嚷着要先下去救路小果。罗峰说道：“这样，我用绳子先把你们三个吊下去，然后我自己再下去。”

“老爸，你最后下，那谁在洞上面吊着你呀？”罗小闪担心地问道。罗峰答道：“我，你就别操心了，你忘记你老爸是干什么的了？爬这洞对我来说小菜一碟。”

商量完毕后，罗峰一个一个吊着把三人送下了盗洞，并嘱咐他们下去后，不要走远，不要说话。最后，他自己双脚踩着洞壁下到洞里。

跟路小果一样，他们顺着通道一直摸索着往前走，走到大厅时，罗峰正好看到胖盗贼要伤害路小果的那一幕，他顿时怒不可遏，抬手就把匕首掷了出去。

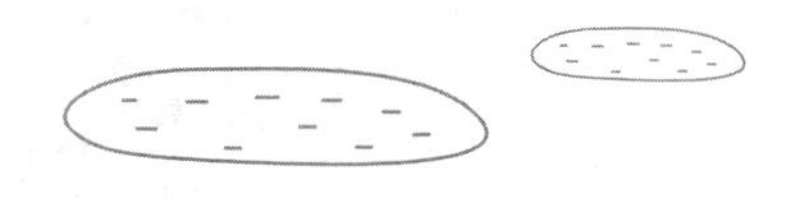

第四十九章 仇人见面

罗峰见路小果没有受伤，便拿着绳索走到两个盗墓贼身边。这时，瘦盗贼已经醒了过来，正哼哼唧唧地在地上痛苦地呻吟着，估计受伤不轻，至少也断了几根肋骨。

“小闪，过来帮忙！”罗峰喊了一声罗小闪，又把瘦盗贼拉坐起来，背对着胖盗贼，然后他和罗小闪一起把胖瘦二贼结结实实地绑在了一起。这时路小果、王教授、明俏俏三人走了过来，路小果双手叉腰对着两个盗贼笑道：“怎么样两位？我没有欺骗你们吧？”

“哎哟，我的小姑奶奶，你没有欺骗我们，是我们欺骗了你。”胖盗贼一边点头一边谄笑，一副很滑稽的小人样。路小果又说：“现在你还想不想打我了呀？”

“不敢不敢！小姑奶奶，求您别打我们就行了。”

“哼！你以为我们也像你一样是随便动粗的人吗？”路小果说着又转身对罗峰说道，“罗叔叔，这两个坏蛋以前在别的地方肯定做过不少坏事，我们一定要把他们送到

公安局，接受法律的制裁。”

罗峰尚未答话，王教授突然冲到瘦盗贼跟前，在他的手腕上仔细瞅了瞅，神情变得异常激动起来。她用颤抖的手指着俩盗贼，咬牙切齿地说：“原来真的是你们两个！咱们还真是‘有缘’哈！终于又见面了。”

两个盗贼怔怔地看着王教授，一脸的茫然。王教授接着说道：“你们俩真是贵人多忘事啊，这么快就忘记你们的‘老朋友’了？”

胖盗贼仍旧茫然地摇摇头，扭头问瘦盗贼：“大个，你记得见过这个人吗？”瘦盗贼也摇摇头。

“也难怪，你们做了这么多坏事，怎么会记得清？要不要我给你提醒一下？小河墓地，你们抢走我们挖掘的大批文物，炸毁墓地……”王教授越说越激动，从开始的质问变成了最后的厉声控诉。两个盗墓贼越听越胆寒，最后胖盗贼惊恐地看着王教授，结结巴巴地说道：“原来……原来，你就……你就……是……是……”

“不错！”王教授厉声喝道，“我就是那个因晕倒而逃过你们的魔掌的女考古队员。怎么，现在想起来了？哼，从一发现你们留下的脚印，我就一直怀疑你们就是盗窃小河墓地的那伙贼人，因为那伙人里面也有个跛子；直到刚刚我看到你这瘦贼手腕上的文身，我才敢确定，因为我清楚地记得，那伙贼人中也有一个手腕文着一条‘眼镜蛇’的家伙。”

两个盗贼目光不敢再直视王教授，羞愧地低下了头。王教授接着呵斥道：“别以为你们装出一副可怜相，我就会原谅你们，这么多年来，因为小河墓地那件事，我几乎夜夜做噩梦，梦见的都是你们惨绝人寰的罪行，今天，我要为我的同事报仇雪恨！”

王教授说完就怒气冲冲地举起背包砸向二人。罗峰一把将王教授拉住了说道：“教授，不要冲动！请冷静一点！还是让他们接受法律的惩罚吧。”

王教授悻悻地收起背包。罗峰则上前抽回那胖盗贼手背上的匕首，胖盗贼痛得发出如杀猪一般的嚎叫，顿时血流如注。罗峰见状对路小果和明俏俏说：“小果、俏俏，把急救包拿出来，给这胖子包扎一下伤口。”

“啥？”明俏俏以为自己听错了，反问罗峰道，“这种十恶不赦的坏蛋，我们还要帮他包扎伤口？罗叔叔你太仁慈了吧！”

“算了，俏俏，我们听罗叔叔的吧！”路小果拉了明俏俏一下，提醒她取出急救包。明俏俏极不情愿地放下背包，拿出急救包，取出碘酒、棉签和纱布，和路小果两个人为胖盗贼包扎起来。

王教授趁着路小果和明俏俏为胖盗贼包扎的工夫，上前质问道：“我要问你们俩几个问题，你们要如实回答，

不然我定不轻饶。”

胖盗贼将头点得跟鸡啄米似的讪笑道：“您请问吧，我们一定如实回答。”

“那好，我问你，你们一共几个人，那几个同伙去哪儿了？”

“这次就我们两个。之前那几个伙计有两个被抓了，还有一个吃不了这个苦，转行到南方贩卖文物去了。”

“你们是怎么找到这个地方的？从什么人嘴里得到的信息？”

“我们是从一个曾经到沙漠里探险的驴友口中探得的消息，但这个驴友对古墓不在行，他并不知道这是一座古墓。我们是听他的描述，感觉和小河墓地的外观造型差不多，从而认定这是一座古墓的。”

王教授满意地点点头，想了一下，又接着问道：“你们到这里有多长时间了？什么时间打通的古墓？是否已经有文物流出沙漠？”

这次是瘦盗贼回答的：“我们从打洞到进入古墓已经有半个月了，你们来之前，我们刚刚进入古墓，还没有带一件东西出去呢。”

“你们可看出这是一个什么人的墓葬？葬于什么年代？”

“姑奶奶，您这是考我们哪！”瘦盗贼哭丧着脸说，“您是这方面的行家，去看看就知道了！不过给您说实话，

我们在这里转悠了半天，还真没有看出一点名堂来！”

“什么意思？”王教授不禁有点吃惊，据她所知，这些盗墓贼在古墓方面的知识不亚于半个专家。一般来说，任何朝代墓内的物品摆放都有其规律。有的盗墓高手一看古墓的形状就知道棺木应该在哪里、陪葬的物品中陶器在哪里、金属器皿在哪里、两边的耳室里都会有什么等，要说这俩盗墓贼也是经验丰富之人，居然看不出来古墓的名堂，王教授有点不相信。

瘦盗贼有点茫然地答道：“以前我们盗过几次小河古墓，原以为这里会和小河古墓差不多，谁知道进来一看，竟和小河古墓大相径庭 。墓内的摆设除了棺材和小河古墓相似以外，其他没任何共同之处。您是专家，去看看就知道了，都在那边的‘塔’里。”

瘦盗贼说的“塔”正是路小果一进古墓看到的洞厅中央那个金字塔状、透明如水晶的建筑体。王教授一进来就被路小果和胖瘦二贼吸引了，并未注意洞厅的结构和内部环境。这时她才环视起古墓的内部结构来，她的目光也立即被洞厅中央那个透明建筑体吸引了。

王教授惊奇地“咦”了一声，情不自禁地向那“金字塔”走去。

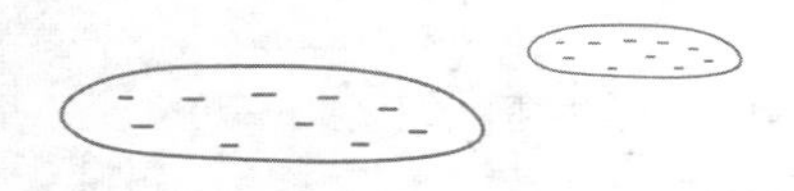

第五十章 石柱玄机

路小果等四人不解王教授为何惊奇，只是跟着她穿过几根石柱，往“金字塔”跟前走去。这“金字塔”晶莹剔透，质若水晶，煞是绚丽。五人一走近这“水晶金字塔”跟前3米处，立即感觉到一股强大的磁场，似乎要把人吸进这“水晶金字塔”似的。随即感到血流加速，心跳变快，人的精神随之一振，浑身上下好像充满着无穷的力量。

罗峰抬腕看看手表，发现手表的指针竟然飞速地逆时针倒转起来。好厉害的磁场！罗峰暗自心惊，忍不住和王教授惊讶地对望了一下，都感觉到这“水晶金字塔”的非同寻常。再看这“水晶金字塔”底边宽有十几米，高直达洞厅的顶端，通体透明，似有无数块半平方米大小的水晶状物体拼接而成，几乎看不到缝隙。塔身在灯光的照射下，发出各种绚丽色彩。

当王教授再向“水晶金字塔”里面看时，不禁脸色骤变，双眼发亮，浑身颤抖。原来这“水晶金字塔”里面放着四排共20具棺木。这些木棺，都像倒扣在岸上的木船，细看其材质、形状，都是由两根胡杨树干加工而成的一对比人体稍长一些的“括号”形，这是棺木的侧板。“括号”两头对接在一起，将挡板嵌入“括号”状棺板两端的凹槽中固定，没有棺底，棺盖是十多块宽度依棺木弧形而截取的小挡板。整个棺木被风干的牛皮紧紧地、严密地包裹，表面变得像盾牌一样坚固，棺盖上那些不加固定的小挡板也因此非常牢固。

“教授见到这些棺木，为何如此激动？”罗峰不解地看着王教授问道。王教授嘴唇颤抖着说道：“这些棺木和小河古墓中的棺木几乎一模一样，我敢断定它们一定和小河古墓有着某种联系！”罗峰不知道王教授口中的“它们”是指棺木，还是指棺木里面的人，不过他对这些不太懂，所以也没有继续问下去。

倒是路小果一直在观察这些巨大的石柱和“水晶金字塔”，这时，她问道：“王阿姨，你可知道这些墓葬建于什么年代？埋葬的是什么人？”

“如果它们和小河古墓有关系的话，我想埋葬的也应该是古楼兰人吧！”

“王阿姨，我的问题又来了！据我所知，楼兰国大约消失于1600年前，你认为1600年前的古楼兰国人能有这么先进的技术能把这几十吨重的石柱弄到这沙漠下并把它们立起来

吗？还有这些水晶好像并不是天然形成正方形的，1600年前的古人是如何把它们打磨成一个平面，并严丝合缝、毫厘不差地对接在一起的？”

王教授听了路小果的话，点点头说：“这的确是让人难以理解的地方，它让我想起了古埃及的金字塔和英国的巨石阵。科学家估计，在建造金字塔时，至少要有5000万埃及居民参与，然而，据目前推算，距今5000年前那个造塔时代，全球人口只有 2000万。如果在造塔时埃及人口有5000万，那么当时的埃及根本无法供应那么多人的食物。同样的道理，要建成我们眼前这样一座古墓，保守一点估计也得上万人……”

路小果接着说：“根据历史资料，楼兰国在公元前176年以前建国，公元630年消亡，有800多年历史。西汉时，楼兰的人口总共有1万4千多人，建个古墓不可能动用举国之力呀！再说供应上万人的食物确实是个大难题。”

“还有，这里强大的磁场是从哪里来的？也让人感觉奇怪，难道来自这水晶吗？可是据我所知，水晶是没有磁性的。”罗峰对刚才手表接触水晶的瞬间逆时针转动记忆犹新。

大家正在思考着这些不解的难题，忽听罗小闪问道：“明俏俏呢？”大家回身四顾，果然不见了明俏俏的身影，大伙慌忙四下寻找，才发现原来明俏俏正在不远处的石柱之间转悠。罗小闪责备道："明俏俏，你是夜游神啊！你在那转悠什么哪？害得我们大伙都为你担心！"

明俏俏居然不理会罗小闪，仍在怔怔地看着远处，嘴里不停地念叨着什么。罗小闪上前几步，拍了她的肩膀一下，大喊一声："明俏俏！"明俏俏吓了一跳，对罗小闪怒目而视道："罗小闪你想吓死人啊？"

罗小闪说："你是梦游了吗？在念叨什么呢？"

明俏俏不理会罗小闪，径直走到王教授身边说道："王阿姨，我发现了一个奇怪的现象。"

"什么现象？"王教授感觉明俏俏一定是看出了什么名堂，看来还真不能小看了这个丫头。

"我发现这些石柱子竟然是一幅星系图！"

"星系图？"王教授觉得十分惊讶，"俏俏，你对天文学也有研究吗？"

明俏俏谦虚地笑笑："谈不上研究，只是略懂一点皮毛而已。"

"那你刚刚说的星系图是什么意思？说来听听。"

"我刚刚数了一遍这石柱，一共是54根，把这54根点用线穿起来的话，正好是一幅老虎的图像。这与中国古代天文学说'二十八星宿'中的西方白虎七宿，正好不谋而合！"

罗小闪对天文学一窍不通，对"二十八星宿"这个名词也是第一次听说，听明俏俏的话如听天书一般，于是他

问道："明俏俏，什么叫'二十八星宿'？什么又是'西方白虎七宿'？"

明俏俏答道："说起这个，就要说到中国的天文历史。公元四五千年前，中国就开始天文观测，以后积累了大量文献资料。古人总把世界上的一切看作是一个整体，认为星空的变化关系着地上人们的吉凶祸福。所以，不管研究历史、灾害、气候变化等，一涉及古代文献，都会碰到天象记录。现在的科学，不仅掌握了古时观察得到的五大行星的运动规律，还掌握了全部八大行星、成千小行星以及许多彗星的运动轨道，可以推算出任何时刻的星空图像。甚至不懂天文的人，也能很快地求得公元前后4000年之内任一时刻的天象，以验证历史记录。外国用黄道十二宫记录，我国则用二十八星宿，它是把南中天的恒星分为二十八群，是沿地球赤道延伸到天上所分布的一圈星宿，它分为四组，每组各有七个星宿。最初是古人为比较太阳、太阴、金、木、水、火、土的运动而选择的二十八个星官，作为观测时的标记。'宿'的意思和黄道十二宫的'宫'类似，是星座表之意。表示日月五星所在的位置。西方白虎七宿是二十八宿中的七宿，包括：奎、娄、胃、昴、毕、觜、参，共有五十四个星座，七百余颗星，它们串在一起组成了白虎图案……"

"好了！好了！"罗小闪听得如堕五里雾中，不明所以，遂打断明俏俏的话说，“明俏俏，我算是服了你了，你说这么多究竟是想说明什么？想证明古楼兰人充满智慧，懂得天文知识多？还是想证明你自己懂得多？”

明俏俏笑道：“恰恰相反，我想说的是，古楼兰人在那个时候根本不懂得中原的天文学说，更不可能知道星宿图。所以……”

“救命啊！救命啊！……”大家正在听明俏俏讲解这二十八星宿的时候，忽然传来胖瘦二盗贼的呼救声。

第五十一章 食人甲壳虫

由于中间隔着许多石柱，所以胖瘦二贼根本不在他们的视线范围之内，他们并不知道二贼的情况。

罗小闪笑道："这两个坏蛋，还挺会装的。"明俏俏接着笑道："听他们俩的声音还挺恐怖的，这古墓里难道还有鬼不成？"

"呸！"王教授余恨难消，向两个盗贼的方向啐了一口，说，"这种十恶不赦之人，死了也活该！"

罗峰却感觉到有点不对劲，因为他听出来，胖瘦二贼的呼救声不像是装出来的，而且这声音越来越大，越来越凄惨，几乎变成嚎叫。如果不是真的遇到什么危险，他们两个根本没有必要装作这样。

"走，看看去！"罗峰招呼了一声，大家都跟着罗峰向胖瘦二贼发出声音的地方奔过去。他们之间本来相距有百米左右，跑起来也不要半分钟，但等五个人到了二贼跟前时全都惊恐地睁大了眼睛——展现在大家眼前的是一幅十分恐怖的场面。

只见两个人的身上爬满了无数只黑色甲壳虫，这些甲壳虫都有拳头大小，头部窄而尾部较宽，长着三对六只螯足，头部最前方还生出一对巨大的螯钳，威风无比。

五人到来之后，胖瘦二贼仍在痛苦地嚎叫着，听着让人心惊胆战。但叫着叫着声音就微弱下去，直到没有一点声息。

这意外的变故让罗峰心里生出一丝愧疚，胖瘦二贼虽然不是自己所害，但和自己毕竟有一定关系。这甲壳虫的出现，确实是一个意外。纵使王教授学识渊博，也未曾见过这种恐怖的虫子，其他人更是闻所未闻。

那甲壳虫见有外人过来，一部分纷纷掉头，向五人站立的位置爬过来。五人见那甲壳虫黑压压的一片如黑色的潮水向他们涌了过来，顿时惊得魂飞魄散，各自掉头向来的方向跑去。

这墓室不仅洞厅极大，而且在洞厅的周围布满众多的耳室和侧室，各室之间靠狭长的通道相连。罗小闪在前面开路，路小果、明俏俏和王教授在中间，罗峰殿后，五人慌不择路，只能见屋就钻。哪知这甲壳虫爬行速度极快，窸窸窣窣的声音不绝于耳，紧紧跟在五人身后，没有一丝罢休的样子。

罗小闪回头问道："王阿姨，这是虫子看着像大型的

屎壳郎，怎么这么恐怖呀！你以前考古的时候在古墓里碰到过这种虫子吗？”

王教授喘息着答道：“从来没有见过！不过这虫子看着的确很像圣甲虫，最明显的区别就是圣甲虫不伤人，而这个虫子却攻击人。”

“圣甲虫又是什么？我怎么没有听说过呀？”罗小闪问道。

“就是你刚刚说的屎壳郎啊！圣甲虫是它的学名，它还有几个名字，比如：蜣螂、推粪虫、铁甲将军等，属金龟子科，一般生活在草原、高山、沙漠以及丛林里，只要有动物粪便的地方，就会有他们勤劳的身影。”

罗小闪边跑边笑道：“啊，圣甲虫原来就是屎壳郎啊？长相不怎么样，名字倒挺高雅的！”

“人不可貌相，这圣甲虫也不能小看呀！从许多方面而言，圣甲虫是人类众多的恩人之一。它们不仅移走粪便，而且，由于它们埋下粪便后并不立即吃掉，因而就增加了土壤中的氮肥。在澳大利亚，为了消除由一些大牲口排泄而形成的粪山，他们进口了成千上万只圣甲虫来帮忙。”

路小果说：“可是这圣甲虫好像和追我们的虫子不是一家的呀！”

明俏俏接着说：“就是，别是屎壳郎的变种什么的吧？”

五人在迷宫一样的墓室里一边奔逃，一边讨论着这古怪的甲壳虫。罗小闪、路小果和罗峰在家里经常锻炼，尚能坚持，明俏俏和王教授不一会就累得气喘如牛，汗流浃背。

“罗……罗叔叔，怎……怎么办呀？我们总……总不能……一直这样跑啊！那还不得累……累死啊？”明俏俏一边跑，一边上气不接下气地说。

路小果还没有等罗峰回答就接着说道：“可是，我们一停下来，就会被甲壳虫吃掉啊！你是愿意累死还是愿意被那虫子啃得只剩下一堆骨头？”明俏俏又喘着气说：“横竖……横竖都是个死，不如……不如我们跟它们拼了！”

“怎么拼啊，明俏俏？”罗小闪接过了话，“我们用脚踢还是用嘴咬？”明俏俏被罗小闪嘲讽了一番，气得在后面干瞪眼，眼珠一转，反击道：“罗小闪，我倒想出……想出个缓兵之计，你要不要……要不要听听？”

“什么缓兵之计？”

“就是……就是你主动献身，挡一阵，拖延一段……一段时间，我们……我们四个不就有时间……逃了吗？”

“……”

大家正纳闷罗小闪怎么忽然没有声音了的时候，就发现前面的罗小闪停了下来，大家都跟着停住脚步，明俏俏不明所以，以为是自己的话让罗小闪当了真，吓得连忙道歉：“罗小闪，我是跟你开玩笑的，你不是当真要献身吧？”

“这次不献身也得献身了！”罗小闪懊恼地指着自己的前面说，“我们的退路也被截断了！”大家都惊恐地抬起头，发现罗小闪面前六七米远的地方也有一群甲壳虫，如黑色的潮水般涌了过来。这突如其来的变化让大家都愣住了，这真叫前有强敌、后有追兵，这下可如何是好？

正在大家感到绝望的时候，忽然听罗峰一声大喊：“大家这边来！跟着我走！”

原来，这墓室的通道四通八达，纵横相连，大家被这甲壳虫前后夹击，一时慌了神，竟然都没有发现侧面还有一个通道，幸好罗峰还保持着冷静，发现了它。

大家听到罗峰的喊声，都跟着他冲了过去，这下变成了罗小闪殿后。罗小闪刚抬腿要跑，已经有几只甲壳虫冲到他的脚下，罗小闪如触电般弹跳起来，双脚交替落地，爬在前面的几只尽被他踩死在脚下。死了的甲壳虫肚子里流出黏稠的黄色液体，沾在罗小闪的鞋子上，竟然发射出黄绿色的荧光，好像涂抹了荧光剂一样。

可是，这些甲壳虫越来越多，罗小闪还想再踩死几只时，却被路小果拉了一把：“罗小闪，你踩上瘾了是吧？还不赶紧跑路？”罗小闪这才转身跟在路小果身后狂奔起来，一边跑一边说道：“奇怪！路小果你看我的鞋子，沾了这怪虫子肚子里的什么东西，竟然会发光？”

路小果闻言，一边跑一边回头向罗小闪的脚下看了一眼，喘着气说道："不只会发光，好像还会生火呢！"罗小闪一时没有明白路小果话中的意思，反问道："什么生火？"

路小果说："你再看看自己的脚！"

"妈呀！"罗小闪低头一看自己的脚，见了鬼似的惊叫起来。

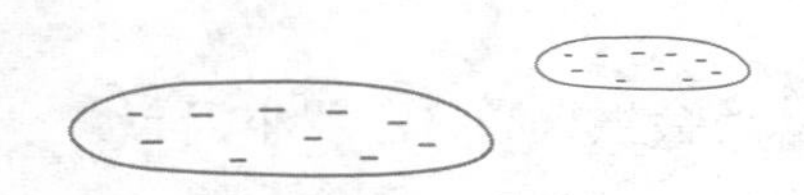

第五十二章 会自燃的金属

原来，罗小闪发现自己的鞋子竟然冒出紫红色的火苗，就像一个突然出现的幽灵，把罗小闪吓了个半死，他连忙跺脚企图弄熄鞋子上的火苗。谁知那火苗越来越大，路小果见状赶紧帮罗小闪踩他鞋子上的火苗，火终于被熄灭了。

罗小闪痛苦地叫道："好疼啊，路小果你下脚太狠了吧！"路小果回嘴道："总比你被那火给烧焦好吧！你还得谢谢我呢！"

"欸!"罗小闪不再和她纠缠，转移了话题，"路小果你知道这个虫肚子里是什么鬼东西吗？竟然还会自燃，太恐怖了！"

路小果当然也不知道那些甲壳虫肚子里是什么东西，但她知道自然界能自燃的物质不多，燃点这么低的物质更少。于是她答道："大概是这虫肚子里含有白磷一类的物质吧！"

“白磷，为什么是白磷？”

“白磷的燃点低啊，在40摄氏度左右的空气中就可以自燃。”

路小果和罗小闪在后面一边跑一边说，不知不觉间已经和前面的罗峰、罗小闪和王教授拉开了距离。王教授担心二人的安危，于是调转头往回跑了几步，喊道：“路小果、罗小闪，你们两个速度快一点，在后面嘀咕什么呢？”

“王阿姨！”路小果答道，“罗小闪的鞋子刚刚沾了一点甲壳虫肚子里的东西就自燃了，你觉得是白磷在作怪吗？”

“自燃？”王教授狐疑地问道，“有这样的怪事？”

“是啊，他的鞋子上沾了一点，不知不觉就自己燃烧起来了。”

王教授摇摇头：“我觉得不一定是白磷，墓室里的温度应该没有达到白磷的燃点，应该是其他东西。”

“其他东西？还有比白磷燃点更低的物质吗？”路小果感觉很诧异，因为在她的印象中，白磷就是自然界中最活跃的物质了，燃点低，最容易自燃，难道自然界里还有比白磷更活跃的东西？

王教授答道：“有啊，比如有一种叫铯的金属就比白磷的燃点低很多，在29摄氏度左右就可以自燃。”

“金属铯？”路小果惊讶地张大嘴巴，“铯是什么金

属？我可是第一次听说这个东西。”

王教授答道：“铯是一种银色的碱金属，是制造真空件器、光电管等的重要材料，世界上最精确的时钟就是用铯制造的；铯的化学性质极为活泼，一般在化学上用作催化剂；它熔点低，28.44摄氏度时即会熔化，发出深紫红色的火焰；铯还能与水发生剧烈的反应，如果把铯放进盛有水的水槽中，马上就会爆炸。正因为铯有这些特性，所以近代以来铯在离子火箭、磁流体发电机和热电换能器等方面也有新的应用。”

“什么是离子火箭，和普通的火箭有什么区别吗？”凡是和航天有关的东西都能激起罗小闪的好奇心，他总会有很多问题。

“当然有区别！”王教授答道，“你们知道，人类为了更加深入地探索宇宙，必须有一种崭新的、飞行速度极快的交通工具。一般的火箭、飞船都达不到这样的速度，最多只能冲出地月系；只有每小时能飞行十几万千米的‘离子火箭’才能满足要求。它是利用原子的猛烈撞击，使原子外层的电子脱离原子核飞出来，成为带电的离子，用高压电场将这些离子加速到每小时15万千米的速度，高速离子流从喷口喷出，推动火箭前进。”

“哇！”罗小闪一边跑一边夸张地惊叫道，“这么说，有了‘离子火箭’，只要两个小时就能从地球到达月球了？”

“我刚刚说过，铯原子的最外层电子极不稳定，很容易被激发放射出来，变为带正电的铯离子，所以是宇宙航行离子火箭发动机理想的燃料。铯离子火箭的工作原理是这样的：发动机开动后，产生大量的铯蒸气，铯蒸气经过离化器的加工，变成了带正电的铯离子，接着在磁场的作用下加速到每秒150千米，从喷管喷射出去，同时给离子火箭以强大的推动力，使火箭高速前进。科学家通过计算得知，用这种铯离子作宇宙火箭的推进剂，单位重量产生的推力要比现在使用的液体或固体燃料高出上百倍。这种铯离子火箭可以在宇宙太空遨游一两年甚至更久。”

路小果接着说道：“王阿姨，如果这些甲壳虫的肚子里的易燃物真是铯的话，我们如果能把这些虫子带几只回去，让动物学家批量培育出来，然后再提取它们肚子里的铯，岂不是对我国航天工业大有帮助？”

“想法是不错，不过……”

“不过什么？”

王教授答道：“我们能不能逃出这墓室还不一定，等我们从这里逃出去再说吧！”

“喂！你们跑快一点，后面虫子已经跟上来了！”三人正谈论着，忽然听到明俏俏在前面提醒他们。原来他们三个在说话间已经不自觉地放慢了脚步，后面黑压压的一

群甲壳虫已经追上来，离罗小闪的脚后跟已经不足两米。

三人遂加快脚步，又穿过十几间墓室，冲在最前面的罗峰忽然停了下来。“怎么了？老罗！怎么不走了？”王教授看看身后快要追上来的虫子，边喘气边着急地问道。罗峰也喘了几口气，答道：“教授，我们不能再这样跑下去了，再这样一直跑下去，我们非累死不可，我得想想办法！”

“能有什么办法？”王教授说，“这墓室四通八达，全部连在一起，我们能躲到哪里去？”

路小果手撑膝盖，弯着腰喘息着说：“我们必须得找一个密闭的、与墓室完全隔绝的地方，才能躲避这虫子。”

“有了！”罗小闪有如发现新大陆似的忽然叫道，“我们可以进入那‘水晶金字塔’里面，那里虫子一定进不去。”

明俏俏说：“好恐怖哦！那里面全是棺材，我可不敢进去，再说那‘水晶金字塔’封闭很严，也没有看到可以进去的地方啊！”

罗小闪道：“那‘金字塔’肯定有机关！不然那棺木是如何放进去的？抬棺木的人又是如何出来的？”路小果接着说道：“我认为罗小闪说得对，我们可以去找一找那‘水晶金字塔’的机关，我们要是能进入那里，确实是一个不错的办法！”

罗峰回头看看已经快逼到跟前的虫子，无奈地说道：

“好吧，死马当作活马医，我们就去试试吧！”

在罗峰的带领下，一行人冲出墓室，慌忙向大厅中央的“水晶金字塔”逃去。后面千万只甲壳虫如黑色的洪流一样涌了过来。

到了“水晶金字塔”跟前，罗峰说道：“大家动作快一点，赶紧围着金字塔的四周寻找机关。”大伙儿立即沿着金字塔周围四散开来，眼睛仔细盯着塔身游走起来，生怕漏掉任何一个微小的细节。

罗小闪却在后面叫道：“老爸，恐怕我们没有时间再找机关了！”

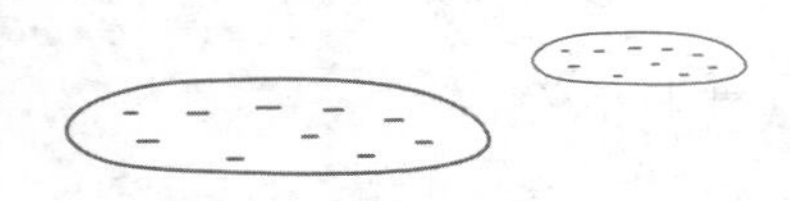

第五十三章 水晶金字塔

原来，这些虫子跟着他们出了墓室，没有了拥挤和阻塞，爬行速度更快了，几乎和罗小闪的脚跟相差不到三五米的距离，形势万分危急，如果他们停留半分钟，恐怕就会被甲壳虫包围。

罗峰并非不知道当前的形势，但他认为人在形势危急的情况下，不能思前想后、顾虑太多，有时候也需要当机立断赌一把。就像他们现在，如果继续奔跑着逃命，最后累得跑不动的时候，最终还会成为甲壳虫口中的美餐；如果赌一次，或许还有一丝希望。希望，总是存在于未知的探索和前进的路上。

但形势确实如罗小闪所言，危急万分，他们连半分钟的机会都没有了，因为有几只甲壳虫已经爬到明俏俏的身后半米处。明俏俏听到窸窸窣窣的响动，一转身就看见几只虫子挥舞着丑陋的螯钳向她的脚奔过来，她本能地发出一声尖叫，身子随即向金字塔靠过去，同时手扒脚蹬，企图向“金字塔”塔身上爬去，可是这“水晶金字塔”光如明镜，滑如凝脂，如何能爬得上去？

突然间，奇迹出现了！

明俏俏身子所趴的塔身如一扇自动开启的电门，忽然裂开一道缝隙，她的身体猛然失去支撑，随即倒向金字塔的里面，接着跌落在地上。而她身后的塔墙不知道什么时候又神秘地合上了，恢复到与原来一样，看不出一丝痕迹。

明俏俏没有料到会发生这样的意外，跌落在地，虽然不是太痛，却也摔得她晕头转向，抬头又看到那排列整齐的四排棺木，一想到棺木里裹着的干尸的恐怖模样，她又惊又怕，如受惊的小鹿般惶恐不安，抬头四顾、不知所措。

不只是明俏俏自己吓了一跳，罗峰四人也是大吃一惊，不知道明俏俏为什么会忽然之间进入金字塔内。他们都忙着寻找开启金字塔的机关，都没有注意明俏俏是怎么打开塔身，怎么进去的，一时之间茫然地对望着。

却见明俏俏在塔内忽然手舞足蹈地打着手势，似乎想告诉他们什么，可是只见她的嘴巴在动，却听不清她在说些什么。

罗峰问罗小闪道：“你知道明俏俏在说些什么吗？”

罗小闪茫然地摇摇头，却把目光转向路小果，路小果忽然惊喜地大叫道：“我知道了！明俏俏在告诉我们，要把自己的身体趴在‘金字塔’的塔身上。”

“趴在塔身上？这是什么意思？”罗小闪诧异地问道，“是要我们向虫子投降，还是向神灵祈祷？”

“罗小闪你啰嗦什么？明俏俏说的自然有她的道理，你照做就是了！”罗峰毫不留情地批评了罗小闪一顿。路小果却忽然发现虫子已经到了脚下，连忙弹跳起来，趴向金字塔，同时叫道：“大家快点照做，虫子来了！”

其余三人听了路小果的提醒，连忙学路小果一样，身体倾斜着倒向金字塔。这金字塔如被念了“芝麻开门”的咒语一样，自然地裂开了四道缝隙。四人身体随即倒向缝隙，向塔身内倒去。瞬间，塔身就自动关闭了，那些甲壳虫全被关在了塔身以外，拥挤着，重叠着爬向金字塔，却始终无法进入。

四人由于早有准备，所以摔得并不痛，等他们爬起身来，回头看水晶塔身时，已经看不到一丝打开过的痕迹。就连知识渊博的王教授也懵懵懂懂，不知所以。

明俏俏见四人和她一样跌进来，遂喜笑颜开，惧意顿失，向四人迎了上去。罗小闪上去就问道：“俏俏，你是怎么发现进入金字塔的方法的？”

明俏俏答道：“我也不知道啊，稀里糊涂就进来了，不过是被那些虫子逼的，它们不在后面追我，我还真发现不了。”

王教授这会儿已经被那些整齐摆放的棺木吸引，径直向那四排棺木走去。大家不再说话，全都放轻脚步跟着王教授，似乎怕惊动了那些还在棺木中沉睡的干尸。

王教授走到一口棺木跟前，围着棺木仔细观察了一番后，伸手揭开了棺木外包裹的牛皮，棺木在牛皮的包裹下新鲜如初，棺内甚至没有一颗沙粒进入，墓主人就安睡在像船一样的棺木中。原始但安全的设计使五人得以窥见逝者千年前的入睡时刻。王教授让四人帮忙一一揭开每个棺木外的牛皮，自己则围着四排棺木逐个巡视了一遍，发现木棺内所葬均为一人，头向大致向东，均仰身直肢。此外，有的木棺中所葬的是裹皮木雕人像，雕像制作粗放，用一块胡杨木简单地雕出人的头、躯干和下肢，躯干两侧各加一根略弯曲的细木棍作双臂，面部随意刻出细槽状的双眼、嘴和微隆的鼻子，用一张完整的去毛猞猁皮将木人从前向后牢牢包裹，这种木雕人像大概是某一死者的替代物，其葬式、葬俗与真人无异。

“教授是考古界的专家，是否已从这棺木和这些干尸身上看出什么名堂？比如，他们是否是古楼兰国的人，葬于什么年代？”罗峰见王教授研究了半天也不发一言，忍不住问道。王教授答道：“从这些死者的穿着打扮和佩戴的装饰品来看，棺木中所葬是古楼兰国人无疑；至于其年代，我认为……很可能是楼兰最后一个王室的墓葬。”

王教授的话让大家都感到很惊奇，对王教授的渊博的学识感到佩服，罗峰问道：“王室的墓葬？教授凭什么这么说？”

“你们看！”王教授指着中间一排中的一具棺木内的干尸说道，“这具干尸的服饰虽然过了千年，仍色彩艳丽，突显雍容华贵的气质，只有皇族才能穿，他头上戴的明显是一个皇冠。当然最重要的证据就是这棺木的陪葬品，比如这个唐三彩，大家都知道是唐朝的东西；这些‘开元通宝’钱币也是唐朝贞观年间才有的；还有这些丝帛都是唐朝宫廷中才能用的。”

“那又怎么能说明这是楼兰国最后一任国王呢？”路小果还是忍不住自己的好奇之心，问道。王教授笑道：“大家不要忘了，我们考古界和历史学家已经初步证实，楼兰国建国于公元前176年以前，消亡于公元630年。而公元630年正是我们唐朝的贞观年间。一个葬于国家消亡时期的君主不是最后一任君主又是什么？”

路小果看着棺木里躺着的被王教授认为是楼兰国最后一任君主的干尸，不禁对他产生了同情之心，忍不住又问道：“王阿姨，这楼兰再小也是一个国家，怎么说灭亡就灭亡了，难道是因为战争被其他国家吞并了吗？”

王教授尚未回答，罗小闪就抢着说道：“我听过一个关于楼兰国灭亡的传说，你们听听靠不靠谱？”

“什么传说？”路小果和明俏俏异口同声地问道。

罗小闪清了清嗓子，说道……

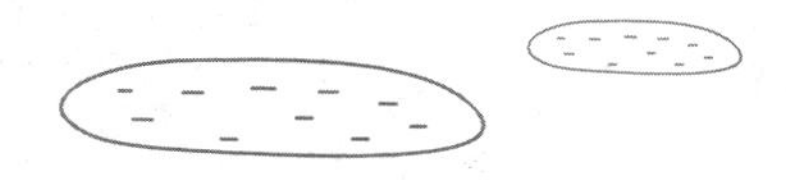

第五十四章 楼兰国的后人

话说楼兰古国曾经遇到一场人为的灾难，很多人在此期间被杀了，余下人的做了奴隶。但有一天，这些奴隶造反，再次夺回了楼兰王国。于是，楼兰国很快再次进入了一个鼎盛时期。可是就在这个鼎盛时期中，却发生了一件惨绝人寰的事情。

在这个王国中，一个女子生下了一个有金色头发和黄绿色眼睛的男孩和一个有棕色头发和蓝色眼睛的女孩。由于这名女子未婚，并且不曾与外族人接触，王国里的人就认为这个女子是魔鬼派来的使者，说她生的孩子是魔鬼，会给王国带来灾难。于是他们就把这母子三人关在地牢里，不允许他们出来。就这样，他们被关押了十八年，两个孩子都已经长大成人了。可就在这时，王国附近的水源出现了问题，水里不断地向上冒着一些很奇怪的物质，导致水变成红色，不久又变成了纯白色，并且水越来越少，少到几乎不能满足王国里人民的需求。所以王国的巫师说都是因为那两个孩子长大了，要开始报复了，所以才造成这样的情况。于是王国的人就将这母子三人押到广场上，绑在一根柱子上，准备烧死他们。就在这时，天空突然下起了倾盆大雨，并且伴着黄沙。瞬时，黄沙漫天，雷声震耳，人们只顾用胳膊捂住双眼。就在这时，这个女人的女儿用力挣脱了绳子逃走了。大约两个时辰后，天空再次恢复了正常的颜色，人们再次走到广场上，也顾不了这个女人的女儿已经逃脱，于是点火烧死了这对母子。

几天后，楼兰王国出现了一场巨大的骚乱。王国里的镇国之宝被偷走了，于是国王下令开始了大规模的盘查，可是几日后依然没有任何线索。

就这样到了第七日深夜，王国上空乌云密布，四周黄沙漫天，顷刻之间，王国被黄沙全部掩埋，并沉于地下。

有人说，这是那个女人生的女儿偷窃了王国的镇国宝物，并对王国下了最恶毒的诅咒，让这个罪恶的王国消失，于是，楼兰国真的就消失了。

明俏俏听得津津有味，王教授笑而不语。路小果不屑一顾地笑道："罗小闪，这明显是杜撰的故事，你连这种故事都信吗？"

罗小闪不服气地反问道："你凭什么说它是杜撰的？"

"1980年新疆出土一具被称为"楼兰美女"的古尸，距今约有4000年历史。从外表看，她具有鲜明的欧罗巴人种特征。欧罗巴人又称白种人、欧亚人种或高加索人种，是世界上人口最多的人种。他们的特征是肤色浅淡；柔软波状的头发，颜色多金黄；眼色碧蓝或灰棕色；毛发较浓密；颧骨不高突；颚骨较平；鼻子窄而高；唇薄或适中。不就是和你刚刚描述的那个男孩和女孩差不多吗？这说明杜撰这个故事的人根本不了解楼兰国的历史，胡编乱造。”

路小果的一番话把罗小闪气得七窍生烟，他气呼呼地说道：“又不是我编造的，我只是转述别人的故事而已。”

“拜托你下次讲故事讲个靠谱点的，这种不着边际的故事还是不要讲的好！”

王教授见两个少年争得面红耳赤，便笑道：“路小果说得对，通过出土的干尸已经证明楼兰人本身就是蓝眼睛、棕黄头发的欧罗巴人种，何来外族人一说？杜撰这个故事的人确实编得有点离谱。但无论怎么说，有一点是肯定的，给楼兰人最后一击的，一定是瘟疫。这是一种可怕的急性传染病，传说中的说法叫‘热窝子病’，一病一村子，一死一家子。在巨大的灾难面前，楼兰人选择了逃亡，就跟迁徙一样，都是被迫的。人们盲目地一哄而散，哪里有树有水，就往哪里去，哪里能活命，就往哪里去，能活几个就是几个。可是他们上路的时候，正赶上前所未有的大风沙，一派埋天葬地的大阵势，天昏地暗，飞沙走石，声如厉鬼，一座城池在混乱中轰然坍塌——楼兰国

瓦解了。至此，辉煌的楼兰古城也就永远地从历史上无声地消逝了。虽然逃亡的楼兰人一代接一代地做着复活楼兰的梦，但是梦只能是梦。消失了的楼兰，变成了风沙的领地，一个死去的王国。”

“王阿姨，你说楼兰国的消失是因为瘟疫，又有什么根据呢？”罗小闪问道。

“当然有！依据就来自于国内外探险者和考古工作者，他们在楼兰古城的废墟中不仅找到了大量珍贵的文献，还有各种财物，这说明楼兰古城是突然间被废弃的，但是却没有战争的痕迹。由此可以推断，只有瘟疫才能造成十室九空的景象，才能让人不顾一切地逃离。”

“这么说，”路小果接着说道，“楼兰国人被一场瘟疫冲击后，全部国民死的死了，活着的那些人也一定被冲得七零八落了，那么……”

路小果停顿了一下，罗小闪急说：“路小果你想说什么直说好了，别吞吞吐吐的。”路小果看了王教授一眼，继续说道：“后来，有一群楼兰国人，无路可走，只好沿着罗布泊湖来到这湖的东南岸，由于隔着一个湖，他们躲过了瘟疫，在这里继续生活了很多年，直到老死——他们就是躺在这棺木里的这批最后的皇室成员。王阿姨，我说得对不对？”

王教授笑着点了点头：“很好，推理得不错！他们的后人为了纪念那些走失的或中途病死的成员，把他们刻成木头人，装在棺木里，和他们一起葬在这墓里。”

“就是那些胡杨木雕刻的木人吗？”明俏俏问道。

“是的，就是那些木雕人！它们一定代表着他们失散或者病死的成员！”

“可是，我有一个疑问，”罗小闪皱着眉头，指着棺木里的干尸说道，“他们的后人呢？他们的后人把他们埋葬了以后去了哪里？”

王教授沉思了一会说：“这的确是一个很难猜的谜题，关于他们的后人我想不外乎两个出路，一个是继续迁徙到中原；一个是他们的家族日渐衰落，最后自生自灭被风沙埋藏于这大沙漠。当然，迁徙到中原的可能性要小一些，因为至今还没有发现中国的哪个民族是欧罗巴人的后裔，所以被风沙埋藏的可能性要大一些。”

“还有一种可能！”一直沉默不语的罗峰忽然插话说道，“教授，还有一种可能你们想过没有？”

“什么可能？”王教授一脸的惊讶，她没有想到一直不说话的外行人罗峰竟然也能发表和她不同的观点，让她大感意外。

“还有一种可能就是，这些楼兰王室的后人还活着！”

“什么？还活着？！”

罗峰的话好像凭空炸响的一声惊雷，惊得四人眼睛全瞪得如铜铃一般，几乎不敢相信自己的耳朵。

天外来客

Tian wai lai ke

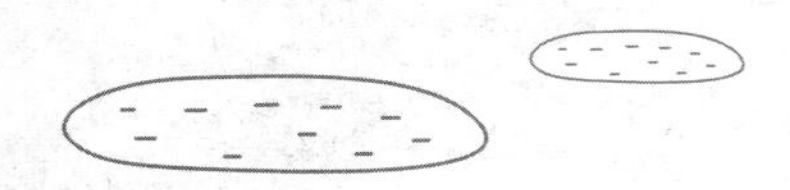

第五十五章　复活的楼兰美女

“老罗，你这么说有什么证据吗？”王教授是搞考古的，行事最讲证据。她被罗峰的话给镇住了，甚至觉得罗峰是在胡言乱语。可是当她的目光触及罗峰的脸时，不禁被罗峰奇怪的表情迷惑住了。三个少年很是纳闷，为什么罗叔叔说话时脸上会有这么奇怪的表情，就像是看到了什么不可思议的事情。

“证据就在你们的身后！”

四人不明白罗峰为何会说出这样奇怪的话，都诧异地回头向身后看去，一看之下不禁全都目瞪口呆，继而又惊恐地、如触电般地向后退去。

原来在他们四人的身后竟然不知什么时候站着一个人！一个年轻的女子——一千多年前的楼兰国女子！她脸庞瘦削，尖尖的鼻子，深凹的眼眶，目光炯炯有神，褐色的头发披在肩上；一身白色装束淡雅而庄重，白色的绒帽、白色的裙子，并用白色的面纱遮住了面部，帽子上还插了数支雁翎，脚上穿一双翻毛皮制的卷头靴。

为什么这么肯定地说她是楼兰女子呢？因为这些棺木中很多干尸的服装、头饰和她一模一样。

天哪！路小果忽然觉得脊背直冒凉气：这如幽灵般的楼兰女子是从哪里冒出来的？她是什么时候站在他们身后的？为什么他们四人一点都没有感觉到？难道是这棺木中的干尸复活了？还是这女子根本就是这干尸的魂魄？

正当五人看着楼兰女子不知所措之时，那女子忽然说话了。只听她叽里咕噜说了好一阵子，遗憾的是他们一个字也没有听懂。大家都把目光移向王教授，指望王教授为他们翻译一下，因为在他们五人中间，王教授的学问最好，知识最渊博。没有想到她也是茫然地看着这楼兰女子，不知如何是好。

还是罗小闪胆大，上前一步，文绉绉地问女子道："这位姐姐，我们是徒步探险的游客，不小心误入这古墓，打扰到你，实在抱歉，不知姐姐是什么人？怎么称呼？"

楼兰女子听完罗小闪的话也是两眼茫然地看着他，很明显，她也没有听懂罗小闪的话，不过，她立即挥舞了一下手臂，目光注视着五人，打了一个奇怪的手势，五人立即感觉精神一振，全如着了魔一般地跟着楼兰女子走起来。罗峰的意志力最强，感觉不妙，企图抗拒那楼兰女子的目光，却没有成功，如被催眠了一般，也跟着走起来。

"水晶金字塔"本来也不大，再除去四排棺木所占的

位置，所剩无几。然而这楼兰女子并未领着五人走直线，而是在走一种奇怪的曲线，忽左忽右，忽前忽后，走着走着，忽然一道白光闪过，楼兰女子和路小果五人如进入了时空隧道一般，突然消失不见了，“水晶金字塔”内除了那四排棺木，什么也没有了，恢复了原来的样子……

路小果感觉自己如睡了一觉一样，迷迷糊糊地醒来的时候，才发现自己置身于一个密室的铁笼子里，铁笼子四四方方，铁栅有手臂粗细，面积有十来个平方米。奇怪的是密室的墙壁和顶部都是弧形结构，整个密室看起来就如一个椭圆形的鸭蛋；密室的顶部亮着四个从来没有见过的电灯；在密室的两头各有一个圆形的洞，应该是一进一出两个通道。在路小果的身边，躺着罗小闪和明俏俏，却不见了罗峰和王教授。

“喂！喂！”路小果用手拍拍罗小闪，又拍拍明俏俏，两人很快也醒过来，罗小闪揉揉双眼，打了个哈欠，缓缓问道：“我们这是在哪儿呀？”明俏俏惊讶地抓着铁笼子的栅栏使劲摇了摇，问道：“我们怎么会到了这里？是谁把我们抓到这里来的？咦，罗叔叔和王阿姨呢？”

“你问我，我问谁呢？”路小果耸耸肩说，“你不要摇了，看这个情形，我们已经成了阶下囚了。”

罗小闪说道：“我们是被谁抓进来的？不会是那个穿着楼兰国服装的姐姐吧？”

明俏俏也附和着说道："可是那个楼兰姐姐怎么看也不像坏人啊！"罗小闪嬉笑着反对道："话也不能这么说，坏人脸上也不会写着字吧！就像我这样的人，别人看着总以为是坏人，其实是一个不折不扣的好人！"

明俏俏嗤笑道："我怎么没有发现你像个好人啊！自卖自夸！"

路小果打断他们说道："你们俩不要吵了，赶紧想想办法，怎么才能走出这笼子，怎么才能和罗叔叔、王阿姨联系上。"

罗小闪两手一摊说道："这笼子钢铁所铸，想出去比登天还难！"明俏俏说："那我们也得弄清是谁把我们关起来的呀！"

"怎么弄清？"

"叫喊呀！叫喊才能引起别人的注意，电视剧上都这么演的。"

"行！你叫吧！"

"你叫，你是男的，嗓门大一些！"

"还是你来叫吧！你的嗓子尖一些！"

……

"算了，你们俩不要争了，还是我来叫吧！"路小果说着，两手在嘴巴上围成一个喇叭状，大喊了一声："喂！有人吗？来人呀！"

路小果的声音不愧为女高音，直刺得罗小闪耳朵根发痒，脑袋嗡嗡作响，苦不堪言。路小果的爽快激发了明俏俏的豪气，她上前一步，走到铁栅栏旁边，学着路小果的样子，也大喊了一声："来人哪！救命哪！"

明俏俏的嗓音比路小果的还要高许多分贝，吓得罗小闪赶紧捂住了耳朵，生怕她的尖嗓音刺破自己的耳膜。

路小果和明俏俏的"女高音"果然有效果，不到两分钟，就从密室的一侧通道里传来啪嗒啪嗒的脚步声。路小果和明俏俏立即紧张起来，罗小闪其实也有点紧张，不过为了显示他的男子汉风范，他故意装作很胆大的样子说道："你们俩别怕，有我呢！"

啪嗒声越来越近，路小果和明俏俏相互牵着的手心里全是汗水，心脏的跳动也随着那脚步声的节奏慢慢加重、加快，到最后快要蹦出嗓子眼了。

终于，脚步声从通道口处响起，一个身影从通道里慢慢走了出来……

最吃惊的是罗小闪，他以为来的要么是一个楼兰国的士兵，要么是先前看到的一样，是个楼兰国女子，没有想到走出通道的人完全出乎他的预料之外。明俏俏似乎受到了很大的刺激，惊恐地用手指着来人，一边后退一边结结巴巴地说道：

"啊？这不是……那个……那个……"

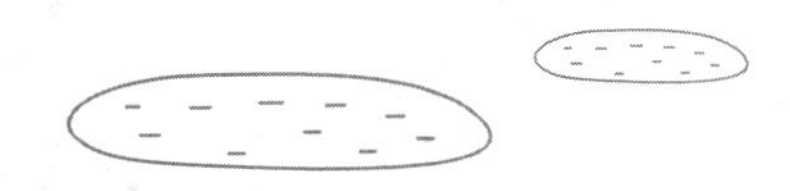

第五十六章 葛利斯581d

路小果也惊骇不已，在0.01秒的时间里她就联想到了他们昨天在沙漠里遇到的那个被明俏俏认为是外星人的干尸。正在向他们走过来的“人”，身材矮小，不足一米，头部呈一个倒三角形，眼如铜铃，嘴巴较大，脖子细长，他没有穿衣服，浑身上下包裹着一层青灰色的皮革一样的东西，他没有右手，只有左手，左手和脚只有三个指头，好像鸭子的蹼一样，看外形几乎和先前看到的干尸外形一模一样，只不过皮肉比那干尸丰满一些而已。

明俏俏吓得躲到路小果的身后，路小果也直往罗小闪身后躲，三个人看着这个来历不明的矮人，如受惊的小鹿，惶恐不安。那矮人也不说话，只是用铜铃般的眼睛瞪着三人。罗小闪终于忍不住了，把心一横，大声说道：“喂！你是什么人？为什么要抓我们？”

罗小闪的话音刚落，忽然从那“人”的嘴里传出一阵吱吱的声音，好像老鼠，又好像是蝙蝠的叫声，很刺耳。明俏俏忍不住一边捂住耳朵，一边嚷道："天哪！这是什么鬼声音？听得我直恶心想吐！"

路小果心想：难道这吱吱声就是这个矮人的语言吗？难道他真的是外星人？如果是这样的话，该怎么和它交流呢？想到这里，她从罗小闪背后走出来，上前一步说道："喂！我们听不懂你们的语言，我们想知道你们是什么人，来自哪里。"

那矮人似乎听懂了路小果的话，不再说话，而是将左手在他面前挥动了一下，路小果三人的眼前立即出现了一幅立体的星光点点的宇宙模型图，就是科幻电影上经常出现的三维全息投影技术，原来这外星人早就掌握了这门技术。随即，那矮人又在投影的模型图上用手点了几下，立即出现了几个按层次排列的球状物体。

"太阳系！"明俏俏看到那"人"画出的模型，立即脱口惊呼道，"天哪！它画的是太阳系模型，你们看！那离太阳最近的是水星，向外依次是金星、地球、火星、木星、土星、天王星和海王星。"

明俏俏话刚说完，那"人"又将左手张开往胸前一收，那太阳系模型图竟缩小至巴掌那么大，而后那人又将左手挥动了一下，他们的眼前又立即出现了一幅更大的立体模型图，图上星光万点，浩瀚无穷，刚才的太阳系变成了一个小点点。

“银河系！”这一次明俏俏更加吃惊，叫声也更大了，她指着那矮人无比激动地说，“天哪！他们果然是外星人！果然是外星人！”

“喂！兄弟，你来自哪里？”罗小闪也是一个UFO迷，发现外星人对他来说是自己最大的梦想，此刻，当外星人真的出现在自己的面前的时候，他还是抑制住自己狂跳的心脏，尽量平静地和它对话。那矮人听了罗小闪的话，抬起左手又在模型图的太阳系的边缘位置点了一下，被他点过的地方开始闪烁着一个红色亮点。

明俏俏眼睛盯着那一闪一闪的红点，想了一会，忽然惊呼道：“葛利斯581d！他们来自葛利斯581d！”

罗小闪懵懵懂懂地问道：“你说什么？葛什么的，是什么玩意？”

“星球啊，一个星球的名字，他们来自葛利斯581d星球！”明俏俏怕罗小闪听不懂，又重复了一遍。路小果嘲讽地说道：“罗小闪，亏你也是个UFO、外星人迷，竟然连一点天文学知识都不懂！葛利斯581d被科学家认为是银河系中最有可能存在外星生命的七个星球之一，连我这个外行都知道，你居然不知道？”

罗小闪脸红红的，嗫嚅着道：“这又有什么奇怪，我喜欢吃鸡蛋，非要知道生这个鸡蛋的母鸡是谁吗？”

“罗小闪，你这不是强词夺理吗？”

明俏俏不理会两人的争执，解释道："2007年4月，欧洲天文学家宣布发现一颗编号为葛利斯581d的新类地行星，它位于离地球不远的天秤座，质量约是地球的5.5倍，直径是地球的1.5倍。科学家推测，这颗新行星的平均温度大约在0摄氏度至40摄氏度。在这种温度条件下，水可以保持液体状态，也比较适合生命生存。它距离地球约20.5光年，被认为是一颗超级地球。"

路小果问道："20.5光年是什么概念？"

"这么说吧！"罗小闪终于逮着了表现自己的机会，接过路小果的话答道，"目前人类飞行速度最快的飞行器——旅行者1号，它已经在太空中航行了30多年，它经过多次引力加速后，达到每秒18千米的速度，也就是说，以这个速度，可以在一个小时内环绕地球一圈半，但是，即使以如此惊人的速度飞行，到达这个什么葛利斯星球也需要大概35万年！"

"35万年？"路小果吃惊地张大了嘴巴，指着铁笼子外的外星人叹道，"你是说这个外星人到我们地球走了35万年？我的天哪！"

"我说的是我们地球的飞船如果要到葛利斯星球要35万年，如果是这个星球上的外星人来咱们地球就不一定了，也许人家的科技发达，飞船速度快，或许一年半载的就到了。"罗小闪炫耀似的说道。

三个少年就这样说着说着觉得也不是那么害怕眼前的

这个外星人了。罗小闪走上前两步，手握着铁笼子的栏栅，态度友好地说道："小朋友，你看见我们的另外两个同伴了吗？一个男的，一个女的，他们都是四十来岁的样子。"

明俏俏扑哧一笑道："罗小闪你可真滑稽，你叫人家小朋友，搞得你好像岁数多大似的，弄不好，人家比你爷爷的岁数还大。"路小果面露疑惑地说："不知道他是不是真的能听懂我们说话？"

罗小闪答道："肯定能，不然刚才我们问它来自哪里，他可都告诉我们了！虽然它没有说话，但是他理解得却十分准确，说明它肯定能听懂我们的语言。"

果然，罗小闪的话音刚落，那外星小矮人就点了点头。罗小闪见状眼睛顿时一亮，大喜道："在哪里？他们在哪里？我们要见他们两个。"

那外星小矮人忽然又摇了摇头，意思是不能告诉你们。罗小闪他们三个顿时感到非常失望，罗小闪正想再问那外星人几个问题时，它竟转身走出这密室，向通道里走去，它身旁的银河系图像忽地自动消失了。

罗小闪见这外星人要离开，着急地摇着铁笼子，喊道："喂！你别走啊！我还有问题要问你呢！喂……"

那外星人不理他，径直走进了通道。罗小闪气得使劲拍打着铁笼子，明俏俏说："罗小闪，你摇着笼子有什么用？还是省点劲想想怎么走出这铁笼子吧！"

“这铁笼子刀枪不入，我能有什么办法？我就是有上天入地的本领也没有用啊！”罗小闪绝望地抱怨着，大脑却被自己的话提醒，一个念头在自己的脑海里闪现了一下。

“哈！有办法了！”

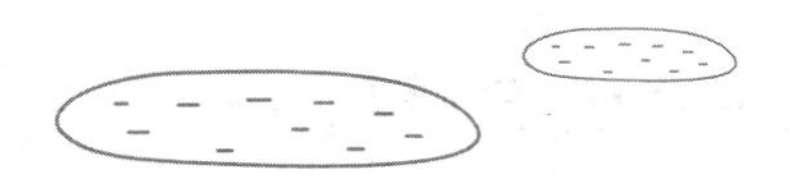

第五十七章 再次被外星人俘虏

“你有什么办法了？快说！快说！”明俏俏急不可待地催促着罗小闪，罗小闪却不紧不慢地从背包里取出一把黑色的东西，路小果和明俏俏定睛一看，原来是一把手枪，她俩这才想起来罗小闪曾经在秘密军事基地里背着罗峰偷偷藏了一把手枪，逃出基地后竟然还一直保留到现在。

“你干吗？罗小闪，你不是想伤人吧？”明俏俏见到罗小闪手中的枪，以为他要用枪对付那个外星人。罗小闪哭笑不得地说：“我伤什么人哪，我只是想用它来助咱们逃命；再说了，就算我想用它对付外星人，恐怕也没有用，人家科技这么发达，恐怕咱们这枪对它们来说还不如一个玩具。”

“早点说啊！”明俏俏捂着胸口说道，“吓了我一跳！那你准备怎么用这枪逃出去呀？”

罗小闪一边给枪装子弹，一边说道：“很简单，我直接对着锁开几枪，这铁笼子不就打开了。”路小果反问

道："那要是那外星人听到声音赶过来怎么办？"

"他来了更好啊！我的目的就是让它来的，来了我们才有机会和它们交流，我们才能知道它们心里在想什么。"

"要是没有人来呢？"

"那我们就闯进他们的老巢，救出我老爸和王教授。"

"关键是我们还不知道罗叔叔和王教授被关在哪里，怎么办？"

"笨呀，我们有眼睛有腿，不会找吗？"

罗小闪说做就做，举起手枪，拉开保险，扣动了扳机，只听"砰！砰！"两声巨响，铁笼子的锁应声而落，居然真的被罗小闪打开了。为了防止外星人闻声闯过来，罗小闪举着手枪，处于戒备状态。接着，罗小闪拉开铁笼子的门，走出铁笼子，路小果和明俏俏随即跟了出来。在这个过程中，竟然没有一个外星人闯过来。罗小闪心中暗喜，选了刚刚外星人出去的通道钻了进去，并回头悄声说道："你们俩机灵点，跟紧我！"

路小果和明俏俏点点头，跟着罗小闪进入通道。通道不长，走了二十多米远，就又进入一个密室，这个密室和关押他们的密室造型一样，只是里面的摆设不同，除了没有铁笼子外，还多了一个透明的长方体，好像是水晶做的，和茶几一般大小。

穿过一段通道，又进入一个密室，和上一个一样，只不过多了一个长方体水晶。如此反复，他们三人一连穿过十几间密室，除了长方体水晶的数目不一样外，其他别无二致，而且一路上他们并没有碰到一个外星人。这让三个少年感到纳闷而又好奇：为什么有这么多造型一样的密室？这些长方体水晶是做什么用的？为什么每间密室的水晶数目不相等？为什么密室里没有人？

三个少年带着满脑子的疑问，继续往前走，正穿过一间密室的时候，走在前面的罗小闪忽然停住了，三人定睛一看， 发现在他们前面3米远的地方站着一个长相凶恶的外星人，这个外星人比他们先前见到的那个要高一些，壮一些，正对他们怒目而视，一副很不友好的表情。看到路小果他们，他立即叫了起来，老鼠一样的叫声，直刺三个人的耳膜。罗小闪手举着枪，不知道该怎么办。正僵持着，又跑过来两个个头和眼前这个差不多的外星人，估计是被叫声引来的。

“和他们拼了吧！”路小果见这些外星人只齐到自己的肚脐，心想，虽然它们科技发达，力气并不一定比自己大，所以并未把它们放在眼里。明俏俏紧张地说：“他们一定有什么厉害武器吧！我们打得过吗？”又对罗小闪说：“小闪，我们怎么办啊？你快想想办法！”

罗小闪双手举枪，对准一个外星人，壮着胆子喝道：“喂！你们不要过来啊，否则我会开枪的，我……我真的

会开枪的！”

三个外星人嘀咕了一阵，其中一个外星人忽然抬头对准罗小闪的双手挥了一下，大家正在猜这外星人想干什么时，罗小闪忽然感觉手中的手枪慢慢变得热起来，又过了几秒钟，居然热得烫手了，罗小闪赶紧把手枪丢在地上，又过了几秒钟，那手枪竟然慢慢像冰一样融化掉了，化成了一摊铁水。

三个少年顿时惊骇不已，心生恐惧，惊恐地看着三个外星人，不知道下一步将会对他们怎么样。与此同时，罗小闪大脑在飞速地旋转着，他在想这些外星人的武器虽然厉害，但体力不知道怎么样，要不要和这三个外星人拼一下，试试他们的体力呢？

拼了吧！罗小闪决心一下，又回头对路小果和明俏俏低语道：“我们和他们拼了！我冲在前，你们跟着我！注意保护好自己！”

说罢，罗小闪大吼一声，飞起一脚向站在前面的那个外星人踢去。罗小闪将近一米七的个头，身体壮实，这一脚的力量虽然没有成人大，但也不可小觑，足可将一般成人踢倒，何况面前的这些外星人只有一米来高。罗小闪怕这些外星小矮人承受不住自己的一脚，还留了三分力气。

可是，事实却让罗小闪失望了。他的一脚踢出去，到那外星人面前几厘米处，忽然力道消失，感觉像是踢在棉花上一样，面前像是有一堵无形的气墙挡在自己面前，前进不了半寸。

攻击无效，罗小闪像抽身后退，却发现身后也有一堵气墙挡着，移动不得。再一看路小果和明俏俏，也是同样的遭遇，被气墙挡着动弹不得。罗小闪暗思，这外星人施了什么魔法，竟和孙悟空的定身法一般厉害。

三个少年正觉得孤立无助的时候，一阵睡意忽然袭来，三人各自打了个哈欠，竟然都站着睡去。

当路小果再次醒来的时候，发现自己竟然又回到了铁笼子里，只不过，这一次笼子里多了一个人，一个须眉皆白的老人。老人脸上荡漾着慈祥的笑容，见路小果醒过来，他笑道："小姑娘，醒来了？"

路小果怔怔地看着眼前的这个白胡子老人，茫然不知所措。路小果连忙把罗小闪和明俏俏拍醒，罗小闪和明俏俏见了白胡子老人，也很意外地看着他，比在山野里遇见老神仙还要吃惊。幸好老人的面容慈祥，怎么看也不像一个坏人，所以他们三个并没有紧张。路小果大着胆子问道："老爷爷，我们怎么会在这里？这里又是哪里？"

老人笑着答道："当然是那些小矮人把你们送过来的啦。你问我这里是哪里，这倒是一个难题，准确地说，这里和十八层地狱也差不了多少！"

"啊！十八层地狱！老爷爷你是人还是鬼呀？"明

俏俏立即紧张起来，惊恐地看着老人。老人微笑着答道："那你们看我像鬼吗？"

三个少年都不约而同地摇了摇头。罗小闪接着说道："您不仅看着像人，而且像一个好人！"

老人被罗小闪的话逗得哈哈大笑起来："小伙子挺会说话呀！那我问你们，你们知道这里的小矮人是什么人吗？"

路小果答道："知道啊，是外星人！"

"而且是来自太阳系外葛利斯581d星球的外星人。"明俏俏接着补充了一句。老人点了点头赞许地说道："嗯！这小姑娘对天文学倒是懂得不少！不错！不错！"

明俏俏谦虚地笑笑。老人接着说了一句话，把三个少年吓了一跳！

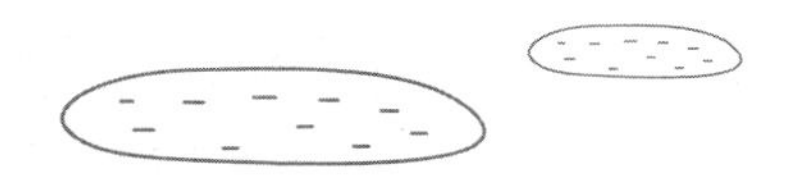

第五十八章 地下王国

老人脸色忽然严肃起来，问了一句："那你们知道不知道自己马上就要变成外星人的奴隶？"

"啊？"三个少年听了老人的话忽然脸色大变，惊恐地张大了嘴巴，不明白老人为什么会说出这样的话。路小果不解地问道："为什么呀？爷爷，难道这些外星人是抓我们来做奴隶的吗？"

老人点点头，继而又摇摇头说："准确地说，应该是给你们做个换脑手术，然后你们就不知道自己是谁了，彻底变成它们的奴隶。"

"啊，怎么会这样？这些外星人也太狠了吧！"路小果气愤地叫道，"老爷爷，你能详细地告诉我们这是怎么回事吗？"

老爷爷笑道："那你们能不能先告诉我你们是怎么到这里来的呢？"

于是，路小果把他们自从出来探险到进入罗布泊，再

到进入古墓的前前后后的细节，一一说了出来。老人听了他们一行来到这里的经过，笑道："看来你们真是不幸，居然误打误撞到了这里，年纪轻轻的，唉！真替你们感到可惜！"

罗小闪着急地催促道："爷爷，你快说呀，这些外星人在这沙漠里到底想干什么？他们与楼兰古墓到底是什么关系？"

老人轻咳了两声，将外星人的来龙去脉娓娓道来，也揭开了大沙漠下石破天惊的秘密！

原来正如明俏俏所说，这是一群来自太阳系外，距地球不远的位于天秤座的一个叫葛利斯581d的星球的外星生物。他们身材矮小，却有着极高的智慧。数千年前，他们星球的一群科学研究者在一次星际旅行中，误入地球大气层，飞船坠毁于罗布泊大沙漠。估计是他们的通信工具也同时损坏，无法联系上自己星球的同类，再加上他们所居住的星球也极其干旱，和我们的沙漠气候相似，于是他们就在这大沙漠里定居下来，并逐渐建立了自己的地下王国。

那时，罗布泊大沙漠还渺无人烟，他们居住在沙漠深处自己的王国里，本不想打扰人类，与人类互不相干，井水不犯河水，人类也不知道他们的存在。直到楼兰国诞生，又遭遇瘟疫大灾，楼兰国的最后一位国王带着家眷逃亡到这里，国王死后他的家人为他造墓时，才不小心打扰了这群外星人宁静的生活。于是，它们将楼兰国的后人全部掳到这沙漠下的飞船里，给他们做了换脑手术，让他们变成自己的奴隶，供自己驱使。

这些外星人掌握的科技极为发达，几千年前的科技水平已经让我们地球人望尘莫及。并且他们很善于在地下建立立体巢穴，他们地下王国的设计非常巧妙，能够提供理想的通风和运输路线；他们的成员等级制度非常严密，分工明确，各司其职。这个王国的主室由大型通道连接，旁边还建有辅助通道。从主室起，通道开始分岔，呈放射状通向各个居室。他们的居室以家庭为单位；一个家庭又同时分配有育儿室、活动室、交配室等，各室之间四通八达，比人类最杰出的设计师设计的还要合理。

他们有一套非常先进和完善的能量循环系统，基本上没有废弃的东西，所有的废弃物都能循环利用。他们最主要的能源来自于一种近似于水晶的透明物质，他们晚上睡觉时都要睡在那个水晶一样的东西制作的长方形盒子里，以获得第二天的能量。

白胡子老人一口气讲述了这些外星人不为人知的秘密，三个少年听得惊心动魄，惊骇不已。罗小闪问道：“老爷爷，这些年，沙漠里的许多神秘失踪事件是不是都与他们有关？”

老人点点头说：“不错，基本上可以这么说，他们把掳

进来的人都换了脑，变成了他们的奴隶，几乎没有例外。”

“那么你呢，爷爷？”路小果不解地问道，“他们为什么不给你换脑呢？”

老人笑笑答道：“这个嘛……我也不是太清楚，我猜想可能是因为我懂得一点人类科学，他们想从我身上获得更多地球人的信息吧！”

路小果好奇地问：“爷爷，你为什么知道他们这么多信息呀？”

“我来这里已经有三十多年了，天天和他们打交道，虽然语言不通，但有些东西我猜也能猜得出来，所以对他们比较了解。”

罗小闪接着问道：“爷爷，你说，我们听不懂他们的语言，他们为什么知道我们在说什么呢？”

老人捋了一下胡子，答道：“他们的智慧很高，科技也非常先进，能通过解剖人类的大脑读取人类的记忆，破解人类的语言密码，所以，虽然他们不会说我们的语言，却能听懂我们在说什么。其实对于我们人类来说，这也不是什么难事，如果能有机会对他们的语言进行系统的研究，我们也能读懂他们的语言，就像驯兽员训练一只野兽，如果接触久了，也一样可以猜出野兽叫声的意思。”

“那爷爷，我想问一下，”明俏俏插话问道，“您现在能听懂他们的语言吗？”

老人答道："能听懂一部分，一小部分而已，这一小部分还是因为经常和一个只有左手的名叫'杜比'的年轻外星人交流得来的。'杜比'是我给他取的名字，是独臂的谐音。如果要听懂他们的全部语言，必须得系统地研究才行。可惜我没有那个机会呀！"

路小果惊讶地说道："爷爷，你说的那个叫'杜比'的外星人，我们也见过，这是个很和善的外星人，不像刚才的三个凶神恶煞的，看着令人生厌。"

老人点点头："是的，外星人和我们地球人一样，有善良的，也有凶恶的，'杜比'就是一个善良的外星人，他经常过来和我交流，我们算是好朋友了。"

"老爷爷，这个'杜比'既然和你这么熟，心地又这么善良，我们可不可以说服它放了我们呀？"听白胡子老人这么说，罗小闪出了一个有点异想天开的点子，他自己也知道不太可能，但还是想听听老人的意见。

果然，老人听完罗小闪的话笑了："你这个小家伙，可真会异想天开！"说罢，老人又话锋一转，接着道，"当然也不是没有可能，最关键的问题是'杜比'没有这么大的权限，恐怕他即使放了我们，我们也很难走出这里，像这样的密室估计有数千个，这还不算他们的飞船。他们的飞船我进去过几次，那里结构更为复杂，如果没有人带路是很难走出来的，更别说寻找出口了。"

明俏俏失望地说："啊，这么厉害！那我们岂不是要困死在这外星王国里了？"

明俏俏话音刚落，通道里忽然传来一阵急促的脚步声。

路小果大惊道："大家注意，外星人来了！"

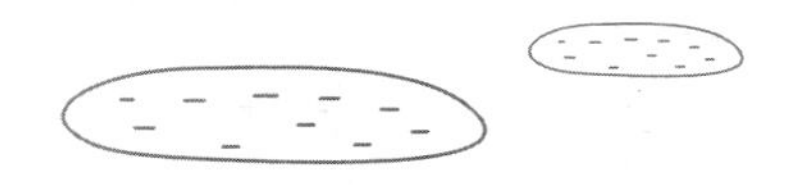

第五十九章　艰难的相逢

白胡子老人凝神细听了一会，摇摇头说：“不是外星人，应该是我们的同类——地球人。”老人话音刚落，果然走出两个地球人，三个少年一看之下不禁喜出望外，原来来者是罗峰和王教授二人。

“老爸！”“罗叔叔！”“王阿姨！”

三个少年一边欢喜地叫着，一边在铁笼子里迎了上去，可惜隔着一层铁笼子，不然他们一定会相拥欢呼。

王教授笑道：“太好了！终于找到你们了，你们不知道，我和你们的罗叔叔见不到你们，真是担心死了。”

“我们也正担心你们呢！”罗小闪急不可待地说道，“老爸，你们被外星人抓到哪里去了？怎么逃出来的？”

罗峰这才把他们分开后的情况说给罗小闪三人听。

原来，罗峰和王教授在被楼兰女子催眠以后，也和路小果他们三个一样，被楼兰女奴掳来这里。与罗小闪三人不一样的是，他们只是双手和双脚被什么带子绑着，而不

是被关在笼子里。罗峰醒来环视四周，才发现自己置身于一个圆形的密室内，四面除了墙壁什么也没有。两头分别有两个可以走人的通道。

这是哪里？是什么人把自己绑起来的？他们绑自己干什么？罗峰沿着逆行的思维往前回忆了一段，忽然想起古墓水晶金字塔里那个楼兰女子来，难道，是那个看着面善貌美的楼兰女子把我们绑到这里来的？

罗峰这么想着，再看王教授也是和他一样的“待遇”，但却不见了三个少年，这下他有点慌了，他喊了几声王教授，王教授才慢慢地睁开眼睛。王教授一看自己的手脚被绑着，立即扭动着大叫起来，随即又结结巴巴地问罗峰道：“老罗，这……这……这是怎么回事？谁把我们抓起来了？”

罗峰答道：“除了在水晶金字塔里见到的楼兰美女还会有谁？”王教授愣了一愣，这才想起被催眠之前曾经见到的那个楼兰女子，说道：“那个楼兰女子看着不像坏人哪，绑我们干什么？”想了一想，随即又叹道，“这也难怪，谁让我们擅闯人家的地盘呢？只是不知道我们这是在哪里？”

“我也不知道，”罗峰摇摇头，语气中透着悲观与绝望的情绪说，“我们都被那楼兰女子催眠了，被掳到这里，谁知道这是哪儿。不过，这古墓处处透着古怪，我们这次怕是凶多吉少！”王教授怕罗峰灰心，便给他打气道：“老罗，也不要这么悲观，毕竟对方是什么人我们还没有搞清楚，他们有什么目的我们也不知道，不到最后的一步，永远不能放弃。”

“教授说得很对，我当然不会灰心，我还要救我的儿子呢！”

“就只救你的儿子吗？别的人就不救了？”王教授笑问，他当然知道罗峰不是那样的人，只是开个玩笑。果然，罗峰不好意思地笑道：“当然，我们五个，一个都不能少！”

对于特种兵出身的罗峰来说，要想解开自己被绑着的双手，根本不费吹灰之力。罗峰在自己的靴子里暗藏了一片刮胡刀刀片，他取出刀片，不到一分钟便把手上的绳索割断了，还解开了自己脚上的绳索，又帮助王教授解开了绳索。不知是这外星人低估了他们，还是根本就没有把他们放在眼里，在罗峰自救的几分钟时间里，没有一个外星人过来。

解开绳索之后，两个人迅速出了密室，钻进通道，漫无目的地寻找起罗小闪三个来，谁知误打误撞就正好碰到了再次被抓起来的三个少年。

罗峰看到铁笼子里居然有一个白胡子老者，甚为惊讶，忍不住问罗小闪道：“这位和你们在一起的老爷爷是

谁呀？”

罗小闪正要回答，却听老人自己答道：“我呀，也和你们一样，是被它们抓到这里来的人，只不过比你们来得早一些罢了。”

罗小闪接着把白胡子老人告诉他们的关于这些外星人的信息详细地告知了罗峰和王教授。王教授听后问老人道：“请问老伯之前是做什么工作的？”

“我吗？”老人呵呵笑着说道，“主要研究一些花花草草，没有什么大的作为。”

王教授听了老人的话，若有所思地点点头不再说话。罗峰在旁边接着问道：“老人家既然来这里这么多年，可知道如何逃出这外星人的地下王国？”

老人摇摇头叹道：“我要是知道的话，早就离开这里了，不过……”老人话锋一转，又说道，“有一个办法倒是可以试一试。”

“什么办法？”

“有一个叫‘杜比’的独臂外星人，这三个小家伙也认识，他是外星人里面的好人，对我们地球人很是同情，如果能得到它的帮忙，倒是有可能逃出这地下王国。”

罗峰诚恳地对老人说道：“老伯既然与那‘杜比’熟悉，还请老伯多多帮忙，祝我们一臂之力，好让我们一起早日逃出这外星王国。”

老人点点头道：“这个自然，不过我和那‘杜比’最近接触机会也不多，要看机遇了。”

罗峰正要再说什么，王教授忽然在旁边催促道：“老罗，先不要说了，你还是赶紧把他们四个从笼子里放出来再说吧！”

明俏俏问道：“罗叔叔，这铁笼子坚硬无比，又没有枪什么的，怎么弄得开？”罗峰答道：“放心，我自有办法！”

说完，他飞快地脱去自己身上的T恤，将T恤拧成一股绳，然后再把T恤缠住两根相邻的铁栅，慢慢地把T恤拧成麻花状。罗峰使出全身力气，脸上青筋暴出，随着T恤衫的旋转和收缩，产生了巨大的拉力，将两根铁栅慢慢拉弯，弯成弓形。原来只有10厘米的缝隙，现在增大了一倍，已经足够一个成人的身体穿过了。路小果他们和白胡子老人顺利地从铁笼子里钻了出来。

求生的欲望让他们六个人紧紧地团结在一起。在白胡子老人的带领下，一行人又穿过数十个密室，才来到一个大一点的密室。

“这是主室，一个主室统管着数百个单个密室。”老人介绍道。

罗峰问：“为什么我们走了一路都见不到一个外星人？他们都去了哪里？”

老人答道：“那些外星人平时都住在飞船里面，只有

需要获得能量的时候，他们才回到这些圆形的密室，平时下来巡视的，如‘杜比’这样的，都是地位比较低的。”

“走！我们到他们的飞船里面去看看能不能获得一些有用的信息。”罗峰所说的有用的信息是指如何逃出这地下外星王国的相关情报，他知道，这种时候只能冒险主动出击，决不能坐以待毙。

明俏俏忽然反对道：“罗叔叔，去不得！那些外星人很厉害的，他们站着不动就能把罗小闪的手枪融化成一堆废铁，我们赤手空拳去不就等于送死吗？”

路小果说：“可是，明俏俏，我们要是不去的话，在这里也是等死啊！与其等死，还不如拼一下。”

白胡子老人说：“咱们去外星人的飞船也不是不可以，只是我们的主要目标是那个‘杜比’，大家切不可随意走散或者攻击他们，记着，我们的目的是获得情报。”

说着，白胡子老人带着大家又穿过数十个密室通道，穿过一道厚厚的白色金属做的门后，来到一个全金属构造的，像是工厂的生产车间的地方。大家正在猜这些外形小矮人是用什么金属制作飞船的时候，忽然从另一个方向里传来一阵“吱吱”的叫声，从叫声中听出发出声音的外星人似乎正在承受着巨大的痛苦。

其他五人倒不觉得，白胡子老人听了这声音却忽然脸色大变。

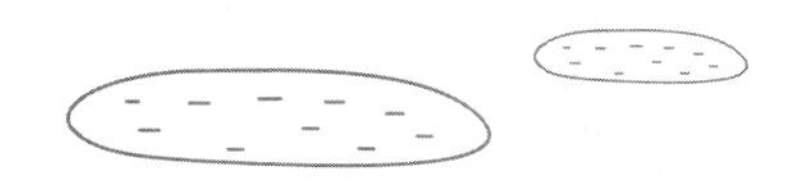

第六十章 解救外星人“杜比”

原来，长时间与这些外星人接触，老人对一部分经常打交道的外星人的声音已经很熟悉，他刚刚已经听出这叫声正是那独臂外星人“杜比”发出的。

大家小心翼翼地循着叫声向前找去，在金属构造的过道里穿行了几十米，又拐了一个弯，到了另一个通道，老人忽然“嘘”了一声，举手示意大家停下。大家停住脚步，都悄悄伸头向那通道看去，只见通道的一个透明房间里，三个身材高一点的外星人正在怒气冲冲地用一种发着绿光的武器击打一个独臂外星人。这武器跟击剑运动员持的剑一般长短，剑身透明，发出绿莹莹的光芒，好似儿童手中拿的荧光棒一样。

“这是它们的电鞭，是它们惩罚自己同类的一种刑具！”老人对大家低语道。路小果问道：“电鞭？爷爷，这也是你给它取的名字吧？”

“是啊，语言不通，只能这样了，这里所有没有见过的

东西，我都按照自己的理解给它们取了名字。”

“太好玩了！”路小果忍不住拍手笑道，“爷爷，你给这三个很凶的外星人取的是什么名字？”

“他们哪，我一般称它们为‘三大恶人’。”

“爷爷，你取的名字真形象，它们看着真的像恶人！”

这一老一少正说着，罗峰忽然问道：“老伯，你能不能看出它们在说些什么？‘三大恶人’为什么要对‘杜比’上刑？”

老人认真观察了一会儿，答道：“他们好像是在问‘杜比’一些事情，但‘杜比’好像回答不知道，所以‘三大恶人’很生气。”

罗小闪自言自语地道：“是什么事情，让他们这么生气，竟然对自己人动用刑罚？”

路小果接话说道：“难道……是因为我们？因为我们逃走，于是他们怪罪杜比没有看好我们，所以对‘杜比’进行惩罚？”

老人点了点头：“路小果小朋友分析得很有道理，我觉得肯定是这个原因。”

“爷爷，我们要不要把‘杜比’救出来？”罗小闪本来对杜比就有好感，一听“杜比”是因为他们才受到惩罚，立马产生了同情之心，恨不得立即拥有孙悟空的本领，把“杜比”救出来。

老人说："我们看情况再说吧！"

老人话音刚落，就听罗峰提醒道："嘘！注意，他们出来了。"

罗峰说的"他们"指的是"三大恶人"，只见它们每人手里拿提着一个"电鞭"，怒气冲冲地走出关押"杜比"的房间。而"杜比"还在蹲在房间的角落痛苦地叫着。

"三大恶人"走出了房间，径直向他们藏身的拐角处走过来。怎么办？罗峰在全身戒备的同时，不禁暗暗担心和着急，他听罗小闪说这些外星人有"神功"护体，几乎刀枪不入，应该如何对付它们呢？

这些念头只是电光火石般地在罗峰脑海里闪现了一下，事实情况并不容他多想，眨眼间"三大恶人"已经离他不到三步之遥。罗峰顾不得再犹豫，把心一横，上前一步，挥起一拳，击向走在最前面的那个外星人，又抬起右脚快如闪电般地踢向另外两个。

罗峰特种兵出身，块头大又训练有素，一拳一脚均有千斤之力，一般成人尚难抗拒，何况是三个身高只有一米多的外星人。"三大恶人"根本没有反应过来，手中的电鞭还没有来得及发挥作用，就被击倒在地。看来是罗峰过高地估计了他们的力量，他们除了武器和科学先进一些，若论力量并不比一般儿童的大多少。

见"三大恶人"昏死过去，罗峰立即招呼大家过来解

救“杜比”。外星人“杜比”见一群人向自己奔过来，其中还有自己相熟的囚犯，立即“吱吱”尖叫起来。可惜这次，包括白胡子老人在内，大家都无法读懂它的意思，按照人类思维的理解，应该是在说：你们这群混蛋，可是害惨我了，都是因为你们我才吃这么多苦。

这些想法都是他们瞎猜的，“杜比”真实的意思是什么，不得而知。但是那都没有什么关系，因为老人知道杜比听得懂人类的语言。老人对“杜比”说道：“我知道你很同情我们，但是我们对你们没有丝毫恶意，这几个人也是无意中闯进来的，我希望你能帮助他们回到地面上去，因为他们的家人还在等着他们。”

“杜比”眨了眨它的大眼睛，没有说话，似乎是在考虑着，或者犹豫着。老人接着说道：“杜比，虽然你也来自葛利斯581d星球，但是我知道你和他们不一样，你是个心地善良的人，你看这里还有三个孩子，他们都是无辜的，如果你能帮助我们离开这里，我们所有的地球人都会铭记你，你的名字会像宇宙一样永恒。”

“杜比”终于说话了，它“吱吱”叫了几声，同时抬起左手，在胸前比画了一下，大家的眼前突然出现一个三维全息投影的立体模型图。路小果一眼就看出这是外星人的飞船及其王国的模型图，在模型图上中间位置是一个很大的圆盘形的建筑，是它们的飞船；飞船的上面有一个小小的金字塔一样的建筑，就是路小果他们在古墓见到的并通过它进入地下王国的“水晶金字塔”；圆盘形建筑向四周放射出一串串葡萄一样的东西，无以计数，应该就是开始关押他们的那些圆形密室。

“杜比”用手指在模型图上点了一些点，那些圆点立即变成红色并开始闪烁，然后“杜比”又用一条绿色的线把这些红圆点串起来，路小果看出来，“杜比”画的应该就是地下王国的出口路线图，起始的那个红点是他们现在站立的位置，最后的一个红点却并不是楼兰古墓的位置，而是越过数十个密室，通向另外的一个方向。难道这地下王国的出口并非古墓，而是另有地点？

路小果正想着，只听“杜比”对老人叫了几声。接着，老人面露笑容，转身对大家说道：“‘杜比’已经为我们画好了出逃路线图，大家用心记下来，能否逃出去就要看咱们的运气了。”

“那‘杜比’要不要和我们一起走呢？”明俏俏忽然对这个不惜冒着巨大的风险帮助他们的异类生出同情之心，心里很希望他能跟他们一起，免得又遭到他们同类的刑罚。

老人摇摇头说：“应该不会，他们有他们的世界，我们有我们的世界，即使到了我们那里，估计它也无法生存。”

“爷爷，你就跟他说说，让它跟着我们走吧！不然我

们走了，‘杜比’的同类要是再惩罚他怎么办？”明俏俏哀求道。

老人看着心地善良的明俏俏一副可怜兮兮的样子，有点于心不忍，说道：“好吧！我试试！”

老人正要对“杜比”说话，忽然从背后传来一阵哈哈的尖笑声，听声音，明显是地球人的笑声，罗峰六人全都感到非常奇怪，这地下王国里除了他们六人，难道还有其他地球人活着吗？回头看去，六人却不禁都大吃一惊。

逃出生天

Tao chu sheng tian

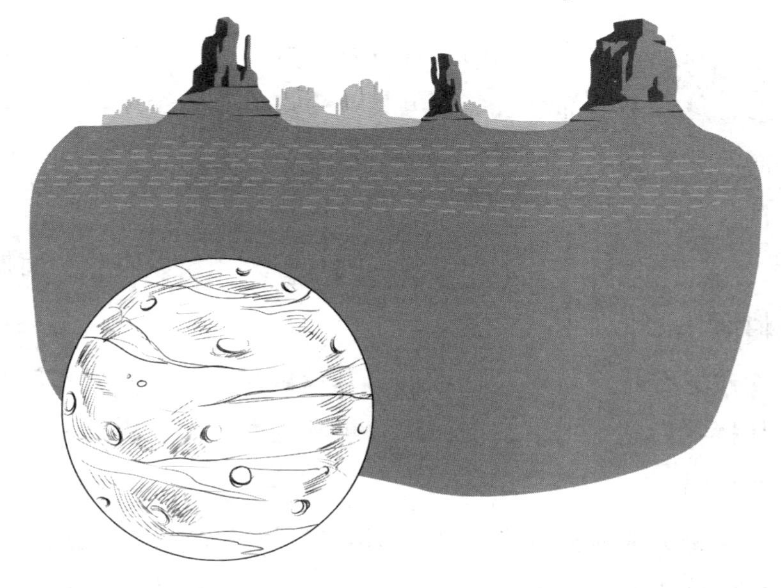

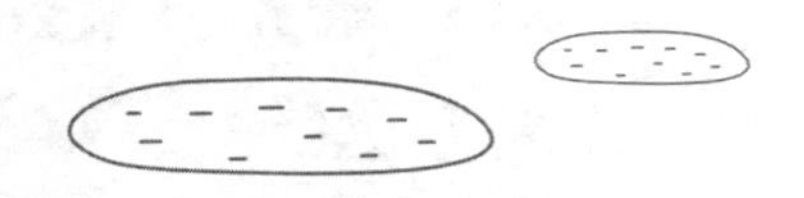

第六十一章　善良的“杜比”

在他们背后一进门的地方，站着大约十几位外星小矮人，每人手里都拿着一根电鞭。为首的是一个用丝巾蒙着面的楼兰女子，再仔细一看，这不是那古墓里催眠他们的楼兰女子是谁?

“啊，这不是那位带我们到这里来的姐姐吗？”明俏俏惊奇地问道。

罗峰接着说道：“老伯，就是这女人催眠我们，然后劫持我们到这地下王国，没有想到这女人貌若天仙，心却如蛇蝎。”

老人摇摇头说道：“你们错了！我之前跟孩子们说过，到这里的人都被外星人换脑了，变成了他们的奴隶，已经完全被外星人控制，恐怕连她自己都不知道自己是谁了。”

王教授问道：“老伯，我有点不明白，这楼兰国女子到底是古代人还是现代人？”

“什么古代人，当然是现代人了，他们除了思维受外星人控制以外，其他和正常人别无二致。”

“这么说，她是楼兰古国的一代一代相传的后人了！”

“嗯！当然了！不过，楼兰人传到后来，男子越来越多，女人越来越少，所以女奴隶就受到外星人的重用。据我观察，这楼兰女奴的地位不亚于一位外星人同类的中层统领，她统管所有地球奴隶，直接受地下王国最高统治者领导。”

楼兰女奴见白胡子老人一直说个不停，轻斥一声，双手一挥，身后的十几位外星人摆好阵形纷纷向罗峰六人冲过来。罗峰见识过那电鞭的厉害，连忙将老人及三个少年拉到身后，手持匕首，作防守状。

眼看外星人越走越近，明俏俏也知道那电鞭的厉害，怕罗叔叔吃亏，急中生智从背包里取出一个东西扔向罗峰大喊道：“罗叔叔，接着！”

罗峰伸手接过罗小闪扔来的东西，定睛一看，原来是明俏俏包里一直没有用的一个手持救援信号弹，罗峰看情形也顾不了许多，瞬间引燃了信号弹，然后对准了面前的外星人。

一股浓烟之后，信号弹喷出几股彩色的火焰，弹丸带着尖利的哨声冲向外星人。这些外星小矮人的科技虽然先进，但却没有见过这种原始的“武器”，队形顿时大乱，簇拥着退向室外，楼兰女奴也对这信号弹恐惧至极，场面

顿时失控。

罗峰见时机已到——此时不走，更待何时！他喊了一声："走！大家跟着我冲出去！"然后手拉着"杜比"拥着大伙向房间外的过道里冲去。过道里十几个外星人正乱作一团，自顾不暇。

罗峰六人加上"杜比"如冲入羊群的猛兽，那些外星人被碰撞或踩踏得人仰马翻，手中的电鞭根本没有起到任何作用。罗峰六人冲出过道，七拐八拐，很快就甩掉了楼兰女奴和那一群外星人。罗峰当然不是没有目的地乱跑，在他的脑海里还留有"杜比"刚刚画的线路图，他是在按照"杜比"指示的路线寻找出口。

但是这外星人的飞船实在过于庞大和复杂，连拐了几个通道，罗峰就记不清了，问"杜比"本人的话，语言不通太费事，于是，他问大伙："你们谁记住了刚才'杜比'画的线路图？"

"我！我记着了！"路小果忽然大声地回答道，在平时的学习中，同学和老师最赞赏的就是她超强的记忆力，所以，刚刚"杜比"一画完地图，路小果就已经将它烂熟于心。

"好！路小果，前面带路！"

路小果应了一声，跑到队伍的最前面，正要加劲快跑，忽然发现自己动不了了，在她的面前，一堵无形的气墙堵住了去路，气墙的那边站着一个身材和“杜比”差不多的外星人，估计是哨兵一类的角色，正手持电鞭双目滚圆地瞪着罗峰一行人。路小果寻思，一定是它提前得到信息，设置了气墙障碍。罗峰不知道原因，吃惊地问：“路小果，怎么不跑了？”

路小果无奈地用手指指面前说道：“跑不了啦，罗叔叔，我们好像被困着了！”白胡子老人见状说道：“是电子气墙！”不用说，这名字又是这老人自己给取的名字。

路小果问：“爷爷，这电子气墙怎么破解呀？”

老人摇了摇头。

路小果又问：“‘杜比’呢？他是他们自己人，也不能破解吗？”

“不能，‘杜比’在外星人里级别太低，据我所知，它还不会使用和破解这电子气墙。不过我研究过这电子气墙形成的原理，如果用以其人之道还治其人之身的方法或许有效。简单点说，就是也用电，用高压电，来击穿它。”

“高压电，高压电……在哪儿弄到高压电啊？”路小果念叨着。大家我看看你，你看看我，不知该怎么回答。罗小闪忽然大悟道：“对了！我包里不是还有高压电警棍吗？不知道那个可不可以？”

“对呀！”路小果也惊喜地叫，“我们都急晕头了，怎么没有想起罗小闪有个电警棍呢？一定可以，罗小闪快拿出来。”

罗峰看看身后说：“死马当活马医，试试吧！你们动作快点，楼兰女奴带领的外星人马上就要追过来了。”

“让我来！”罗小闪取出电警棍，挤到队伍前面，打开开关，击向面前的电子气墙，只听见一阵“噼里啪啦”的爆响，大家眼前闪过一道蓝色的闪电，像是空气被撕裂开一道口子，罗小闪感觉手臂上的阻力忽然消失了，大喜道：“好了！电子气墙消失了！”

那外星哨兵见这群人突破了气墙，很吃惊，愣了半天才举起电鞭向罗小闪击来，罗小闪手持电警棍相迎，两物相接，只听见“嘭”的一声爆响，闪起一阵剧烈的火光，罗小闪的电警棍和那外星人的电鞭全被电击毁，爆裂之后，碎落地上。

那外星人见罗小闪手中武器如此厉害，大吃了一惊，自知不敌，转身就逃。罗小闪本不想追，却听见身后传来杂乱的脚步声。

“快！快走！”罗小闪对大伙招了招手，首先向前奔去，却发现那外星人早没有了踪影。前门忽然又出现了一个三岔口，路小果在后面问道：“罗小闪你跑这么快，你知道路吗？还是让我在最前面吧！”

路小果说完，冲到队伍前面，按照记忆中的路线，带领着大家在全是金属制作的迷宫一样的飞船里穿行。

正跑着，忽然身后的“杜比”吱吱地叫了起来，大伙不知道什么意思，白胡子老人却脸色大变：“大家快停下！有危险！”

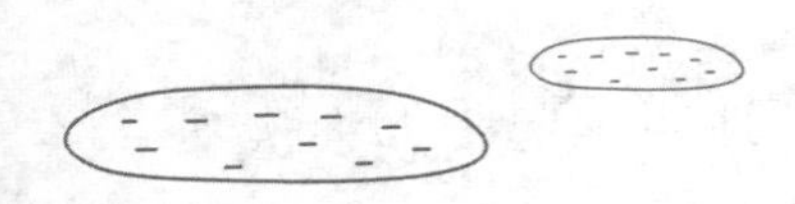

第六十二章 全军覆没

原来这老人虽然不完全懂得外星人的语言，却听得懂它的大概意思是前面有危险，是示警的意思。路小果不解地说道：“我是完全按照‘杜比’指示的路线前进的呀，怎么会有危险呢？”

罗峰说：“我们现在就如打仗一样，战场上的情况瞬息万变，此时非彼时，情况有变也很正常，我们还是听‘杜比’的吧！”

杜比叫了一阵之后，把手指向一个相反的通道，路小果明白它的意思是顺着它指的方向跑，可是当路小果掉头跑了几十步后才发现，“杜比”手指的方向根本就是一条死路，就像一条被拦腰截断的死胡同一样。路小果停下脚步，回头说道：“罗叔叔，这‘杜比’指的什么路呀？这根本就是一条死路。”

罗峰见前面无路可走，也吃了一惊，心想，这“杜比”该不会是为了骗我们，演了一出苦肉计吧？他扭头对白胡子老人说道："老伯，这……这是怎么回事？难道'杜比'在欺骗我们？"

"应该不会！"老人摇了摇头，沉思了片刻说，"让'杜比'走在前面，看它是什么反应。"

罗峰听了老人的话，拉着"杜比"走到队伍最前面，发现"杜比"走到墙壁跟前居然没有停下，直接向那金属的墙壁走去。到了墙壁前，他的身体也并没有受到阻挡，而是径直穿过那墙壁，就像穿过一层空气一样消失了，众人大惊，都感觉异常神奇，难道这墙壁是假的吗？还是这些外星人有穿墙而过的特异功能？

路小果尤感惊奇，上前两步，用手摸那墙壁，居然什么也没有摸到，整只手却没入墙壁之中，消失不见，人却没有丝毫感觉。

罗小闪和明俏俏也觉得好玩，好奇地走到墙壁前，试探起来。路小果则已经等不及了，学着"杜比"，径直向墙壁里走去，瞬间就穿墙而过，发现"杜比"正站在不远处等着他们呢。有了路小果做"先锋"，大伙都不再犹豫，大踏步向墙壁走去。

罗峰穿过墙壁时，对王教授说道："这葛利斯581d星球的科技真是发达，咱们地球人再有一百年只怕也赶不上人家。"

"一百年？"王教授哑然失笑道，"老罗你可别忘

了，老伯说过，这葛利斯581d星球人的飞船是几千年前就坠毁在地球上的，这说明什么？这说明葛利斯581d星球人的科技水平在几千年前就已经是这样了。”

白胡子老人这时插话道：“不错，我们地球还是原始社会的时候，葛利斯581d星球已经是现在这个水平了，可以想象，葛利斯581d星球如今的科技已经发展到什么水平，我们地球人怕是望尘莫及呀！”

明俏俏忍不住问道：“爷爷，按理说葛利斯581d星球人的科技这么发达，他们的文明程度也应该很高了呀！但我从他们对待人类和‘杜比’的态度来看，也不像一个文明社会的所作所为呀！是不是一个星球的文明程度和科技水平不成正比呀？”

老人答道：“有一个智者说过：要评价一个社会的文明程度就要看这个社会如何去对待他们之中最不幸的人。明俏俏小朋友说得不错，看葛利斯581d星球人对待自己人的态度，确实不像一个高度文明社会的所作所为。”王教授接着说道：“也不尽然，我认为纵使一个再文明的星球或国家，一旦资源匮乏，也会变得野蛮和暴力，就像我们地球上某些国家，对外再三地动用武力，以达到掠夺别国资源、控制别国经济的目的。”

“罗叔叔、王阿姨还有爷爷！你们觉得有没有这种可能？”路小果开始发言了，“葛利斯581d星球本来是一个科技高度发达、社会高度文明的星球，但自从飞船坠落地球后，为了获得必需的能源，再加上受到地球人的影响，使得它们的文明程度出现倒退，他们的后代才会变得如此暴力？”

白胡子老人说道：“也许路小果小朋友说得对，我经过三十多年的观察和研究，发现葛利斯581d星球人的寿命一般在200岁左右，几千年过去了，他们至少也经过几十代人的变迁，也许他们的祖先文明程度很高，只是后来受到地球人的影响才变成今天的模样。”

路小果又问道：“爷爷，我还是有点不明白，这葛利斯581d星球人的飞船是以什么为燃料和动力的？如果他们获取能量的来源是那些水晶一样的东西，那到底是什么东西，是地球上的水晶吗？”

老人说道：“那水晶一样的东西肯定不是来自于地球。你提到燃料和动力，倒是提醒了我一件事，我曾经在这飞船里多次碰到一种黑色的甲壳虫，它们能分泌一种发光的物质，这是一种可燃性物质，燃点很低，在空气中很容易就能自燃，据我观察，这种甲壳虫应该是葛利斯581d星球人专门培育出来为他们制作飞船燃料的。”

“呀！”路小果惊叫道，“对了，爷爷，这种甲壳虫我们在上面的古墓里也见过，还差点烧了罗小闪的鞋子呢。”

“如果葛利斯581d星球人在为飞船储备燃料，说明什

么呢？”王教授自言自语地说道，“难道是他们……”

罗小闪不等王教授说完忽然抢着说道：“他们一定是飞船修好了，想回家！”

白胡子老人摇摇头说道：“我开始也是这么想的，可是后来我发现我错了！”

“啊，错了，为什么？”大家几乎是异口同声惊呼着。老人的话让大家都表情错愕地看着他，有点不敢相信的样子。

“因为它们还有更大的阴谋！”

白胡子老人语出惊人，他的话就像丢在人群里的一个重磅炸弹，顿时把大伙给炸愣住了，大家你看看我，我看看你，不知道该不该相信老人的话。王教授是搞科研的，心思缜密，凡事必讲证据，她也知道白胡子老人既然敢说出这样的话，必然有自己的根据，于是问道：“老伯，你说葛利斯581d星球人有更大的阴谋，有什么根据吗？”

老人正要张口解释，忽然从前面传来一阵“吱吱”的叫声，几个手拿圆锥形状的古怪武器的外星人出现在他们面前，罗峰大吃一惊，刚要喊“后退”，就见那武器中发出一道道绿光，毫无声息地向他们扫射过来，这些武器看着就像地球上的激光枪一类的武器。大家无处可躲，只能任由那绿光射向自己，大家都忽然感觉身体一麻，然后就什么都不知道了……

第六十三章 葛利斯581d星人的阴谋

路小果醒来的时候，发现自己的双手被反捆在一根铁柱子上，在她的眼前，是一个宽敞的大厅，比她学校的操场还要大，似乎也和地球人的一样分主席台和观众席。主席台上三个外星人，观众席上密密麻麻地站着数千个外星人，在外星人的后面还有数百个楼兰人。

坐在主席台上的三个估计是外星人的头目，其中一个正在吱吱地叫个不停，台下的外星人和被换脑的奴隶们时而举起双手，时而齐声高呼。

这情景让路小果大吃一惊，她不明白发生了什么事，目光扫视左右，才发现左边是罗峰、王教授、白胡子老人，右边是罗小闪、明俏俏和外星人“杜比”，他们全和自己一样，被反绑在柱子上。除了明俏俏还低着头昏睡外，其他人均已醒来。

路小果扭头对白胡子老人说：“喂！爷爷，他们在干什么？在开会吗？”

“或许是吧！而且还是针对我们的审判大会！” 老人呵呵笑着，神情之中没有丝毫忧虑和担心，仿佛被绑着的是别人而不是他自己。

“那‘杜比’怎么也被绑了起来？”路小果又问。

“‘杜比’？‘杜比’现在已经被他们抛弃，成了我们的‘同谋’了。”

“喂！老伯！”王教授忽然插话问道，“你之前说这外星人有个更大的阴谋，到底是什么阴谋你还没有说呢！”

罗峰也在旁边催促道：“是啊，老伯，你说出来给大伙听听，莫不是这外星人要霸占我们中国的土地吧？”

老人笑道：“比这个严重多了！”

“啊！不是吧？难道要霸占整个地球？”

“哈！这次你算是猜对了！它们正在研制一种非常厉害的武器，能很快消灭整个地球上的人类，然后霸占地球，让地球变成它们的殖民星球。”

“好歹毒！”罗峰叹道，“它们这样简直是人神共愤哪，我们一定要挫败他们的阴谋，不能让他们得逞。”

路小果也附和道：“对，千万不能让他们得逞，不然我们都会像楼兰女奴一样，终生受它们控制。”

王教授问老人道：“老伯，你是说外星人要霸占我们地球吗？难道你发现了什么线索？”

“是的，”老人点点头说，“我也是无意中发现的，有一次他们又把我弄去研究我的大脑的时候，我听见他们的谈话了，其中就有关于新式武器、地球、海洋等内容。它们还制作了一个立体的地球模型图，上面对地球上所有大中城市全做了红色标记，我估计那就是他们准备攻击的目标。当时他们并没有发现我已经掌握了他们的部分语言，也或许他们认为我永远不可能再走出这地下王国，所以对我毫无防备之心，才让我得知这些信息。"

"太可怕了！"罗小闪忽然发出一声惊叹，又对罗峰说："老爸，我们该怎么办？总不能眼看着葛利斯581d星球人毁灭我们人类，霸占我们的家园吧？"

"还能怎么办？我们现在被外星人绑在这里，自身都难保了，你还想着拯救地球？"罗峰一反常态地说道，言语中带着调侃的味道。见老爸是这个态度，罗小闪急道："老爸，你一直是我心目中的英雄，你可不能让我失望呀！"

"我是英雄，你就是英雄的儿子，英雄的儿子更不能让英雄爸爸失望啊，所以，拯救地球的主意还是交给你吧！"罗峰继续调侃着，似乎故意为了缓解大家紧张的气氛，罗小闪翻了老爸一个白眼，气哼哼的，不再理他，而是转向路小果说道："路小果，你总不能看着葛利斯581d星球人毁灭地球吧！你一向很聪明，快想想办法呀！"

路小果也学着罗峰的口气说道："你是英雄的儿子，你都没有办法了，我能有什么办法？"

一直没有说话的明俏俏忽然发言道："你们别再说笑了，再说笑恐怕真的没有机会拯救地球了！"

罗小闪问："为什么呀？"

明俏俏说："因为我看这不像是针对我们的审判大会，倒像是毁灭地球前的动员大会呀！所以说我们的时间不多了。"

"哎呀呀！"罗小闪忽然心烦意乱地大叫一声，跺着脚说，"眼看着葛利斯581d星球人快要毁灭地球了，我却无能为力，这可咋办？"

"别急！别急！"路小果安慰道，"罗小闪，车到山前必有路，你不要自乱阵脚啊，我们不妨捋一下思路，做一个逆向思考，我问你，葛利斯581d星球人要想毁灭地球，首先需要什么？"

"那还用问，当然得有非常厉害的武器呀！"罗小闪答道。

"那么要想阻止它们毁灭地球，首先得破坏这种武器对不对？"

"对呀！"

"要破坏这种武器，首先要怎么做？你是军事迷，这是你的专长，你应该知道啊！"

"那要怎么做？"罗小闪愣了一下，答道，"最简单的办法就是把这武器炸个稀巴烂！"

“说得好！罗小闪，我再问你，要炸掉它们的武器需要什么？”

“炸药啊！那还用问哪！不过……在这里到哪儿搞得到炸药呢？”

“罗小闪，我提醒你一下，你忘记了刚刚爷爷说过什么了吗？甲壳虫呀！”

“可是，甲壳虫身上只是易燃物呀，并不是炸药啊？”

“罗小闪你真是木脑袋呀？一油罐的汽油是不是一个炸弹？一桶酒精是不是一个炸弹？非常多的易燃品聚集在一起不就是一个超级炸弹吗？”

“对呀！”罗小闪一跺脚，大悟似的说道，“我们只要收集足够多的甲壳虫身上的东西不就是了？”

“所以，”路小果说得口干舌燥，舔了一下嘴角，继续对罗小闪说道，“我们必须得先找到甲壳虫，要想找到甲壳虫，我们首先要做什么呢？”

“要想找到甲壳虫，我们首先要干什么呢？”罗小闪偏着头想了一想，忽然大声叫道，“当然是要先解开自己身上的绳索，从这里走出去了！”

“对呀！”路小果笑道，“问题不就这么简单吗？一捋就清楚了。”

罗小闪皱着眉头自言自语地说：“可是怎么才能解开绳索呢？”

“这就是你的问题了，你是英雄的儿子，你总会有办法的！”

路小果半是戏谑半是认真，机智地兜了个圈子，把大家都逗笑了，明俏俏笑说：“路小果你真厉害！什么问题一到你那就变得简单了。”

“可是，最简单的问题我们还没有解决呀！”

大家都知道路小果指的是他们身上的绳索没有解开，王教授笑道：“这个简单，你罗叔叔自有办法。”

罗峰无奈地叹口气说道：“我当然可以解开绳索，可是在这众目睽睽之下，我一动它们就会发现，怎么办？”

“我有办法了！”沉默了片刻，明俏俏忽然说道，“我包里还有两个应急救援信号弹，我打开信号弹，吸引它们的注意力，罗叔叔就可以趁机为大家打开绳索了。”

他们的背包就在各自的脚下，路小果看着明俏俏脚边的背包诧异地问道：“俏俏，你怎么打开信号弹？用脚吗？”

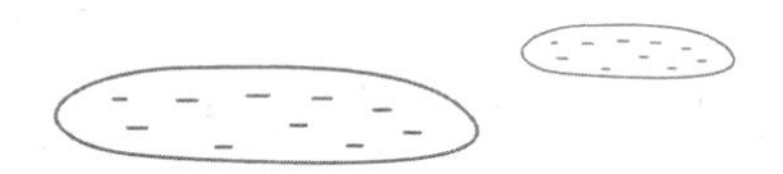

第六十四章 寻找甲壳虫

“对呀！就是用脚，”明俏俏飞快地答道，“用脚是我的特长，你们都不知道吧？我以前还练过用脚写字呢！”

大家都惊讶地看着明俏俏，没有想到她还会这样的绝活，路小果半是赞许半是羡慕地说：“俏俏，你真行！这回就看你的了，如果你能用一只脚拯救地球，就是我们心目中的小英雄！”

明俏俏不好意思地脱下鞋子，用脚丫子解开背包的拉链，居然真的夹出两个信号弹来。她对罗峰说道：“罗叔叔，你准备好了吗？我要开始了！”

罗峰点点头，明俏俏飞快地把脚丫放在信号弹上，调整好信号弹的方向，按下了按钮。只听见“嘭嘭”两声巨响，两颗信号弹如炸开的烟花，呼啸着向大厅的人群里冲去，大厅里数千位外星人没有见过这种信号弹，以为是什么厉害的武器，纷纷躲避，一时间你推我挤，大乱起来。台上浓烟滚滚，烟雾很快笼罩了台上绑着的众人。

罗峰见时机已到，先挣脱自己手上的绳索，再拿出藏在靴子里的刀片，接着一个个割断大伙还有“杜比”身上的绳索。他们各自拿好背包，在“杜比”的带领下趁乱冲进一个通道里。

白胡子老人早已暗地里和“杜比”做了沟通，现在“杜比”带他们去的地方正是外星人培育甲壳虫的基地。

外星人的飞船结构极为复杂，“杜比”带着他们七拐八拐不知道转了多少弯，才来到一个巨大的长方形的室内，里面一横排摆着几十个方形的大铁笼子，笼子的网眼极小，只有花生米大小，透过网眼看去，只见每个笼子里都密密麻麻地爬动着成千上万只黑色的甲壳虫，看着非常瘆人。每个笼子的下面是一个和笼子一样大小的铁槽，里面盛满绿色的发着荧光的东西，罗小闪一眼就看出来，这些正是沾在他的鞋子上，莫名其妙地燃烧起来的鬼火一般的东西。他指着铁槽对罗峰说道：

“老爸，这些东西就是甲壳虫身上分泌出来的，能自己燃烧，王阿姨说它含有一种叫作铯的金属。”

白胡子老人用手蘸了一点，不到几秒钟，他的手指上就蹿出一点深红色的火苗来，他连忙用另一只手抚熄了，说道：“燃点果然很低，如果这是地球上的物质，非铯莫属！”

王教授接着说道：“如果是铯的话，那么它将非常活泼，遇水就会发生剧烈的爆炸，所以我们只要能弄到水就可引爆，达到毁灭外星飞船的目的。”

“可是，在这飞船上到哪儿去弄那么多水呢？”罗小闪挠了挠头，对白胡子老人说，“我记得爷爷曾经说过，这葛利斯581d星球人极好干旱，所以才蜗居在这沙漠下，它们这飞船里一定没有水。”

“不一定！”路小果反对说，“纵然葛利斯581d星球人不需要水，但是他们的奴隶需要水呀，它们养这么多奴隶，怎么可能没有水呢？”

大伙一想，路小果说得有道理呀！都点头赞同路小果的意见。王教授说：“我们剩下的任务就是寻找水源了。”说罢又转身向罗峰问道：“老罗你有什么好主意吗？”

罗峰答道：“唔……这个……我一时还真想不出什么好办法来。”

“我有个想法！”罗小闪忽然大声说道，“既然主要是那些奴隶需要水，我们就找到那些奴隶居住的地方，不就找到水源了吗？”

罗小闪又挠了挠头：“可是该怎么寻找那些奴隶居住的地方呢？”

路小果接话说道：“看来还得求助于‘杜比’了。”

大家都把目光转向白胡子老人，老人尚未说话，“杜比”忽然抬起左手示意他们跟着它走，很显然“杜比”已经听懂他们的意图了。

大伙跟着“杜比”走了不到几十米，忽然一个左拐，在另一个室内，居然发现一个碗口粗的管道，下面还在滴答滴答滴着水滴，一看就是通水管道。原来这培育室隔壁就是奴隶们居住的地方，真是踏破铁鞋无觅处，得来全不费工夫，大伙惊喜不已。

“好了！”王教授笑道，“现在是万事俱备，只欠东风了！”

路小果不解地问：“王阿姨，什么是东风呢？”

“就是缺一个最后放水的人啊，我们总不能等放了水我们再一齐走吧，那样恐怕不等我们跑出这里，飞船就爆炸了，我们岂不是全部都要死在这里？”

王教授的话让大家一下都陷入沉默之中，很明显，就是说他们之中必须要有一个人要留守在这里，等着其他人走出这飞船时，才能放水。说白了，就是必须要有一个人献出自己的生命来掩护大家安全走出外星人的基地。

这的确是一个难题，让谁留在这里放水呢？或者说谁会不惜生命主动留下来呢？

半分钟的沉默之后，罗峰和罗小闪同时开口道：“我留下来吧！”

作为一个男人和这次探险活动的“保镖”，罗峰亲口答应过路小果和明俏俏的家长，一定会把孩子安全带回家，所以这个时候他要义无反顾地承担起这个责任来。但罗峰没有想到儿子罗小闪也会主动要求留下来，他的眼中闪过一丝温情，他觉得罗小闪长大了，长成一个小男子汉了，他感到很欣慰。但这些想法只是在罗峰的内心，他的表情却变得严厉，对罗小闪呵斥道："胡闹！你一个小孩子，知道什么？"

"罗叔叔，这次探险活动是我发起的，应该由我一人承担责任，所以我要求留下来，你们走！"路小果这时也主动上前，眼睛里闪着泪花说，"只要……只要许多年后你还记得一个叫路小果的女孩和你们一起共患难过，我就满足了。"

路小果的话让现场的气氛变得伤感起来，一向胆小的明俏俏也被感染了，她也上前嗫嚅着说道："你们都不要争了，我觉得我最应该留下来，因为……因为……我还有个弟弟，即使我的爸爸妈妈失去了我，他们至少还有一个儿子……"

王教授忽然强装笑颜，说道："你们都不要争了，三个孩子是国家的未来，你们都不能留下，老罗是家里的顶梁柱，也不能留下；最应该留下来的是我，由于我的过错导致我的考古队人员全部涉险，我难辞其咎，这些天我因内疚和自责寝食难安，让我留下来，对自己也是一个解脱……"

王教授话未说完，忽然听到身后的白胡子老人大叫一声："不好！他们追过来了！"

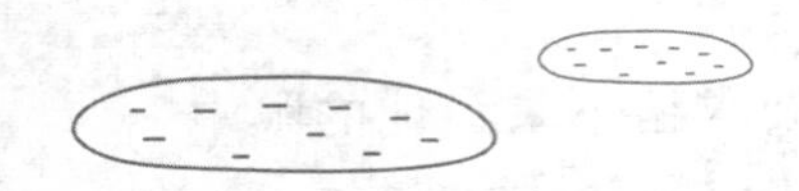

第六十五章 逃出地下王国

大家一齐转头向背后看去，一群外星人手里拿着古怪的武器，正从通道的远处向他们冲过来，看距离不过百米之遥。

白胡子老人用手把罗峰和王教授往前一推，大叫道：“我留下放水，你们快走！”

罗峰惊愕地看着老人，说道：“老伯，不可以。你对这外星基地路线熟一些，你要是留下来，他们怎么出去？”

老人答道：“我被这外星人掳来已经三十多年，早已经是该死之人，活到现在已经知足了，你们都还年轻，还有很多事情要做，所以你们一定要走出去。至于路线，路小果小朋友记忆力超强，已经记在脑海里了，她一定可以带领你们走出去。”说罢，他又问路小果，“路小果小朋友有没有信心把大家带出去？”

路小果郑重地点点头。老人笑了：“看！我说吧，路小果小朋友一定能行。好了，你们赶紧走吧，再不走都走不了啦！”

罗小闪问老人道：“爷爷，那‘杜比’怎么办啊？”

“‘杜比’本来就不属于人类，他也和我留下吧。”老人说着推了罗峰一把，罗峰拉着老人的手，舍不得放开，嗫嚅着说：“老伯，这……”

“别婆婆妈妈的了，赶紧走吧，我估计这水放到淹没那铯槽大概要10分钟，记着！你们在10分钟之内必须走出这基地，越快越好！”老人说着又推了一把罗峰，罗峰簇拥着大伙依依不舍地向通道的另一方走去，路小果忽然回头含着眼泪大喊：“爷爷，再见！”

罗小闪和明俏俏也哭着挥手:“爷爷，再见！”

“再见！”老人朝他们也使劲挥了挥手。

王教授忽然想起了一件事，她停下脚步，回过头大喊道：“老伯，一起这么长时间，还不知道你的姓名，请问你高姓大名？”

老人大声答道：“我呀，姓彭，我叫……”老人刚要说出名字，外星人的武器突然开火，一道道绿色的光柱射向老人和“杜比”的后背，老人的声音戛然而止，在老人倒下的一瞬间，他忽然使出浑身力气，放开了水闸，一道水桶粗的水柱忽然“哗啦”一声喷涌而出。

外星人怕水，见水柱喷出，纷纷后退躲避。罗峰见状不敢再有半刻停留，拥着王教授、路小果、罗小闪和明俏俏拐

过一道弯飞速地向通道的尽头奔去。

路小果的脑海里的路线图如三维全息投影一般清晰地闪现在自己眼前，那些“杜比”点过的，闪着红色的亮点，指引着她带领大家像一群地鼠一样穿行在漫长而曲折的地下通道里。“杜比”果然没有欺骗他们，这是一条秘密的通道，一路上没有碰到外星人，也没有碰到奴隶，更没有碰到甲壳虫，通道里很黑，幸好他们还有手电筒可以照明。

他们不敢有一秒钟的歇息，只是不停地奔逃。罗峰看看手表，已经过了8分钟，也就是说，再有两分钟，铯槽就要引爆，外星人的飞船就要爆炸，他不知道这些铯引爆飞船后威力有多大，他只想着把危险降到最低程度，能多跑远一米，就少一分危险。

路小果是好样的，罗小闪和明俏俏也是好样的，他们没有一个人喊累，没有一个人说渴，他们此刻都像勇争第一的长跑运动员。他们只有一个目的，那就是以最快的速度逃离这个通道。

王教授有点喘，这也是罗峰最担心的，但他没有任何办法，他唯一能做的就是拉着王教授，助她一臂之力，让她不至于掉队。

“老罗，你有没有觉得白胡子老伯挺像一个人？”王教授在奔跑之余，仍不忘心中那个藏了很久的疑团。罗峰心中一惊，似乎已经隐隐猜出了王教授要说的是谁，但他仍问道：“像谁？”

王教授答道：“三十多年前在罗布泊失踪的，又姓彭，还是研究植物的，你说还能有谁？”罗峰忽然沉默了，他不知道该对王教授说“是”还是说“不是”，只遗憾这白胡子老人在最后一刻没有机会说出自己的名字，难道这注定就是一个解不开的世界之谜吗？罗峰觉得，老人的名字其实已经不重要了，他即使不姓彭，也仍然是他们心目中的英雄。就像那些为新中国成立而献身的无名战士，他们没有名字，依然活在人们的心中，受到人们的景仰……

10分钟终究是很短暂的，他们看不到铯引爆飞船的场面，但他们都听到了一声闷响，还有地面伴随着响声之后的一阵剧烈的震动。大伙都知道是飞船被引爆了，但他们仍然不能停下来庆祝，因为他们都知道爆炸的气浪正在追随着他们，危险还在后面，随时可能会要了他们的命。

幸运的是他们忽然看到前方出现了一丝光亮，就像在黑夜看到了一丝黎明的曙光。不！那是太阳的光芒，而且是正午的太阳，毒辣辣的，耀眼而刺目。可是此刻，他们却觉得这阳光好可爱，好可爱！

可是不幸也在这时候发生了，跑在最后的罗峰先是感觉到一股疾风吹在自己的后脑勺上，几秒钟之后，一股焦灼的

气浪排山倒海般地向自己后背猛烈地推过来，就像一只无形的大手带着千钧之力拍在后背，紧接着身体像一个被拍的皮球一般飞了出去。

不对，是五个皮球才对……

一阵短暂的昏迷之后，最先醒来的还是路小果，她被炙热的阳光刺醒，想动一下身体，却感觉浑身如散了架一般的疼痛，用手一摸身下，软软的，居然是一片沙滩；再眯着眼仰望，两边竟然是陡峭的崖壁。她忽然明白过来，原来她此刻正躺在沙漠大峡谷的谷底——葛利斯581d星球人飞船的通道出口竟然是在沙漠大峡谷的谷壁半腰里……

一阵巨大的轰鸣声忽然从峡谷的上空传来，一架直升机正在峡谷的上空稳稳地盘旋着，舷窗里有一个人正笑着向路小果挥手。路小果也忽然笑了，因为她分明看到那飞机里向她挥手的正是她的妈妈。

路小果笑得很灿烂，笑得很开心。

路小果确信这一次绝不是做梦，因为她能感觉到身上的疼痛；同时还有一股清凉自她的脚底瞬间传遍她的全身，这股清凉来自于路小果鞋跟上的一样东西，那是妈妈的研究心血——“生物脉冲电子追踪仪”。

尾声

开学后，在一篇语文老师布置的作文中，路小果这样写道：在葛利斯581d星球人的基地里，我见到了彭加木爷爷，他有着白色的头发，白色的胡子，连眉毛都是白色的。他像一个传说中的神仙老人，更是一个睿智而慈祥的老人……

语文老师在作文后面写下了一段批语：路小果，文笔很好，但请不要把作文写成科幻小说！

路小果见到老师的批语，不仅没有伤心，反而开心地笑了。

她知道没有人会相信她的故事，但那，确确实实在她的生活中发生过……

（全书完）

图书在版编目（CIP）数据

我带爸爸去探险．罗布泊密码 / 侠客飞鹰著．— 杭州 ：浙江大学出版社，2015.8（2016.7重印）
ISBN 978-7-308-14829-0

Ⅰ．①我… Ⅱ．①侠… Ⅲ．①罗布泊－探险－普及读物 Ⅳ．①N82-49

中国版本图书馆CIP数据核字(2015)第151434号

我带爸爸去探险——
罗布泊密码
侠客飞鹰 著

责任编辑 张 琛 吴惠卿
责任校对 蔡圆圆
出版发行 浙江大学出版社
（杭州市天目山路148号 邮政编码 310007）
（网址：http://www.zjupress.com）
封面设计 Arthur白羽 项梦怡
排　　版 杭州林智广告有限公司
印　　刷 浙江印刷集团有限公司
开　　本 880×1230mm 1/32
印　　张 12.5
字　　数 220千
版 印 次 2015年8月第1版 2016年7月第2次印刷
书　　号 ISBN 978-7-308-14829-0
定　　价 24.00 元

浙江大学出版社发行部联系方式：(0571) 88925591；http://zjdxcbs.tmall.com